超图解！室内设计入门

[日本] 藁谷美纪（Aiprah） 著 [日本] 河村容治 校订
尹红力 张玲 姜延达 译

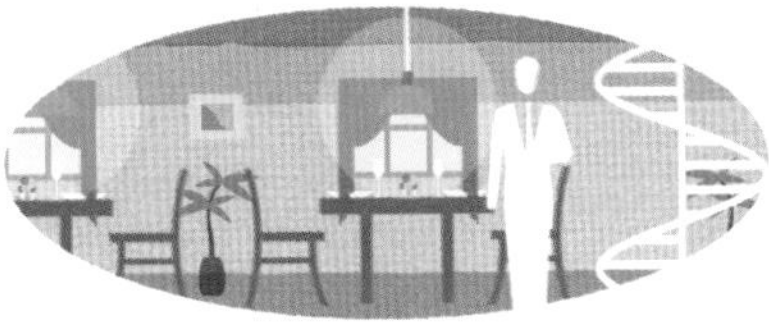

江苏凤凰科学技术出版社 · 南京

图书在版编目（CIP）数据

超图解！室内设计入门 /（日）藁谷美纪，（日）河村容治著 ；尹红力，张玲，姜延达译. -- 南京 ：江苏凤凰科学技术出版社，2023.6
ISBN 978-7-5713-3502-1

Ⅰ. ①超… Ⅱ. ①藁… ②河… ③尹… ④张… ⑤姜… Ⅲ. ①室内装饰设计－图解 Ⅳ. ①TU238.2-64

中国国家版本馆CIP数据核字(2023)第056497号

超图解！室内设计入门

著　　者　[日本] 藁谷美纪（Aiprah）
校　　订　[日本] 河村容治
译　　者　尹红力　张　玲　姜延达
特约策划　和　风
项目策划　凤凰空间／陈　景
责任编辑　赵　研　刘屹立
特约编辑　陈　景

出版发行　江苏凤凰科学技术出版社
出版社地址　南京市湖南路1号A楼，邮编：210009
出版社网址　http：//www.pspress.cn
总 经 销　天津凤凰空间文化传媒有限公司
总经销网址　http：//www.ifengspace.cn
印　　刷　北京军迪印刷有限责任公司

开　　本　710 mm × 1000 mm　1 / 16
印　　张　11.5
字　　数　184 000
版　　次　2023年6月第1版
印　　次　2023年6月第1次印刷

标准书号　ISBN 978-7-5713-3502-1
定　　价　88.00元

前言

本书面向以成为室内设计师为目标的学生和刚进入室内设计相关领域的新人，系统讲解室内设计界的整体情况和工作所必备的专业知识、表现手法和设计业务推进方式等。

室内设计除分为住宅设计和店面设计外，设计对象各式各样，各公司所涉及的业务及专业程度也有所不同。因此，进入什么样的公司就职以及应该掌握哪些知识，自己往往难以判断。此外，进入公司后需要学习掌握更多的知识、技术和经验，因此自主学习变得更加重要，为该学什么和怎么学而烦恼的人也不在少数。

我从室内设计学校毕业后，从事商业空间的室内设计指导管理及住宅改造装修设计等工作，现在主要进行计算机辅助设计（CAD）与计算机动画（CG）的实战操作指导和数据制作等，在室内设计行业拥有 30 年以上的工作经验。与此同时，在大学及室内设计学校担任讲师指导学生已有约 20 年的时间。在此期间，我逐渐开始思考工作和教育相结合的重要性，以及为更好地培养后继人才应该做些什么。

通过把自己累积的经验以及实际工作中得到的“在学校学不到的知识和技能”进行系统的归纳整理，引导大家步入室内设计之门，为进一步前行提供指引，这正是我写这本书的初衷。学生和新手设计师如能通过这本书学有所获，那是我求之不得之事。本书如能成为设计院校和设计公司帮助学生和新手设计师更快适应设计工作实操的抛砖引玉之作，我将不胜荣幸。

衷心感谢本书的审校者河村容治先生，以及慷慨提供资料和建议的前辈设计师们，还有在我写作困难之时尽力提供帮助的编辑和各位编审人员。

Aiprah 株式会社创始人　藁谷美纪

2019 年 1 月

目录

第 1 章 | 室内设计的工作

1.1 室内设计的“对象” …… 010

1.1.1 空间设计和产品设计 …… 010
1.1.2 居住空间和商业空间的设计 …… 012
1.1.3 商业空间的设计元素 …… 013
1.1.4 商业的各个业种和业态 …… 014

1.2 室内设计相关行业类型和工种 …… 020

1.2.1 与室内设计相关的 4 个行业 …… 020
1.2.2 与室内设计相关的工种 …… 022
1.2.3 室内设计师的职责、必备知识和资质 …… 023
1.2.4 软装设计师的职责、必备知识和资质 …… 023
1.2.5 室内造型设计师的职责、必备知识和资质 …… 024
专栏 照明设计师的职责和必备知识 …… 024
1.2.6 室内设计相关资质 …… 025

1.3 室内设计师的具体业务 …… 027

1.3.1 室内设计师的工作要点及流程 …… 027
1.3.2 室内设计师的必要技能 …… 030
专栏 室内设计师应具备的意识 …… 031
专栏 实际案例 商业空间室内设计的策划案资料 …… 032

第 2 章 | 室内设计的必备知识

2.1 室内设计的构成元素 …… 038

2.1.1 室内设计元素是什么 …… 038
2.1.2 家具：椅子 …… 039
2.1.3 家具：桌子 …… 040
2.1.4 家具：储柜 …… 041
2.1.5 家具：床 …… 042
专栏 家具金属配件的种类 …… 043
2.1.6 室内软装 …… 045
2.1.7 店铺的展示道具 …… 046

2.1.8 住宅设备 047
2.1.9 照明灯具 048
2.1.10 窗饰 050

2.2 室内设计的色彩规划 052

2.2.1 色彩方案 052
2.2.2 色彩、素材和形状的关系 053
2.2.3 形象风格 054
2.2.4 室内设计的历史和样式 056
专栏 其他西方室内设计样式 058
2.2.5 色彩可视性的原理 059
2.2.6 色彩的基本原理 060
2.2.7 色彩的表现方法 061
专栏 室内设计师必备的彩色样本 062
2.2.8 配色及情感效果 063

2.3 室内设计中的照明设计 065

2.3.1 整体照明和局部（辅助）照明 065
2.3.2 直接照明和间接照明 067
2.3.3 照明的组合及效果 068
2.3.4 光源的种类 069
2.3.5 色温和配光、显色指数 071

2.4 尺寸和模数 073

2.4.1 人体尺寸 073
2.4.2 活动尺度和活动空间 074
2.4.3 生活空间和商业空间中的活动空间 076
2.4.4 活动和行动的心理要素 078
2.4.5 各种物品的尺寸 080
专栏 商品陈列架的黄金位置 082
2.4.6 模数 083
2.4.7 家具的大小 084
2.4.8 空间的大小 087
2.4.9 通用设计的尺寸 090

2.5 室内设计的构造和装饰 092

2.5.1 建筑主体的构造 092
2.5.2 地面的基层 094
2.5.3 墙的基层 095
2.5.4 顶棚的基层 097
2.5.5 门窗的种类：住宅的门 099
2.5.6 门窗的种类：住宅的窗户 101
2.5.7 门窗的种类：商业空间的门 102

2.5.8 地面的装饰面：地板 …… 104
2.5.9 地面的装饰面：地毯 …… 106
2.5.10 地面的装饰面：树脂材质地面 …… 108
2.5.11 墙的装饰面 …… 110
2.5.12 顶棚的装饰面 …… 111
专栏 室内的装饰元素：凹凸线脚 …… 111

2.6 室内设计的材料 …… 112

2.6.1 木材 …… 112
2.6.2 木材的构造和性质 …… 114
2.6.3 加工木材及其种类 …… 116
2.6.4 金属 …… 118
2.6.5 塑料 …… 120
2.6.6 玻璃 …… 122
2.6.7 瓷砖 …… 124
2.6.8 石材 …… 126
专栏 石材表面处理 …… 129
2.6.9 涂饰 …… 130

2.7 室内设计的相关法规 …… 132

2.7.1 建筑基准法 …… 132
2.7.2 消防法 …… 134
2.7.3 消费者相关法规 …… 136
专栏 其他法规 …… 136

第 3 章 | 室内设计必备的表现技术

3.1 室内设计的图纸 …… 138

3.1.1 室内设计的图纸和种类 …… 138
专栏 带有色彩和阴影的展示图 …… 141
3.1.2 室内设计的制图规则 …… 142
专栏 室内设计制图通则 …… 152

3.2 室内设计的效果图 …… 156

3.2.1 什么是效果图 …… 156
3.2.2 效果图的种类 …… 158
3.2.3 效果图的构图和配景表现 …… 160

3.3 演示用展板 …… 162

3.3.1 演示用展板的用途和种类 …… 162
3.3.2 制作演示用展板的基本点 …… 164

3.4 室内设计使用的软件 …… 166

第 4 章 | 一起体验室内设计吧

4.1 模拟设计开始之前 …… 170

4.1.1 模拟设计的内容和流程 …… 170
4.1.2 模拟设计的课题 …… 171

4.2 听取客户需求及确定主题 …… 173

4.2.1 通过听取意见和调研，进一步明确要求和条件 …… 173
专栏 实际业务中进行听证和调研的基本项目 …… 174
4.2.2 在确定设计主题阶段将设计方向具体化 …… 175

4.3 方案构思 …… 176

4.3.1 考虑分区 …… 176
4.3.2 考虑平面布局 …… 177
4.3.3 考虑照明方案 …… 179
4.3.4 制作效果图 …… 180

4.4 演示策划案 …… 181

参考文献 …… 183

第 1 章

室内设计的工作

根据室内空间的使用目的以及业务类别的不同，室内设计的内容和范围也有所不同。首先需要理解设计对象，然后掌握室内设计行业的整体构成、工作内容和推进方法，最后我们再去了解室内设计师必备的技能和相关资格认证。

第1章

1.1 室内设计的“对象”

室内设计和人们的日常生活密切相关。为了让人们获得舒适感和满足感，室内设计要兼具美感和功能性。作为室内设计的第一步，必须要理解室内设计对象的“使用目的”以及如何被“利用”。在这里，让我们一起深入理解室内设计各种各样的对象吧。

1.1.1 空间设计和产品设计

室内设计的工作大致划分为空间设计和产品设计两个方面。

空间设计指的是建筑室内空间的环境规划。从房间只有墙壁、地板、顶棚等主体框架的毛坯状态开始，着手进行空间的构成和展示设计、装修装饰、家具及展示用品的设计布置等工作。

空间根据使用目的的不同分为居住空间、商业空间、办公空间，不同的空间由相应专业的设计师和设计公司进行设计。

产品设计是指以桌、椅等家具为主，对室内照明灯具、餐具和厨具、家电产品等室内用品进行设计。

空间设计和产品设计

空间设计是对室内整体进行规划设计，产品设计是对家具、照明等室内用品进行设计

根据空间的使用目的进行分类

居住空间

作为生活据点的居住空间要符合居住者的生活方式，使居住者感到舒适方便

商业空间

商业空间作为开展商品交易的场所，其设计成为支持商业活动的重要因素

办公空间

作为工作场所的办公空间，应匹配业务形态并且注重工作的便利性和高效性

1.1.2 居住空间和商业空间的设计

虽说都是空间，但是居住空间和商业空间的目的和条件有所不同。比如，以放松和休息为目的的居住空间，使用者只限于所居住的人；而以商业活动为主体、提供商品和服务为目的的商业空间，使用者是不特定的人群。

因为有这些不同，所以即使同为空间设计，居住空间设计和商业空间设计从设计构思到设计元素以及设计相关的法规都有所不同，而且一般都是由相对应的专业设计师和施工人员负责的。

居住空间和商业空间的不同

居住空间		商业空间
人是主角 基本功能是使居住者能够安全、舒适、方便地生活	对象	**商品和服务是主角** 基本功能是销售商品
特定的人 在这个空间内生活的对象只是家人	对象	**不特定的人群** 不分年龄性别，所有人都是服务对象
日常性 日常生活使用的空间	功能	**非日常性** 与日常生活分离的空间
非生产性 满足食宿需求的空间	功能	**生产性** 满足买卖交易需求的空间
户型很重要 与生活方式相契合的房间类型和空间的连续性是要点	与建筑物的关系	**商品的布局很重要** 为提高消费者的购买欲望所进行的商品展示和易见易取的陈列方式是要点
与建筑联系紧密 户型影响到空间，最好与建筑外观形象一致	与建筑物的关系	**与建筑相区别** 与建筑物的外观形象没有关联，只要店铺门面设计得当即可
独户住宅、公寓	规模和用途	商业综合体、百货商店、专卖店
一般住宅、福利设施	规模和用途	餐饮店、零售商店、服务

1.1.3 商业空间的设计元素

商业空间有着居住空间所没有的设计元素，例如外立面设计、视觉营销设计（Visual Merchandising，缩写为 VMD）、标识设计。

外立面设计是指店铺门面周围的设计，是店铺的画龙点睛之处。

视觉营销是将商品的特征用视觉手段展示给消费者的销售策略。

标识指的是标识牌和指示标识。标识应该清晰简洁地表示商品所在的位置，而且其本身也是空间设计的一部分。除了标识本身的设计，配置在什么地方也需要考虑。

商业空间的各种设计元素

● 外立面设计

让路过的人对店铺产生兴趣，并吸引顾客进入店内卖场，它是直接影响客流集聚效果的重要因素

● VMD

除了将橱窗和视觉关注点加以展示，设计时还需让商品陈列更直观、美观

● 标识设计

除了商场的门面处设置的楼层指引等综合告示牌，还包括在走道上设置的指示自动扶梯和卫生间位置的引导标识等。此外还有图画格式的图标（图片提供：岛忠）

1.1.4 商业的各个业种和业态

商业有许多业种（商业的种类）和业态（商业的形态）。与此相对应的必要功能和空间设计都有所不同。首先让我们了解一下各业种和业态的不同吧。

业种大致可分为餐饮业、零售业和服务业。餐饮业有餐厅、咖啡店、快餐店等形态，根据菜单的不同还可以细分为日料、西餐和中餐等。零售业则是对商品进行零售，根据商品的材料可以分为食品、服装及日用品等。服务业主要有美容店、诊所、娱乐场所等。

业态除了单独店面、便利店、超市、百货商场，还包括购物中心等大型商业综合体。

各式各样的业种（商业的种类）

餐饮业

快餐店、咖啡店、餐厅（日料、西餐、中餐等）、酒吧等

零售业

食品、服装、日用品、杂货等

服务业

理发美容店、医院、干洗店、租赁店等

各式各样的业态（商业的形态）

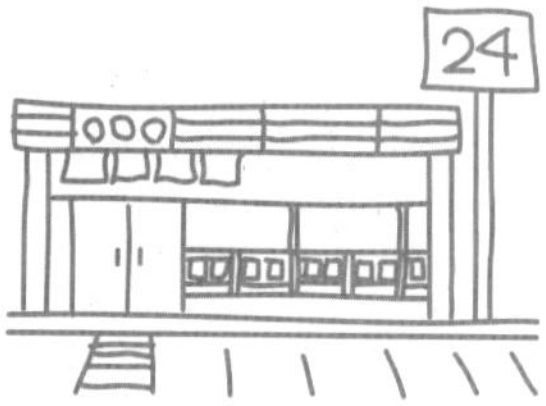

便利店

超市

百货商店

购物中心

除在此介绍的以外，还有大卖场（GMS）、专卖店、药妆店、折扣店及家居建材城等业态

各式各样的餐饮店

餐厅

从家庭餐馆那样的简餐店到正规的高级餐厅，餐厅有多种类别，有时也被称为食堂或饭店。简餐店的设计往往使用明朗轻快的颜色，而让人轻松悠闲享受美食的餐厅营造的则是一种暗调、氛围沉稳的空间（图片提供：node）

咖啡厅

有可以饮酒的咖啡厅和开放式的咖啡吧，还有除餐饮之外提供其他服务的咖啡书店及网络咖啡厅等。还有很多连锁店，连锁店的室内设计风格都是统一的（图片提供：decorer）

美食广场

这种形态在购物中心里比较常见。在区域中央摆放有桌椅，四周设有商铺，人们可以根据自己的喜好选择不同店铺的美食（图片提供：node）

各式各样的零售商店

● 食品店

有的食品店像超市那样，人们在自主选择陈列的商品后到收银台结账，有的是以自助结账的方式；也有从展柜中选择商品，顾客与店员当面结算的方式。主营商品有生鲜类食品、副食、饮料、糕点等加工产品

● 服装店

除专门销售男士、女士及儿童服装的店面外，还有面向家庭的综合店面。既有销售鞋、包、饰品等“服装配饰”的专卖店，也有和服饰一起销售的综合店面

● 日用品店

除销售生活必需品及其他消耗品之外，也销售日用杂货。有销售各种用品的综合门店，也有专卖文具或化妆品等特定商品的店面

各式各样的服务型店面

美容美发类商店

除美容院及理发店之外，还有美甲店及美体店等（图片提供：decorcr）

与生活相关的服务型店面

有干洗店、旅行社及摄影工作室等

娱乐类商店

有电影院及剧场、电子游戏厅等

各种各样的业态

● 超市

销售食品及日常用品。顾客从货架上自主选择商品，然后到收银台结账的自助式服务商店

● 百货商店

将衣、食、住、行相关的多家专卖店以租赁店铺的方式集中到一座大型建筑物内，以销售人员和顾客面对面的形式销售商品

● 专卖店

销售特定种类商品的商店。高价商品的销售主要是通过销售人员和顾客面对面的方式进行

● **药妆店**

以销售一般常用医药品为主，也连带销售化妆品、日用品、饮料以及除生鲜食品以外食品的店面

● **家居建材店**

销售建材、工具、园艺用品和宠物用品、汽车配件、日用品等商品的大型卖场（图片提供：岛忠）

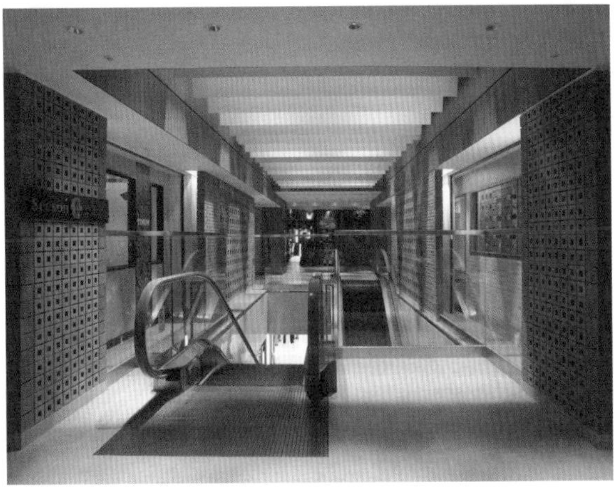

● **购物中心**

以百货商场和大型超市为核心，将多种专卖店、服务型店铺以及餐饮店等集中在一起的大型商业综合体。可以分为商户空间（各店铺）与公共空间（公用部分），公共空间的设计与商业设施整体形象一致

第1章

1.2 室内设计相关行业类型和工种

与室内设计相关的工作有各种各样的行业和工种。行业包括与室内设计产品相关的制造业、销售业，以及专门领域的设计行业等。工种除室内设计师外，还有软装设计师、室内造型设计师及技术顾问等。在本节，我们一起来了解一下与室内设计相关的行业和工种的分类吧。

1.2.1 与室内设计相关的4个行业

与室内设计相关联的行业中，具有代表性的有生产家具、窗帘、照明器具以及住宅设备等室内装饰材料的制造业，销售室内设计产品的批发零售业，进行建筑物施工的建筑业和主要进行室内设计的服务业这四大行业。

每个行业还可再细分为服务于住宅、商业或办公空间等不同空间的专门领域。

另外，家具、软装材料和设备机器等构成室内设计的不同元素，都有与其相对应的设计领域。

4个行业

制造业
（室内设计产品的制造）
家具厂家、软装材料厂家、设备机器厂家等

批发零售业
（室内设计产品的销售）
百货商店、室内设计门店、家居建材店等

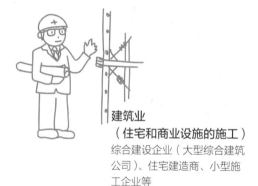

建筑业
（住宅和商业设施的施工）
综合建设企业（大型综合建筑公司）、住宅建造商、小型施工企业等

服务业
（设计）
设计事务所、自由设计师等

各行业的特征

制造业

从室内设计产品的设计到制造，有些厂家拥有自己的产品展厅和直销店

项目	生产产品范例
家具	椅子、桌子、床、储藏类家具等
展示道具	商品陈列架、显示屏幕等
建筑材料	户内门及隔断、踢脚线、装饰线、楼梯、扶手、地板等
装饰材料	壁纸和涂料、瓷砖、装饰板
住宅设备	照明灯具和家电产品、厨房用品、卫浴等
软装材料	窗帘、地毯等

批发零售业

从业人员拥有室内设计产品的相关知识，除销售之外，也要向顾客提供建议及方案。除实体店之外还有网店。从海外进口产品的贸易公司也包含在其中

对象	销售形态	销售产品范例
面向一般消费者	实体店(专卖店、百货商店、家居建材店)、网店	家具、照明灯具、窗帘等，也开发、制造和销售自主产品
面向建造商及业内人士	由代理商、特约经销商进行销售等	普通住宅、公寓楼盘、店铺进行施工所必需的建筑材料、装饰材料和各种住宅设备等

建筑业

根据建筑物的规模以及施工对象，可以分为综合建设业、住宅建造商、小型施工企业以及专门的商业店铺施工企业

对象	建筑物的种类和规模	特征
综合建设企业	公寓楼盘、商业设施、道路及桥梁等大中规模的建筑物	从业主处直接接受业务发包委托，提供从设计、施工到监理等一系列服务
住宅建造商	中小规模的普通住宅、公寓楼盘	公司自主开发的公寓楼盘，或接到发包委托后提供设计、施工、监理等服务
小型施工企业	中小规模的普通住宅及店铺	专注于所在区域的业务，提供设计、施工和监理等服务。也有些企业只负责提供施工服务
商业店铺施工企业	商业空间和展示空间	专门负责店铺、展厅等空间的从设计到施工的装修装饰服务

服务业（设计）

除住宅、商业设施、店铺和公共设施外，也提供展会设计。另外，也提供家装设计和店铺展示等服务

服务对象	设计的对象和特征
建筑设计事务所	不论规模，提供住宅和商业等建筑空间的策划、设计、设计监理和施工监理（是否按照设计进行施工）服务。如果是住宅，也提供室内设计
室内设计事务所	提供商业设施、公寓楼盘等的室内设计服务。也有专门提供商业店铺、家具和照明设计的事务所
综合展厅	提供各种展览设施、商业设施、文化设施和活动空间的布展

1.2.2 与室内设计相关的工种

与室内设计相关的工种主要有室内设计师、软装设计师、室内造型设计师。除此之外还有很多其他的工种。即使是同一工种，还可细分为住宅设计、商业设计、空间设计、家具设计及照明设计等不同领域。

具有代表性的3个工种

室内设计师

室内设计师对空无一物的房间进行设计，从零开始创造出全新的空间

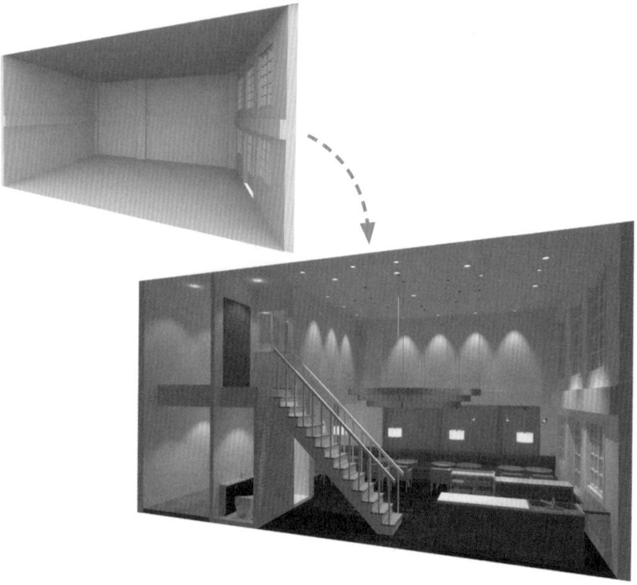

软装设计师

软装设计师对已有的室内设计元素进行组合，营造空间整体氛围

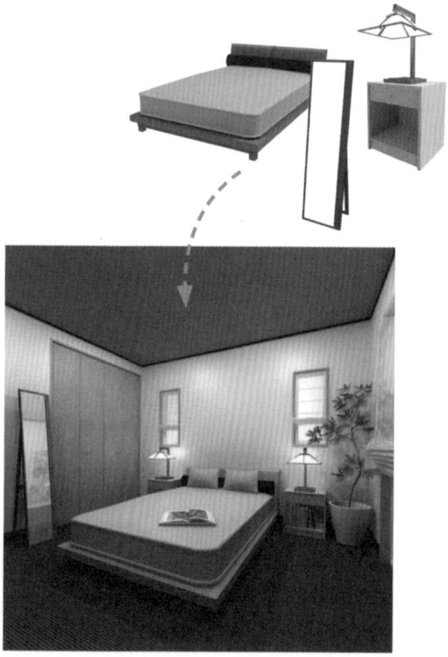

室内造型设计师

媒体现场拍摄时，室内造型设计师负责将室内设计元素进行组合，来营造空间

1.2.3 室内设计师的职责、必备知识和资质

室内设计师不仅设计住宅、店铺和办公室，还对汽车和飞机等需要装饰的内部空间进行设计。也有些设计师以家具、灯具等产品设计为主要工作。

室内设计师可以说是对空间和室内设计元素从零开始进行创造。除了需要具备关于设计、建筑、材料的相关知识，还需要具有丰富的想象力和表现能力。此外还需要具有管理预算和进度的能力。在进行商业空间设计时，具备商业活动相关的知识也是非常重要的。

设计类型	工作内容	必备知识和资质
空间设计	根据客户需要和室内空间使用目的，涉及从内装的策划、设计到施工监理等整套过程	除了需要具备美术、建筑、设计、制图等专业知识，还需要具有审美鉴赏力、对空间的创造力和表现力，以及成本管理能力等
店铺设计	独立店铺和商场等大型店面、购物中心等商业综合体的设计	需要具备空间设计的基本知识和技能，此外，因为提高功能性、集客力和销售水平也是设计的目标，所以还需要具备关于店铺内商品及服务的相关知识
产品设计	家具、展示道具、灯具等室内设计元素的设计	需要具备相关产品设计的材料知识，以及如何将产品设计得易于使用的相关人体工学知识，还需要具备相关产品的销售、市场营销等专业知识

1.2.4 软装设计师的职责、必备知识和资质

软装设计师主要是以居住空间为对象，根据顾客的喜好、期望和生活方式，对家具、照明、壁纸、地面装饰材料和窗帘等室内装饰元素提出预案和建议。因此，除需要具备专业的设计知识以外，还需要具备丰富的商品知识。

室内设计师的工作是将空间从零开始设计，创造出新的空间。与之相对的，软装设计师的工作可以说是将已经有的室内设计元素进行有效组合，构成空间。

场所	工作内容	必备知识和资质
私人住宅	根据客户的需求，协调家具、灯具、壁纸、地面装饰材料和窗帘等室内设计元素。除新建住宅以外，也进行房屋改造装修设计	需要具备室内设计相关的知识及表现力。因为不同顾客的个人情况较多，所以需要挖掘客户需求，并具有简单明了地阐明自己想法的沟通能力
展厅 / 商店	厨房和卫浴等住宅设备厂家、建材厂商、家具厂商的展厅以及与室内设计商品相关的商店，通过与客户交谈了解客户需求，从众多商品中选择符合客户需求的商品，提出预案和建议	

1.2.5 室内造型设计师的职责、必备知识和资质

室内造型设计师的工作是在杂志、产品目录、电视等媒体的拍摄现场，根据策划内容布置家具和小摆件来表现空间。

此外，他们还负责百货店和专卖店的展示设计以及样板间和样板房的室内设计。

因为室内设计方案中需要添加市面流行元素，除具备室内设计的知识之外，室内造型设计师还应了解最新的流行趋势并具备审美鉴赏力。另外还需具备将客户的构想准确地组织和表达出来的能力。

场合	工作内容	必备知识和资质
媒体	负责在杂志、产品目录、电视等媒体的拍摄现场布置室内设计产品和小摆件。选择室内设计店，以及室内设计产品的租借和返还也是他们的工作。有些时候，还要负责撰写室内设计相关的报道	以掌握室内设计知识为前提，具备设计以及设计流行趋势的相关知识。需要具备按照概念方案创造空间的能力、表现力、审美鉴赏力以及沟通能力
商业设施	百货商店和专卖店（品牌店）的橱窗以及卖场的展示设计	
样板间 / 样板房	根据住宅建造商和房产销售公司的商品概念，对样板间和样板房等进行室内设计	

专栏 照明设计师的职责和必备知识

照明设计师专门对照明进行设计。不仅是设计灯具，也负责运用灯光效果表现空间，还负责灯光展和建筑物的彩灯装饰。

照明设计师不仅要掌握相关照明知识，还要熟悉建筑及室内设计的相关知识。

增强内装设计和材料效果的照明设计案例（摄影：Michiho；照片提供：小山健太郎设计事务所）

提升建筑物整体形象的照明设计案例（摄影：山崎洋一；照片提供：小山健太郎设计事务所）

1.2.6 室内设计相关资质

因为室内设计是一项既需要掌握专门知识还需要具有实际经验的工作，所以并非必须取得国家承认的相关资格认证才能从事相关工作。但是如果取得了国家资格认证，就可以证明你已经掌握了工作所需的基本知识和技术，更加有利于进行室内设计工作。

与室内设计相关的资质除了建筑师，还有商业设施师、内装规划师、软装设计师、福利住宅环境策划顾问、厨房专业顾问、公寓改造管理顾问、照明咨询师、色彩顾问等。

与室内设计相关的各种资质

建筑师

资质内容	根据日本《建筑师法》相关规定从事建筑物的设计和工程监理等工作。由日本国土交通省认定的国家资质
特征	分为一级、二级、木造3种，根据建筑物的规模、用途及结构的不同，界定了不同级别的建筑师所能承担的职能范围。需要具有建筑设计、建筑法规、建筑结构、建筑施工等相关知识。室内设计中涉及房屋改造等与建筑相关的业务时，需要有二级建筑师资质才能从事相关业务。此外，具有建筑师资质往往被认定为具有相关的实务经验，建筑师在参加其他资格考试时有些科目可以免考

商业空间设计师

资质内容	综合规划、管理各种商业空间的运营管理系统、店铺业态组成和设计等。由日本商业设施技术团体联合会认定的资质
特征	商业空间涉及广泛，有百货商店、一般店铺、休养度假综合体、博物馆和剧场等。不仅是商业空间，在商业空间的街区设计中，也需要策划提案、施工、运营、销售等方面的专业知识和技术

内装规划师

资质内容	负责室内设计中的策划、设计和工程监理。由日本建筑技术教育普及中心认定的资质
特征	在室内设计的策划阶段，运用专业的知识为客户提供合适的建议，通过表现技术制作出具体的设计意向方案。在室内方案设计阶段，根据设计意向进行空间构成、室内环境规划、内装结构方法、装饰材料选择、内装饰件设计和选择等工作。还要制作设计图纸和规格书，依据设计图纸文件进行工程监理

● 软装设计师

资质内容	对家具、窗帘和照明灯具等产品进行全面策划，并且提出建议和提案。由日本室内设计行业协会认定的资质
特征	需要具有室内设计、住宅、产品、商品等广泛的知识。不仅要进行内装设计，更需要通过提供各种信息以提高消费者在家居内装方面的品位

● 福利住宅环境策划顾问

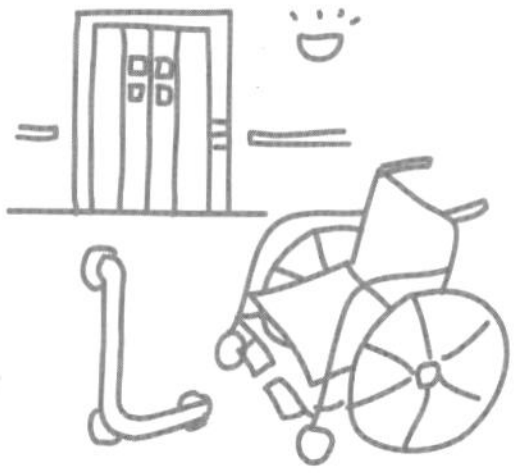

资质内容	为老年人和行动不便的人提供舒适的居住环境方案。由日本东京商工会议所认定的资质
特征	在具备医疗、福利和建筑相关的系统、全面的知识基础上，与其他专家一起拟定住宅改造装修方案并提出预案。根据所掌握的相关社会福利基础知识的多少以及与实际业务相关的知识和技能水平，分为一级、二级、三级

● 厨房设计顾问

资质内容	提出舒适方便的厨房空间建议和提案。由日本室内设计行业协会认定的资质
特征	对居住空间，特别是厨房和其周边的空间，提出满足使用者需求的建议和提案。需要具备厨房功能、厨房的设计施工等综合知识

第1章

1.3 室内设计师的具体业务

室内设计师根据客户的要求，并依照建筑物的实际状况、预算和工期等条件提出室内设计的方案。在确定设计方案之后，还需要配合施工人员共同完成任务。要完成这一系列工作，需要室内设计师具备多方面的技能。

1.3.1 室内设计师的工作要点及流程

室内设计师的工作内容按工作阶段大致可以分为听取顾客需求、制订方案、发表提案、设计与监理4项。

最初室内设计师从委托方（顾客）那边接受设计委托。确认顾客的委托要求和设计条件等工作为听取顾客需求。在此基础上进行方案概念构思和设计的工作叫作制订方案。通过发表提案向客户提出方案并得到客户的认可。将客户确认后的设计方案以具体方式呈现出来是设计与监理。

室内设计师工作的四要素

听取顾客需求

根据客户的要求，并依照建筑物的实际状况、预算和工期等制约条件进行整理确认

制订方案

在听取顾客需求的基础上考虑方案的概念构思和设计

发表提案

向客户提出所定概念构思和方案的策划书，并取得客户的认可

设计与监理

依照客户认可的方案制作施工用的图纸（设计）。

将施工状况与设计图纸对照确认（监理）

室内设计业务的流程

客户

设计师

施工人员

设计委托

- 收集信息

委托　　发表提案　　发表提案　　委托

听取顾客需求和调研

根据客户的需求、预算、工期和建筑条件等进行设计，并收集、整理、分析必要的信息，提供给施工现场

- 确认预算
- 实地考察
- 确认相关法规
- 调查竞标公司
- 收集其他信息

制定方案（构思、草图）

根据顾客需求和调查的信息构思设计理念和主题。向顾客展示视觉化后的设计想法，并确定设计的方向

- 制作设计理念图
- 制定平面方案
- 制作效果图或模型
- 收集材料样品
- 准备其他资料（如展开图、照明方案）

签订工程合同、发包

验收

发表提案　委托　提出报价　调整、汇报　交付　提交竣工图

初步设计

制作平面图和展开图等设计图纸，并确定具体设计方案。委托施工方制作报价表，调整预算分配（成本管控），并选定施工方法和材料

- 制作平面图
- 制作顶棚布置图
- 制作展开图
- 制作家具图
- 制定照明计划
- 制定设备计划
- 制作效果图或模型
- 制定配色方案

实施设计方案

根据设计图进行施工。确认施工图和报价单。另外在施工时确认现场与图纸是否吻合，并确定设计细节。结合实际情况调整或更改设计方案

- 制作完工表
- 制作平面图
- 制作顶棚布置图（包括照明计划）
- 制作展开图
- 制作家具图
- 制作设备图
- 制作详图

设计监理

竣工后，交付给客户。将施工中发生的变更反映到设计图纸上，按照实际竣工的状态绘制竣工图

- 制作竣工图

委托报价　提出报价　确认报价　签约、发包　提出报价、制作施工图　确认报价单、施工图　确认现场

制作报价单、提出报价

制作施工报价单和施工图

施工、竣工

1.3.2 室内设计师的必要技能

室内设计师的工作是将客户的需求通过想象力、经验、知识和技术，用最好的设计具体呈现出来。因此，室内设计师需具备提案能力、表现能力和监理能力。

在构思、整理和提出方案的阶段需要提案能力。在将设计意图简洁明了地向客户传达时，表现力不可或缺。而将设计方案变为具体的实物，则需要监理能力。

室内设计工作的顺利进行有赖于扎实掌握以上三种技能。

室内设计师必备的三种能力

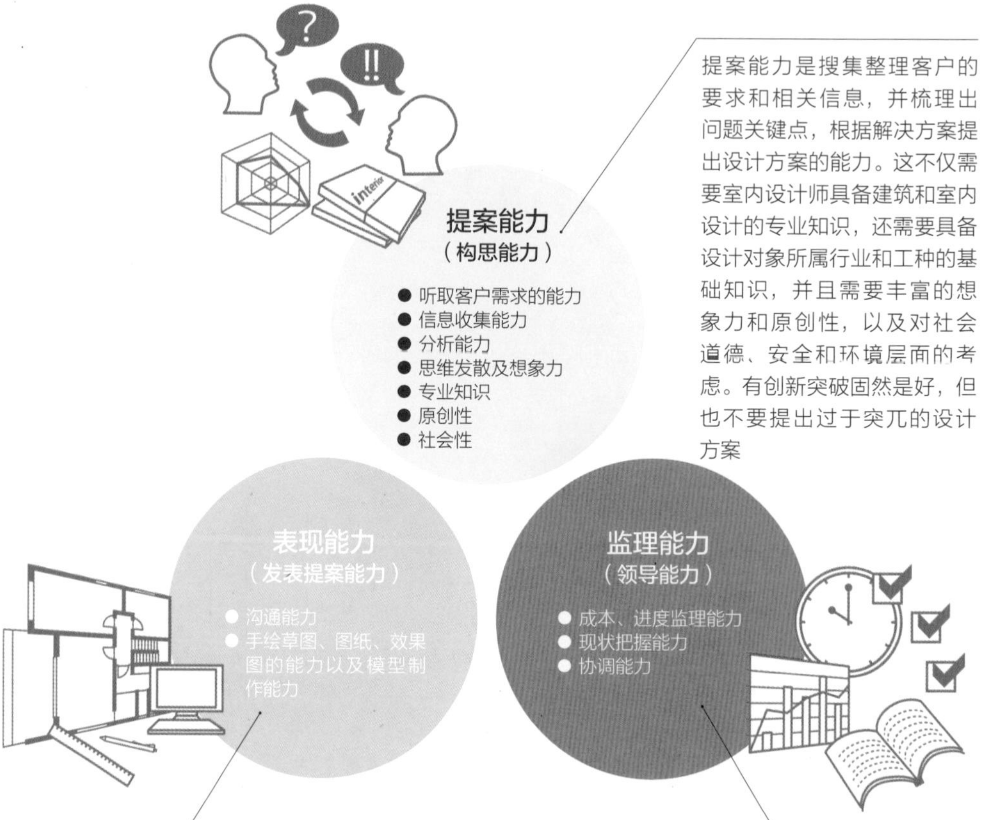

提案能力是搜集整理客户的要求和相关信息，并梳理出问题关键点，根据解决方案提出设计方案的能力。这不仅需要室内设计师具备建筑和室内设计的专业知识，还需要具备设计对象所属行业和工种的基础知识，并且需要丰富的想象力和原创性，以及对社会道德、安全和环境层面的考虑。有创新突破固然是好，但也不要提出过于突兀的设计方案

表现能力是将提案的内容用语言和视觉图像简洁明了地传达给对方的必要技能。为避免使用故事性语言和大量专业术语，室内设计师需要具备用通俗易懂的语言进行说明的能力。此外，用语言不易表达的内容可以通过手绘草图、效果图和模型等视觉手段来表现，并具备让施工人员可以准确理解设计方案的制图能力

监理能力是将图纸上的设计变为实际物体的能力。室内设计师不仅要有确认是否根据图纸进行施工、是否按照预算和进度进行施工的能力，还需要有判断建筑物是否符合使用目的等限制条件和法律规范等的能力。也可以说这是一种在既定范围内，制作出更完美作品的能力

专栏

室内设计师应具备的意识

室内设计师需要具备丰富的知识和技能。虽说这些知识和技能可以通过学习和工作进行培养，但是如果没有设计师应该具备的意识，则很难真正掌握。在这里，笔者将应具备意识的要点进行了列举。

设计是帮助人们获得幸福的手段之一

设计不只是单纯地制作出“漂亮”“有用”的东西。设计是解决问题、将事物的价值具象化，使事物达到更好的状态的一门学科。可以说能够给予人们幸福感和满足感才是设计的精髓

从多种角度来考虑事物

遇到需要解决的课题时，要抓住问题和本质，明确原因和需要解决的问题。然后从实用性、安全性和经济性等多个角度进行考察。平时保持开阔的视野和广泛的兴趣，有助于关键时刻迸发解决问题的灵感

见识更多的东西

多多观察店铺、家具、环境和室内设计品、艺术品、工艺品等各种物品。通过摄影、手绘草图和记笔记等方法记录下自己感兴趣的东西。这些都能提升设计师的品位、增长设计师的才能

不要放弃，试着挑战一下

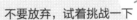

直面应该解决的事情和想实现的目标吧。不要轻易放弃，反复试错和讨论，试着用创意方法解决问题和实现目标吧。坚持不懈地努力是很重要的

善于倾听

认真和人对话，好好理解对方想说什么、抱有什么样的希望吧。然后，为了更好地传达自己的意图，我们可以试着以故事情节的方式来描述，寻找双方共同的话题，一边画图一边谈，想各种各样的办法促进沟通

培养对空间和物体的形状及尺寸的感觉

在日常生活中，保持对空间、家具、用具等的形状及尺寸的敏感性。感受桌椅等家具的宽高和位置以及室内布局等，体会空间的舒适性，用自己的身体尺度或尺子去实际测量。通过这些，积累和培养对形状和尺寸的感觉

专栏

| 实际案例 |

商业空间室内设计的策划案资料

在这里介绍的是在中国商业空间的室内设计中实际完成设计方案所需的策划资料。在商业设施的室内设计方案中，除了需要讨论设计构思和设计意向，还需要对方便销售、考虑顾客走动的“分区设计”以及视觉营销进行提案。（以下资料提供：node）

设计构思和方向性的提案

整理整体设计的方向性和构思理念。提出与建筑地点、建筑实际情况，以及目标市场相符合的卖场和商品组成的方案。

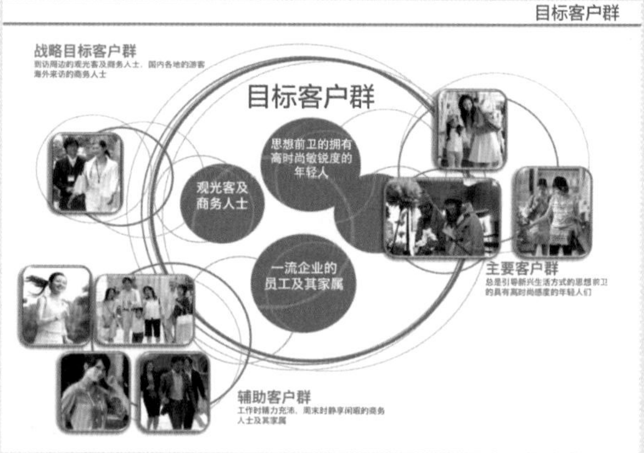

● 目标客户群

根据地段条件和经营计划，梳理出主要客户群、辅助客户群和战略客户群，并展示目标客户群的形象图片

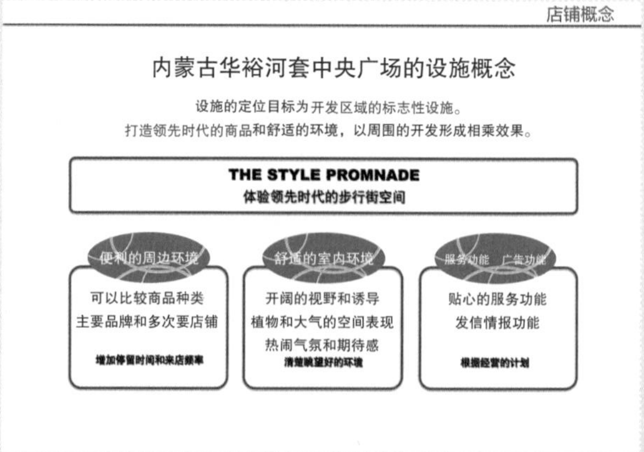

● 店铺概念

定位为区域地标性商业空间，以关键词“体验领先时代的步行街空间”作为设计理念。用简单易懂的图标归纳出3个主题

● 楼层构成

楼层构成是考虑建筑总体纵向动线的方案。用颜色划分不同区域，用箭头表示购物者的行进方向

楼层构成

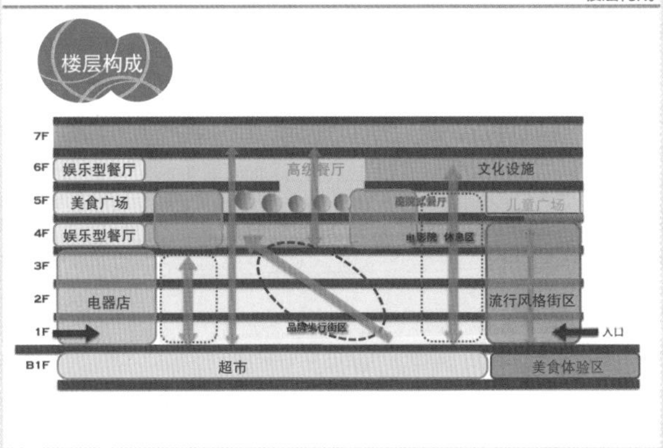

● 区域划分

区域划分是考虑各楼层平面动线的卖场布置方案。用颜色划分不同卖场，并配上相关卖场的示意图片

1 楼平面图

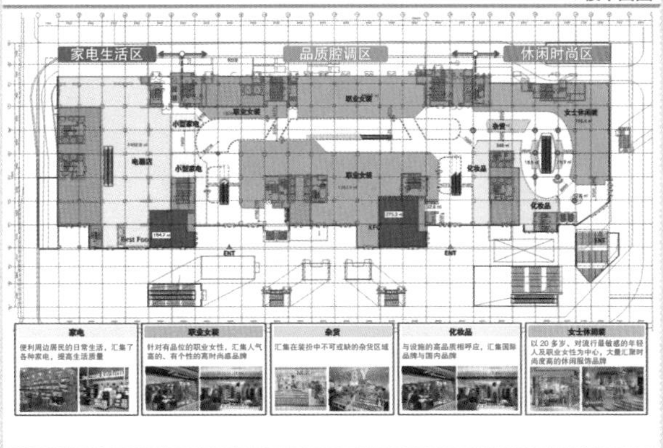

● 视觉营销

按照不同区域提出各卖场的视觉营销方案。对各区域根据不同样式风格进行整合，提出意向方案

1 楼商品布局图

具体的设计方案

按照设计理念做出更加具体的设计方案策划书。

立面设计图

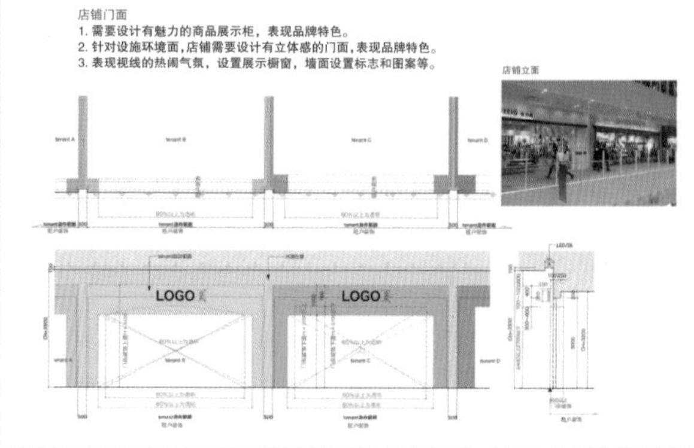
店铺门面
1. 需要设计有魅力的商品展示柜，表现品牌特色。
2. 针对设施环境面，店铺需要设计有立体感的门面，表现品牌特色。
3. 表现视线的热闹气氛，设置展示橱窗，墙面设置标志和图案等。
店铺立面
LOGO
LOGO

● 立面设计

面向挑空中庭的店铺立面设计。设计综合性店铺时，为了保证整体形象协调统一，需要制定设计导则，各个商店的设计按照设计导则进行

1 楼楼层平面图

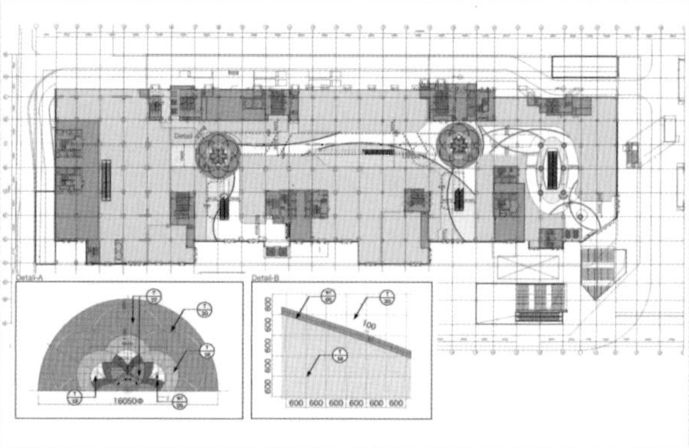

● 楼层平面设计方案

提出通道地面的图案拼接设计和交叉口的图案设计方案

1 楼顶棚平面图

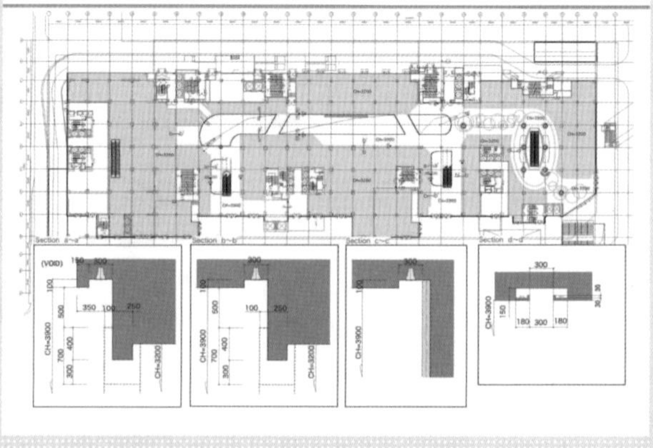

● 照明方案

通道的灯光设计为间接照明。用剖面图表达上翻尺寸以及灯具的安装方法

● 效果图

入口大厅的空间效果。加入背景人物，表现尺度感和热闹繁华的景象

1楼效果图

● 材料方案

贴上地面铺装材料的实物样品，展示实际的配色和质感

1楼材料方案

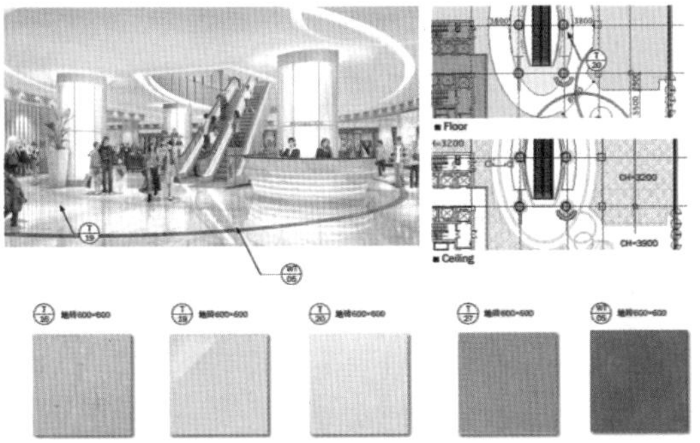

● 立视图

公共空间通过展开图来表现。在挑空中庭空间放置长椅和绿植，使空间整体变得更加丰富多彩

正视图

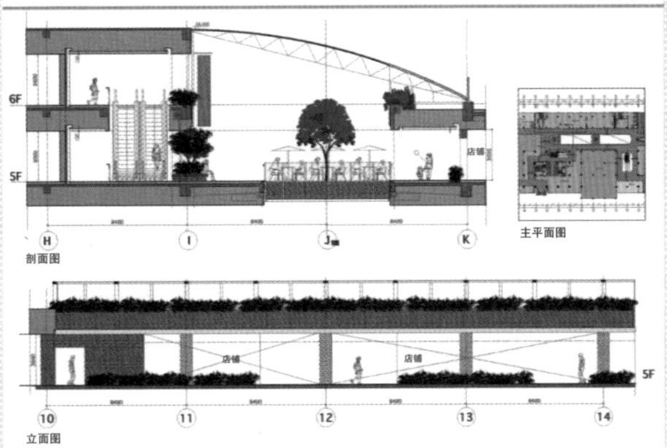

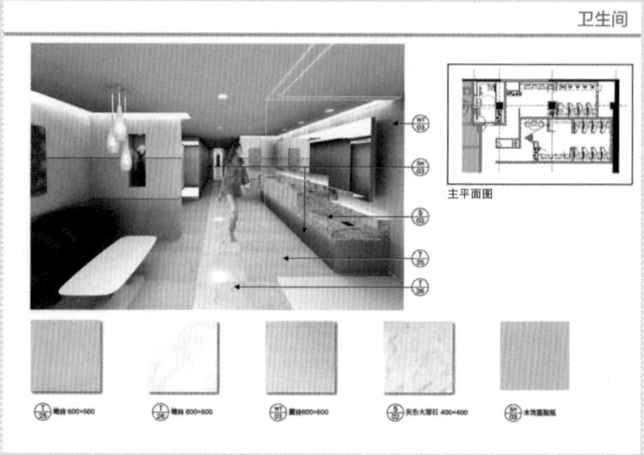

● 卫生间

右图为女士卫生间的设计。在商业空间中，卫生间的设计也是受关注的要素

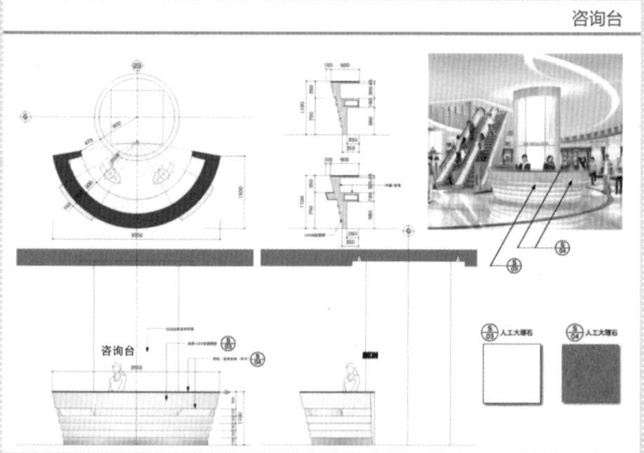

● 咨询台设计

用平面图、立面图和剖面图来表现咨询台的照明配置方法。将效果图和材料说明整理到一起来表现

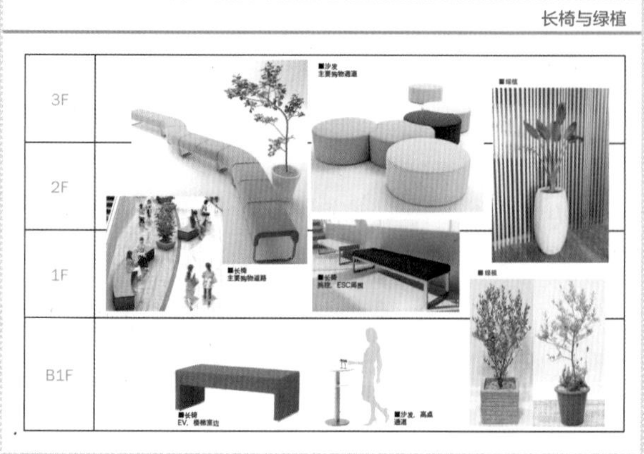

● 公共空间小品的设计

与楼层主题相符合的长椅及绿植的配置方案

第 2 章

室内设计的必备知识

进行室内设计需要具备室内设计构成元素及其特征、空间和家具所需尺寸以及建筑结构和材料等广泛的专业知识。在本章我们来学习最基础的知识。

第2章

2.1 室内设计的构成元素

室内设计由各种各样的元素构成，根据形状及功能的不同，分别有不同的种类和名称。这里我们以主要的室内设计元素“家具”为中心，介绍室内设计师和软装设计师必须了解的室内设计元素的种类及名称。

2.1.1 室内设计元素是什么

室内设计元素指的是构成地板、墙壁、顶棚的装修材料，以及家具、灯具、窗帘等元素，还包括装饰小物件和艺术品等体现室内设计风格的饰品以及室内绿叶植物。

在进行室内设计的时候，除了要对每一种室内设计元素进行设计，还要在空间整体上对元素的选择和配置进行设计。这时，不仅需要考虑颜色和形状的协调搭配，功能和组合效果也是非常重要的。

各种室内设计元素

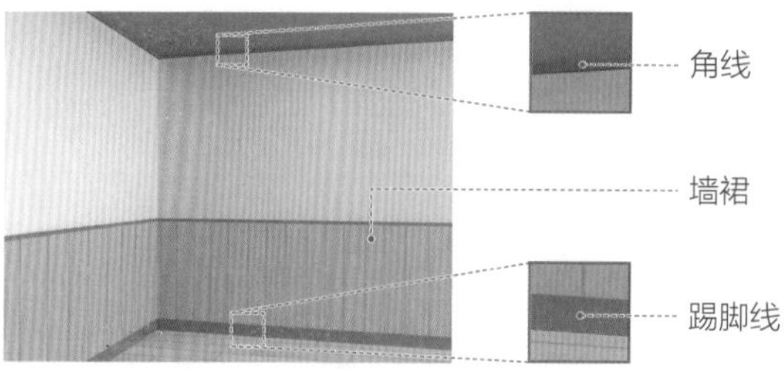

角线是安装在顶棚和墙壁之间的水平材料，起到分隔和装饰的作用。

墙裙是由高度及腰（900 mm 左右）的板材贴合而成的墙壁装饰，起到装饰和避免脏污、损伤等作用。

踢脚线可以避免墙壁脏污和损伤，有遮掩墙壁与地面之间缝隙的功能。

2.1 室内设计的构成元素

2.1.2 家具：椅子

在室内设计中，与生活最密不可分的就是家具。而家具中带腿的椅子和桌子被称为“带腿家具”。

椅子的基本构件为背、座、腿，有各式各样的素材和不同的加工方法。另外，根据使用目的（工作用/休息用）的不同，座面的高度和靠背的倾斜角度也不同，设计上也有所变化。除此之外还有可折叠的、可叠放的、可连接的等，根据功能不同分为很多种类。

椅子各构件的名称

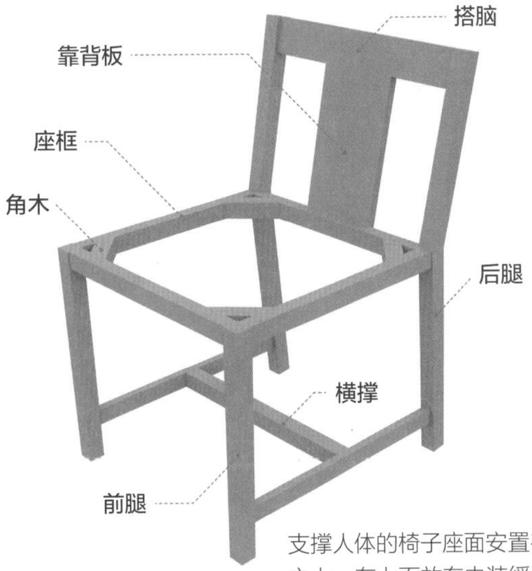

支撑人体的椅子座面安置在座框之上，在上面放有内装缓冲材料的坐垫，或是安放舒适易坐的成型胶合板。

各种椅子的名称

带扶手的座椅

不带扶手的靠背椅

坐凳

沙发和脚凳

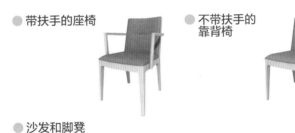

吃饭时使用的椅子称为餐桌椅，休息用的椅子称为起居椅。

椅子的功能

可叠放

可折叠

可连接

除此之外，还有摇椅和转椅等。

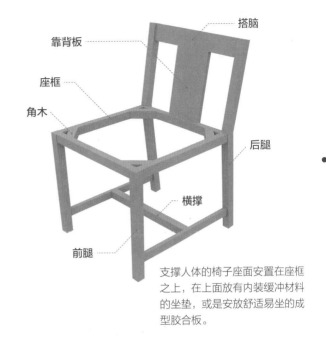

2.1.3 家具：桌子

桌子是由面板、挡板和桌腿等基本构件所组成的。

有些桌子是用来工作的，有些是用来装饰的。对于工作用的桌子来说，因为人要坐在椅子上工作，所以桌面和椅子的座面之间的高差很大程度上决定了桌椅用起来是否舒适。

桌子各构件的名称

桌子面板的大小因使用目的与就座人数的不同而不同。面板材料与装饰面最好具有耐水性、耐热性和耐磨性。因为手和身体上半部分要直接接触桌子，所以台面的边缘最好加工为圆滑状的

各种桌子的名称

● 餐桌

● 茶几

● 壁桌
（靠墙作装饰用的桌子）

● 床头柜

桌子的形式

● 伸缩式

● 折叠式

● 套叠式

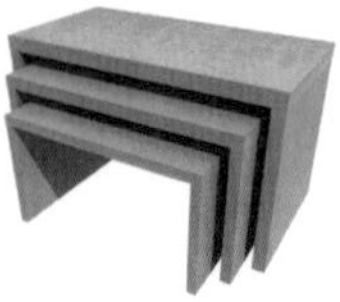

伸缩式的桌子能够打开面板，转动折在里面的桌板，然后平铺在支架上，因此可以调节桌面的大小

2.1.4 家具：储柜

储柜框架是由顶板、底板、侧板、背板构成的，下部附有滚轮或柜腿。

除了碗柜、斗柜等功能单一的储藏家具，也有根据个人喜好按照基本模数做成的柜子、抽屉等带有盒形储藏组件的组合柜。

另外还有将侧板、背板、搁板、抽屉和挂衣杆等标准配置的部件与墙面尺寸匹配嵌入的整体壁柜。

储柜各构件的名称

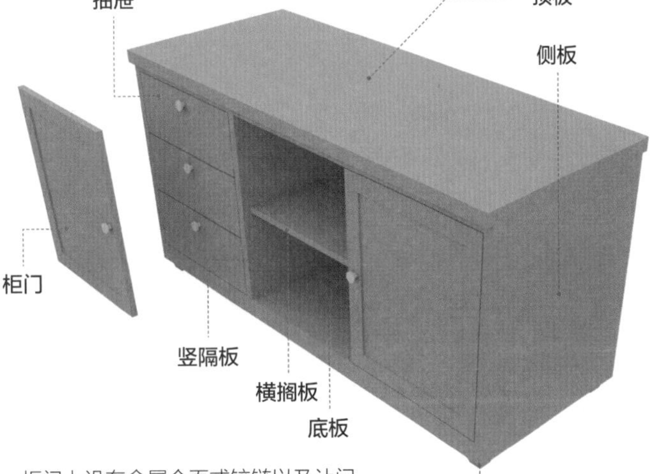

柜门上设有金属合页或铰链以及让门停下来的门吸，抽屉下面则设有滑轨等五金配件

各种储柜的名称

斗柜

碗柜

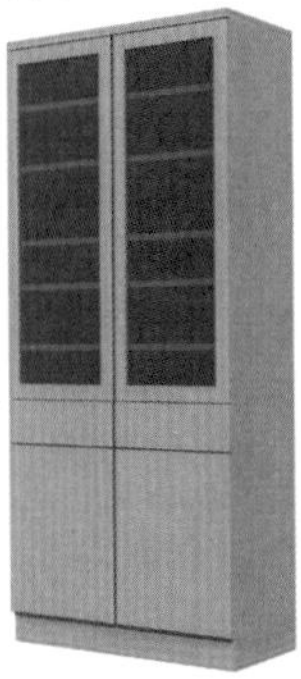

摆放架

客厅（电视）柜

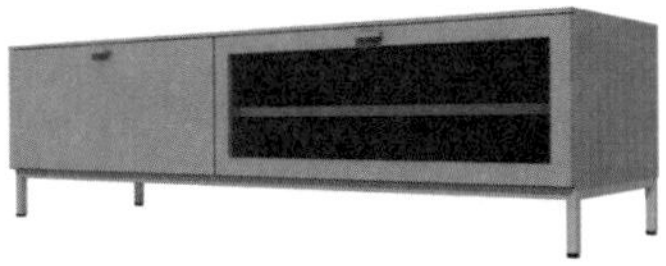

组合柜

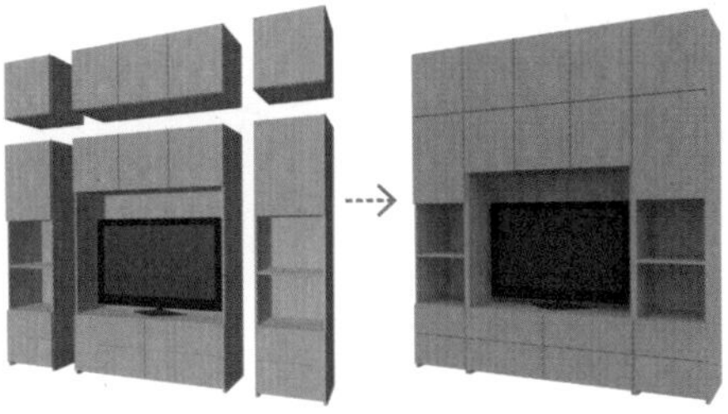

整体壁柜

组合柜由盒形储藏组件组合而成。整体壁柜是将标准化的部件与墙面匹配并嵌入而成

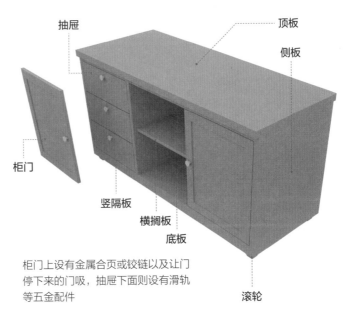

2.1.5
家具：床

床是由床头板、床尾板、侧床框和床基组成的框架以及床垫这两大部分组成。

床头板和床尾板除具有防止床垫和枕头偏移的功能之外，还起到装饰作用。

床垫种类分为用线圈将弹簧连成一体的“邦奈尔式弹簧结构”和由一个个单独弹簧构成的“口袋形弹簧结构”。

还有平时可以作为沙发使用的沙发床。

床各构件的名称

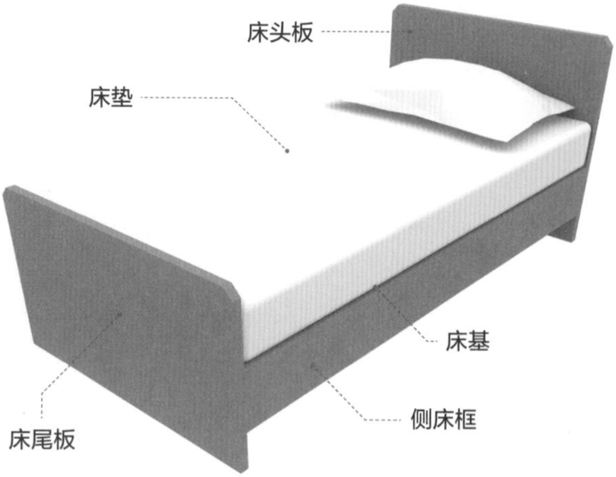

床基分为用木板或木条板作为床板的单层软床和床垫下面再垫一层缓冲材料的双层软床，还有底部设有抽屉的储藏一体型软床

沙发床

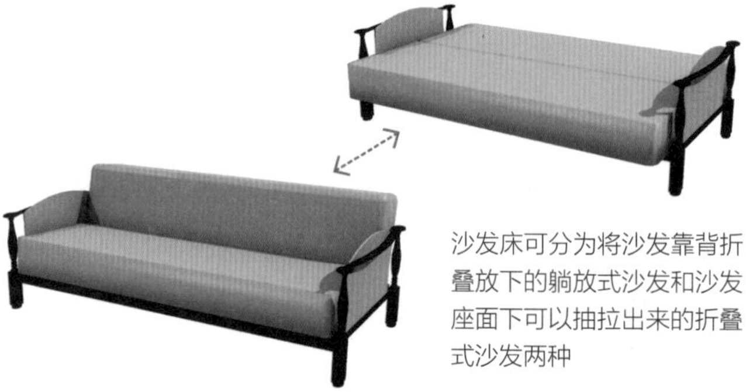

沙发床可分为将沙发靠背折叠放下的躺放式沙发和沙发座面下可以抽拉出来的折叠式沙发两种

床头板的种类

● 平板型

● 带置物架型

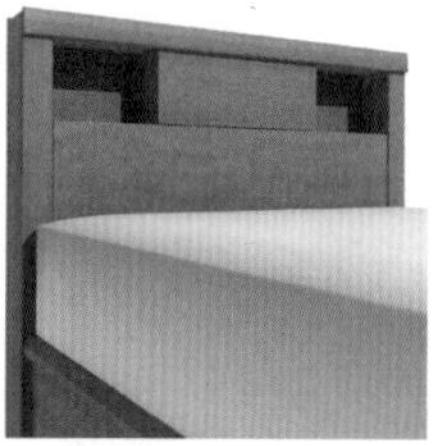

● 平板软包型

● 管状支架型

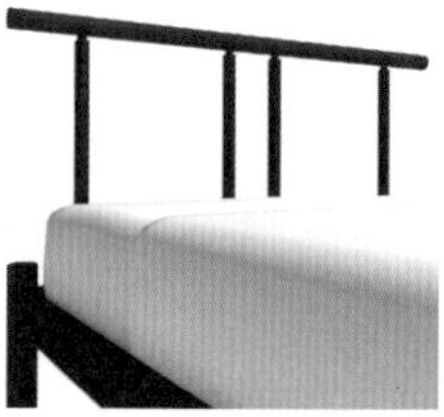

除了带置物架的，还有带抽屉、照明设备和插座的。另外还有不带床头板，直接将床垫固定在床尾的软床

专栏

家具金属配件的种类

在安装书架、门、抽屉等家具时使用的金属配件，根据功能不同有很多种分类。以门为例，要根据它的开合方式以及重量等选择不同的配件，这会影响到使用时的手感。在这里，我们来介绍一下具有代表性的家具金属配件的种类和名称。

可拆卸金属配件

用于连接处的零件，木板之间的组合或拆卸较为容易

架板支架、销钉、架板支柱

书架搁板或用钉子固定支撑，或用嵌入支架架起玻璃板固定。

销钉是由圆柱形的木材、金属等材料做的零件，将侧板处开出洞孔插入支撑架板，可以根据放置物品的大小上下调整移动。

架板支柱是在金属支柱的洞孔上插入支架支撑搁板

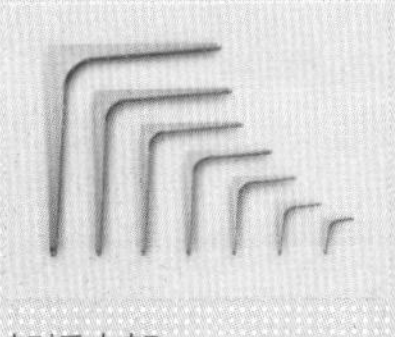

架板支架

销钉

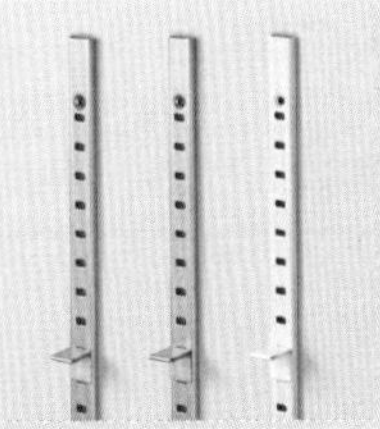

架板支柱

铰链

作为门开合时的轴的金属配件称为铰链。一般铰链为两片合成，有“平式铰链”和“法式铰链”之分。

还有一种滑动铰链，根据门的关闭方式不同可分为外侧型和内侧型。

其他还有嵌入门板和侧板里的“隐藏铰链”，以及可以使门开起较大角度的“角度铰链”

平式铰链

法式铰链

滑动铰链

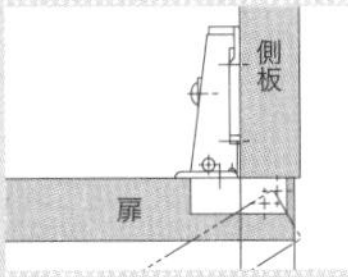

外侧型：金属物件卡在侧板外侧，可看到整面门。

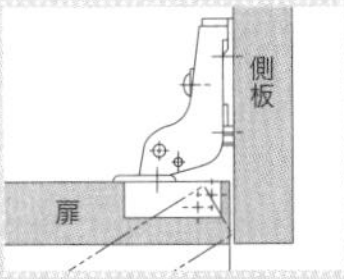

内侧型：金属物件卡入侧板内侧，可看到门收到框中。

隐藏铰链

角度铰链

撑条

下拉门或上推门使用的零件。可以在开门状态时固定，也可以控制开合的角度。还有可以控制开合动作的缓和式撑条

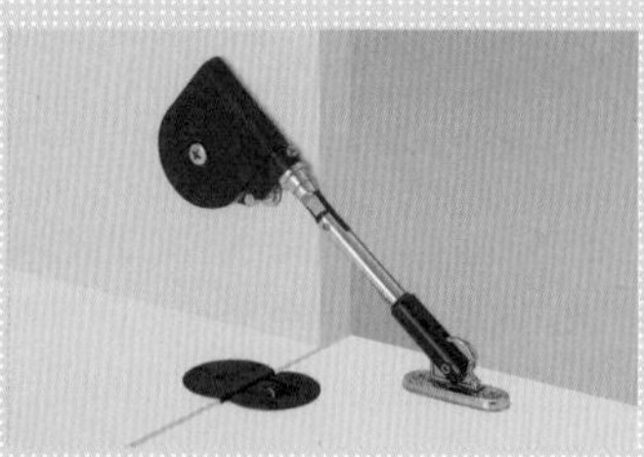
撑条

门吸、门卡锁

用于关门的零件，分为开合时需要操作解除的门卡锁和不需要操作的门吸

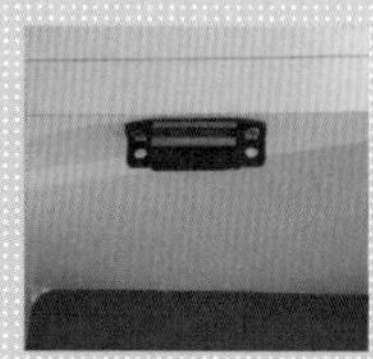
磁力锁

滚珠式卡锁

辆套卡锁

滑轨

用于抽屉的零件。有软开关型及推拉型

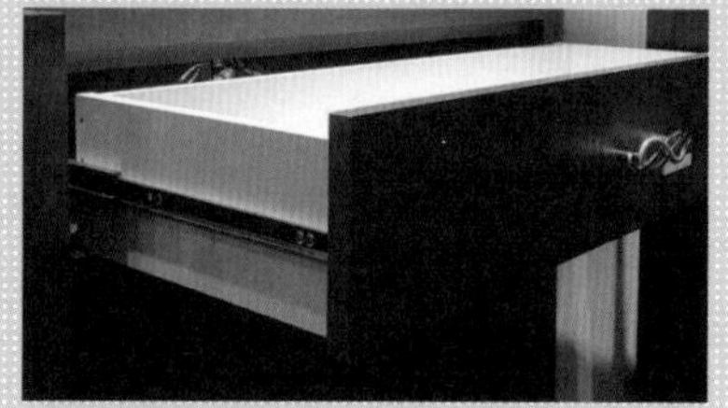
抽屉滑轨

把手

用于抽屉或门上，也称为“取手”或“拉手”

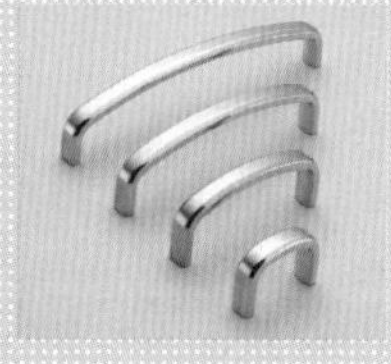
把手

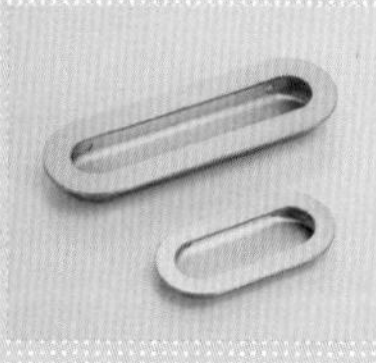
嵌入式把手

回转式把手

滑轮、调节器

滑轮用于椅子、推车、移动柜子的脚下，便于自由移动。有方向自由移动的、固定方向移动的，还有带可停止固定装置的。滑轮的材质分为可在较硬地面上使用的橡胶、比较柔软的聚氨酯树脂，在地毯上使用的像聚酰胺或尼龙等比较坚硬的树脂。调节器用于桌椅脚下，可调节高度。

滑轮

调节器

滑轮实例

2.1.6 室内软装

装饰绘画、摄影图片、蜡烛、靠垫等杂货和小物品的装置称为室内软装，可以将空间点缀得更加富有魅力。

盆栽和观赏植物被称为“室内绿植”，这些可以营造出自然治愈系的空间。

虽然室内软装是根据个人的兴趣、喜好和品位进行选择并加以装饰的，但是也会对空间的风格和给人的印象产生很大影响，因此也要慎重选择。

室内软装的配置案例

首先需要确定装饰的主题和情境，并且考虑选择与空间整体相协调的颜色和格调，然后决定在哪里装饰些什么。平衡配置、点缀方法等装饰技巧也需重点注意，以装饰出更加具有魅力的空间

2.1.7 店铺的展示道具

在店铺中用于陈列商品的用具叫作“展示道具”。根据陈列商品的种类不同，展示道具可分为多种形态，以方便顾客观览和选择所展示的商品。

食品展示道具有保鲜柜以及可以陈列很多商品的货架。

服装展示道具除了挂衣服的衣架，还包括橱窗模特儿和人体雕塑模型。

除此之外，还有与商品相对应的专用展示道具等，是根据商品的种类和店铺的形象进行设计的。

食品卖场使用的展示道具

● 保鲜柜

● 陈列架（货架）

● 平台货架

生鲜食品被陈列在具有冷藏功能的保鲜展柜中，陈列架可以与挂网、挂架和挂钩组合使用

服饰卖场使用的展示道具

● 平放展架

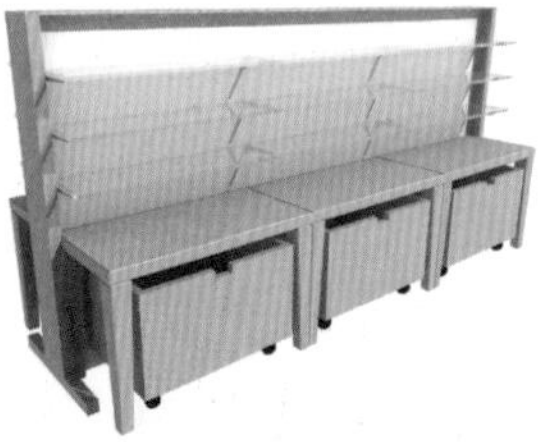

● 挂衣架

● 橱窗模特儿

衬衫等折叠起来的商品需要平铺摆放陈列。展示橱窗使用的人体模型分为全身的橱窗模特儿和只有躯干部位的雕塑模型

不同卖场使用的不同展示道具

● 食品卖场

● 服饰卖场

在食品卖场中，根据商品的保存方法及库存量的不同，展示道具的功能和高度都会有变化。在服饰卖场中，需要设置镜子和试衣间（图片提供：node）

2.1.8 住宅设备

厨房、卫生间、洗手台、浴室等住宅设备也是室内设计的元素之一。特别是厨房，越来越成为家人进行交流沟通的空间，其风格和设计是影响室内形象的重要因素。

厨房与其他房间的连接方式决定了空间风格。厨房和其他空间没有明显界限的形式叫作开放式厨房，厨房与其他房间完全分离的形式叫作封闭式厨房。用吧台及吊墙等将房间进行分割，通过开口部形成一个通透空间的形式叫作半开放式厨房。

各种住宅设备

● 厨房、餐厅

● 卫生间

● 洗手台

● 浴室

住宅设备也被称为住宅用水区的设备，需要进行给水和排水设计。因为管道设置等的限制，在旧房改造时往往无法进行大幅度的改动

各种形式的厨房

● I 形

水槽、操作台和燃气具等成横向排列的是 I 形厨房。通常适合比较狭小的厨房布局。但如果台面太长的话，会导致动线变长，降低效率

● L 形

沿两个垂直相交的墙面布置的为 L 形厨房。这种布局会产生如直角三角形一样的活动流线，工作效率比较高，但是需要注意避免在储藏柜的拐角处产生死角空间

● U 形

这种布局可以获得宽大的厨房操作空间，可同时满足开放式厨房和封闭式厨房的需求。U 形布局可以充分体现厨房的设计装饰感，但是需要宽敞的空间和考虑拐角部分储藏空间的使用方法

● 半岛形

L 形或 U 形厨房中的一部分像半岛一样凸出来的布局为半岛形厨房，适合于开放式厨房。凸出来的部分可以与吧台或餐桌结合，组成对面式厨房。设计时要注意考虑操作台和桌面的高度有所不同

2.1.9 照明灯具

灯具也是室内设计元素之一。照明不仅要满足室内亮度上的要求，还要起到烘托气氛的作用。

照明分为整体照明和局部（辅助）照明。整体照明是将房间整体照亮，局部辅助照明则是为了保证局部的亮度或者营造特定的氛围。

不仅照明灯具的形状各不相同，灯光的色调也有所不同，有些带有清淡的冷白色调，有些则带有偏红色的暖色调。形状各异的灯具所营造的不同的光照效果，会对空间产生不同的影响。

各种照明灯具——整体照明

吸顶灯

直接安装在天花板上面的照明灯具，根据房屋的大小选择灯泡的亮度。

吊灯

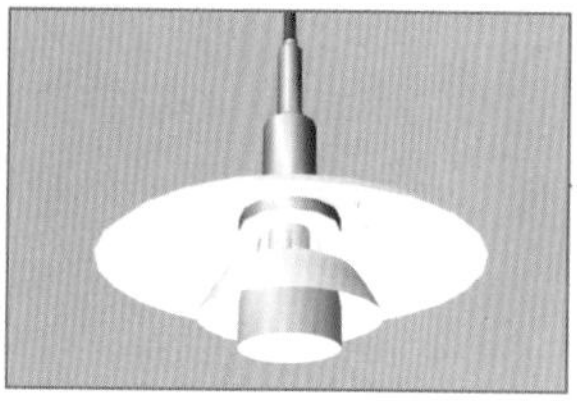

吊装在室内天花板上的照明灯具。因为经常成为空间设计的亮点，所以灯具的款式选择也变得尤为重要

● 筒灯

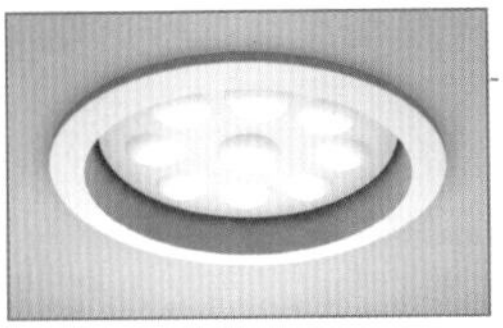

筒灯是将数个小灯泡埋设在天花板内，可以实现部分灯具点亮照明的效果。

各种照明灯具——局部（辅助）照明

● 壁灯

● 射灯

● 落地灯

● 台灯

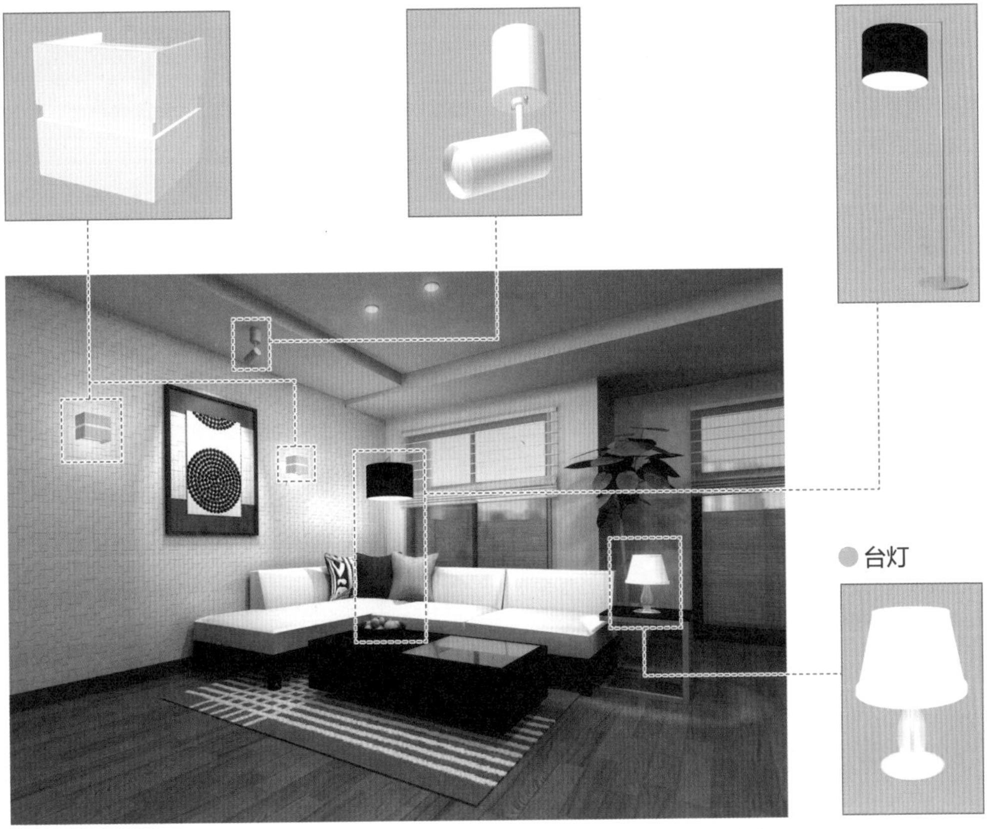

局部（辅助）照明指的是在需要照度的地方设置照明灯具的照明方式。灯具的款式选择也是表现空间感的要素

2.1.10 窗饰

窗帘和卷帘等窗户周围的有关装饰元素被称为“窗饰”。窗帘和卷帘的主要功能是调节光线和遮挡视线，同时它也在空间装饰中起着重要作用。特别是居住空间中窗户所占比例很大，空间的氛围会因窗帘的款式、颜色和图案的不同而有很大的变化。

窗帘因重视设计性、美观性而有众多款式，如百褶的收束方式以及流苏的绑扎方式（将窗帘束起来的扎带）等。窗帘的下摆及饰边装饰等需要仔细考虑，以展现窗帘的装饰美感。

各式各样的窗饰

布艺帘

（自然褶皱、较厚质地的布料 + 蕾丝花边）

罗马帘

（将窗帘布折叠起来的窗帘）

百叶卷帘

（水平的百叶板）

竖向卷帘

（竖向细长的百叶板）

布卷帘

（可卷上去的帘布）

百褶布帘

（百褶状的、不同材质组合而成的布帘）

除了形状，材质的颜色和图案的不同也会带来空间形象的变化。除了百褶布帘和布艺帘的组合，也有自然褶和蕾丝花边反过来悬挂的展示方法

各种窗帘的款式

中间分开式

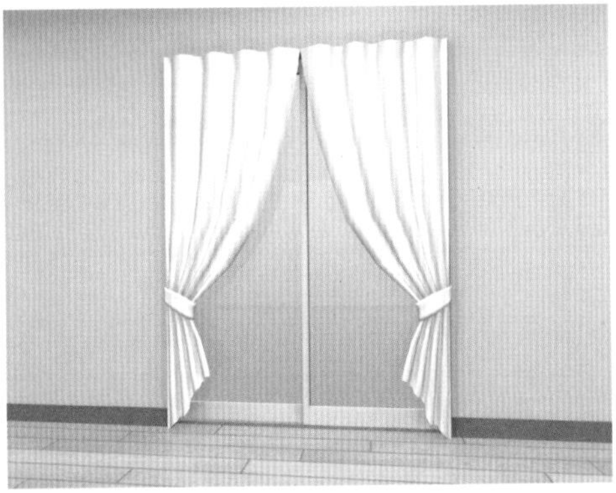

从窗帘的中央将窗帘布左右分开，风格慵懒。可营造优雅的氛围

重叠交叉式

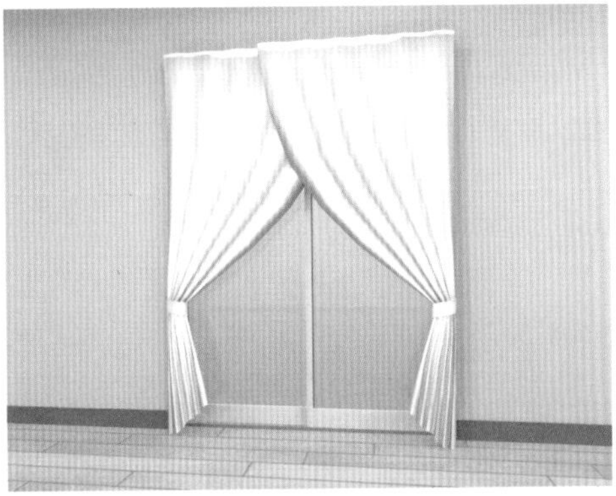

窗帘中间部分相重合的款式。可以感受到古典和高雅的氛围

高下摆式

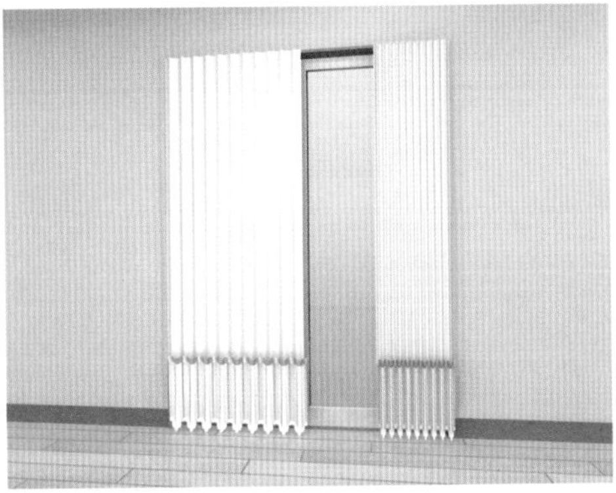

下摆有长的褶边和蕾丝花边作点缀装饰的款式。可营造高雅的氛围

贝壳式

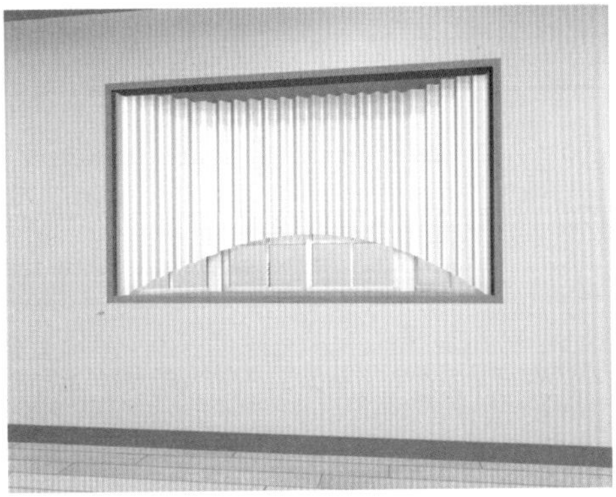

装饰性较高的款式，根据下摆形状不同，分为 O 形、S 形和 W 形。经常在飘窗和有窗下墙的窗上使用

分段式

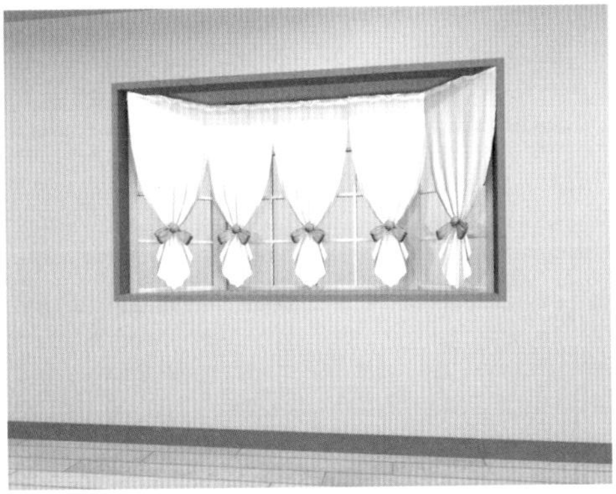

在竖向窗帘布的中下部用流苏分段绑扎的方式

咖啡馆式

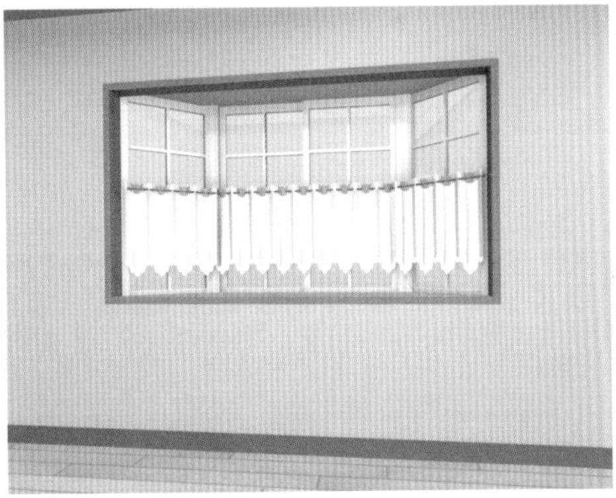

通过横向撑杆等悬挂窗帘，把窗户的一部分覆盖住的短窗帘

第2章

2.2 室内设计的色彩规划

颜色可以左右人们对室内设计的印象，具有决定印象的重要作用。因此，色彩的相关知识非常重要。在这一节，让我们一起来学习颜色的基本搭配和颜色是如何被看到的等基础知识。

2.2.1 色彩方案

色彩方案也就是色彩设计。室内设计的色彩方案就是根据空间的使用目的和相关条件，确定包括地板、墙壁、顶棚在内的各个室内设计元素的具体颜色。除了选择颜色，在什么地方使用什么比例的颜色、使用什么颜色、如何进行搭配等问题也非常重要。

室内设计的色彩方案由基础色、主色、点缀色三类色彩构成。在空间设计上需要探讨这三类色彩配置的位置和比例。

住宅色彩方案的重点

项目	基础色	主色	点缀色
对象	地板、墙壁、顶棚	家具、窗帘	小物件（地毯、坐垫、靠垫等）
面积	70%	25%	5%
使用年限	较长	中等	较短
选择颜色的要点	打造室内设计整体印象的基础色调。选择让人不易厌倦的基础色为好	室内设计的主要色彩。不宜过度暗淡或过度亮丽	能够轻松改变氛围的颜色。可以使用个性的颜色或带花纹的物品

2.2.2 色彩、素材和形状的关系

即便是相同的室内元素，除颜色以外，由于质感、形状和体积的不同，也会给人带来不同的空间感受。

考虑室内设计与色彩搭配时，兼顾颜色、素材、形状这三者之间的关系和平衡非常重要。

通过质感和形状改变空间印象的示例

颜色和形状的不同

在同一个内装空间里，配置同类的家具和小物品。左图中的家具和小物品色彩明亮并带有弧形设计，给人以明快柔和的印象。右图中的家具和小物品则色彩较暗并且带有棱角，给人以沉稳的印象

质感的不同

即便是相同的色调，因材质质感的不同，给人的印象也会发生改变。两张图中都配置了暗色的沙发，但左图中使用木质家具，带给人温和的感觉。右图中采用了玻璃和金属的家具，则给人以硬朗的印象

2.2.3 形象风格

想要创造美丽舒适的空间，颜色、素材、形状的组合非常重要。这样的组合就叫作"形象风格"。不同形象风格，如自然、现代、古典风格等，要统一风格要素。

在进行多元素、大空间的室内项目设计时，以形象风格为基准选择颜色和材质，有利于达成具有统一感的设计。

在与他人分享设计形象时，形象风格也可以成为共同

常见的形象风格

自然风格

格调　自然感

素材　木、棉、麻等

色调　象牙色、驼色、绿色、褐色等明快、柔和的色调

特征　具有温暖氛围的风格。家具等的造型省去了装饰，采用直线的简约设计

现代风格

格调　都市感

素材　玻璃、金属、塑料等无机物

色调　单色或多色

特征　有采用玻璃和金属等硬质无机素材的意大利现代风格，也有采用塑料等五颜六色的有机素材的美式现代风格等

古典风格

格调　有品位、优雅、厚重感

素材　木材等自然素材

色调　沉稳的色调

特征　格调高雅的风格。有装饰华美的欧洲古典风格、具有厚重感的英式传统风格和亲切宜人的美式风格等，根据国家和时代的不同，风格也各有不同

乡村风格

格调　朴素、温和

素材　木材等自然素材

色调　柔和的色调

特征　朴素、温和、轻松的风格。有宁静悠闲、充满自然气息的欧洲田园风格，以及具有拓荒时代自然的、朴素的、充满实用性的美式乡村风格

语言。但是，即便是相同的风格也有各式各样的表现形式，因此需要通过使用形象照片等方式来共享具体的设计形象。

日式风格

格调　日式

素材　竹、木、和纸等自然素材

色调　自然的色调

特征　有在日式房间内加入现代元素，形成简约、沉稳风格的。也有加入了传统日本民艺家具等的古代民居风格。

东南亚和中式风格

格调　亚洲

素材　竹、藤、麻等自然素材

色调　自然的色调

特征　加入了泰国、印度尼西亚、中国等国家的工艺品和民间艺术家具的风格。能够营造出亚洲度假胜地的悠闲感。加入了 17 至 18 世纪曾在欧洲流行的中国艺术样式的风格，专门被称为“欧式中国风格（Chinoiserie）”

20 世纪中叶风格

格调　现代风格、个性独特

素材　成型胶合板、强化塑料等人工合成材料

色调　单色或多色

特征　在 20 世纪 40 至 60 年代以美国为中心流行的全新且充满个性的设计风格。使用以人工合成材料制作而成的具有复杂曲线形状、设计轻巧的家具

北欧风格

格调　简约、自然现代

素材　木材等天然材料、布料

色调　沉稳大气的色调、彩色

特征　以色调明亮的木材等天然材料制成的家具与以植物纹样、几何图形为主题的布艺等搭配而成的风格。虽然色彩鲜艳，但色调搭配优雅、沉稳大气，并具有很强的实用性

2.2.4 室内设计的历史和样式

根据国家、文化、历史与传统、风土等的不同，室内设计形成了多种样式。从古至今，随着时代社会背景和生活形态的演变，各式各样的建筑和艺术形式也在不断产生和发展。

日本的传统建筑用木格推拉窗门（障子）将内、外空间隔开，强调内外关系的建造方法成为其显著特征，还有和室的原型“书院造”建筑和引入茶室建筑的“数寄屋”建筑等。

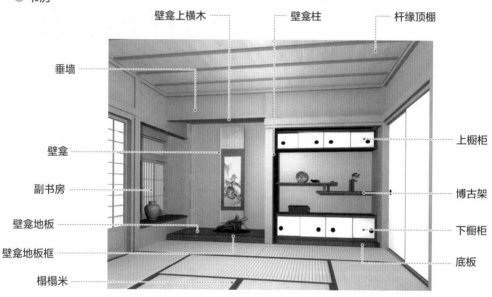

日本的室内设计样式

书房

年代　室町时代之后

特征　从平安时代的贵族住宅样式——寝殿式建筑发展而来的，以书房作为主室的武士住宅样式。铺满榻榻米的客厅用推拉门进行分割，并设有杆缘顶棚或方格顶棚板。这是现代日式住宅中常见的壁龛的原型在西方，即便同是被分类为古典的样式，也有直线形设计的哥特式和曲线形设计的洛可可式等大相径庭的风格。

在近代则有有机、优美的装饰样式“新艺术派”和由几何形状构成的“装饰派艺术”等形式。

虽然在室内设计中也有很多元素融入了这些样式，但重要的是需要在对各种造型的特性及要素理解的基础之上再进行设计。

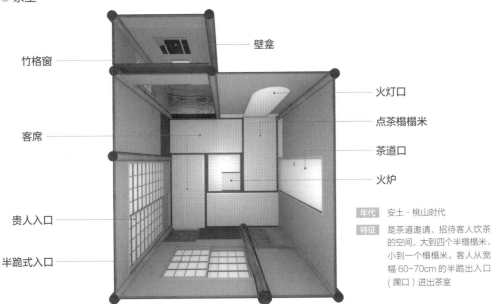

茶室

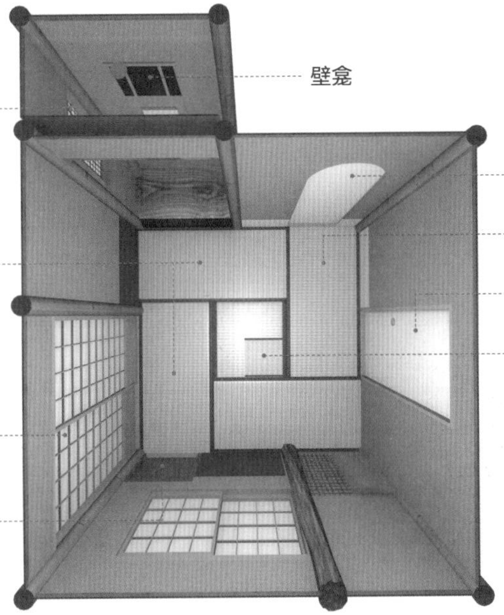

年代　安土 · 桃山时代

特征　是茶道邀请、招待客人饮茶的空间，大到四个半榻榻米，小到一个榻榻米。客人从宽幅 60~70cm 的半跪出入口（躙口）进出茶室

数寄屋样式建筑

年代　安土 · 桃山时代之后

特征　在“书院造”建筑形式中添加了茶道文化中的茶室建筑手法而形成的样式。体现了日本审美意识中的“寂静幽秘”的思想，具有朴素简约的空间特征。代表建筑有京都的桂离宫

西方的室内设计样式

哥特式

年代/国家　12世纪中叶/法国

特征　以宗教建筑为中心发展而来的形式。与哥特式建筑相呼应，采用了强调竖向线条的设计，以及装饰有布皱图案、火焰纹图案等奢华雕刻装饰的家具和利用木框架结构制成的大型家具。具有代表性的作品有法国的巴黎圣母院

洛可可式

年代/国家　18世纪/法国

特征　与哥特式相比，洛可可式的风格则具有优雅的曲线形状和清淡、柔和的色调。家具设计得小巧、易于使用，并使用木片拼花工艺以及象牙、金箔等加以装饰。家具腿多用动物脚形图案作为主题，常被作为“猫脚”（Cabriole leg）

新艺术派

年代/地区　19世纪至20世纪初/欧洲

特征　从以比利时和法国为中心的艺术运动中衍生出来的样式，以类似植物的有机曲线装饰为特征。家具和小物件多采用蒸汽加工弯曲而成的曲木以及当时的新型材料铁和玻璃制作而成。新艺术派风格对工艺品和平面设计等领域也产生了广泛的影响

装饰派艺术

年代/国家　20世纪/法国

特征　新艺术派衰落后流行的风格。伴随着工业发展，与装饰性相比更加重视规格化形态。直线与立体的构成、以几何图形为主题的表现、通过原色进行色调对比表现等都是其显著特征

专栏

其他西方室内设计样式

样式名	特征
罗马式	10世纪末到12世纪在西欧广泛应用的中世纪样式。受到古罗马建筑的影响
巴洛克式	16世纪末到17世纪在欧洲流行的样式。多采用精致的装饰以及夸张的表现效果
新古典主义	18世纪中叶到19世纪初在欧洲流行的样式。与巴洛克式和洛可可式形成对比，以模仿古希腊、古罗马时代古典形态为其主要特征

2.2.5
色彩可视性的原理

室内设计有色彩、素材、形状三个要素。其中色彩除能改变室内设计的风格和给人的印象以外，也会对人的生理和心理产生影响。所以室内设计师不仅要展示空间的美感，也要考虑颜色对人的感受的影响，选择符合使用目的的色彩，避免使用让人感到不愉快的色彩。

因此，室内设计师不能任凭感觉进行色彩处理，而需要了解色彩的结构和搭配等色彩基础知识。

感知颜色是通过光源、物体、视觉这三个必要元素来实现的。光是一种“波”，不同波长的光会呈现不同的颜色。太阳光等光线是由不同波长的光混合组成的，我们眼中所看见的色彩其实就是不同波长的光。

色彩可视性的原理

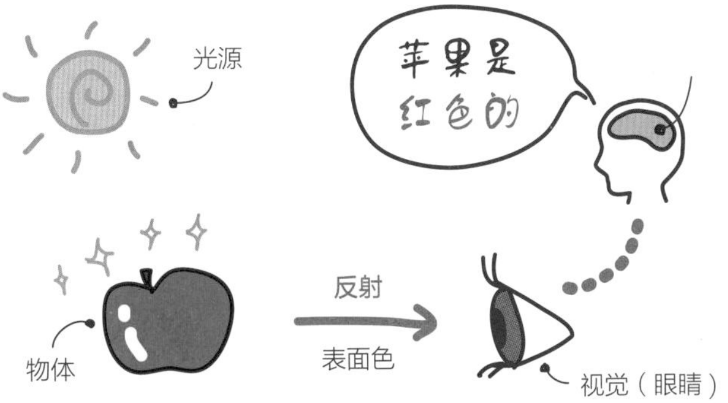

物体表面的颜色是物体的反射光进入眼睛，刺激神经从而传达给大脑的视觉中枢，中枢神经根据波长的不同，判断为特定的颜色

光波与光谱

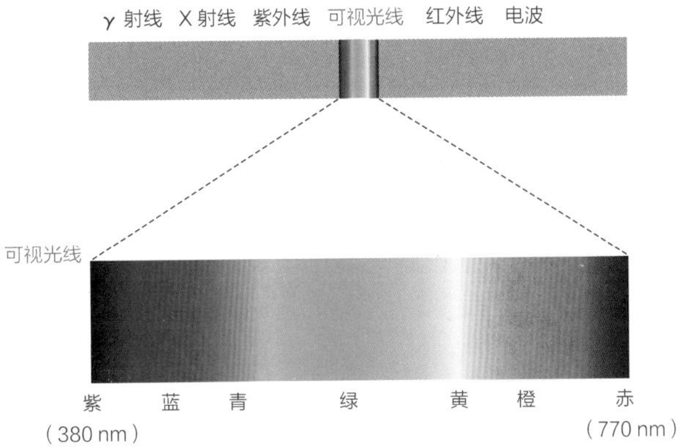

太阳光等可视光线是电磁波的一部分，具有波的性质。由不同波长的光混合组成的太阳光所呈现在我们眼中的颜色为白色，但通过棱镜可以看到这些混合的光波按照波长大致可以被划分为7色光带。这些光带被称为光谱，被划分出的各色光称为单色光

光的波长不同，颜色也不同

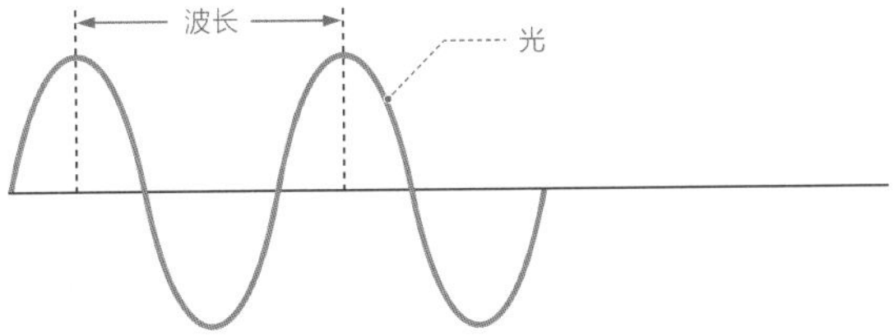

光是一种电磁波，波长不同颜色也不同。波长就是波形的两个顶点的间隔长度，可见光波长最长（约770 nm）呈现为红（赤）色；波长最短（约380 nm）则呈现为紫色

2.2.6 色彩的基本原理

不同颜色混合在一起可以变成多种其他的颜色，但是由光混合而成的颜色和由绘画颜料混合而成的颜色是不同的。

光的三原色是红（R）、绿（G）、蓝（B），这些光混合在一起会增加明亮度，所有的颜色混合在一起就会呈现白色。我们把这个原理称为“加法混色”。

色彩的三原色是紫红、黄、蓝绿，这些原色混合在一起则形成黑色。我们把这个原理称为“减法混色”。

太阳光等光线照射到物体上时，其中所包含的光（颜色）一部分被反射，另一部分被吸收。因为光的吸收、反射情况各异，所以物体呈现出不同的颜色。

光的三原色和色彩的三原色

光的三原色的混色“加法混色”

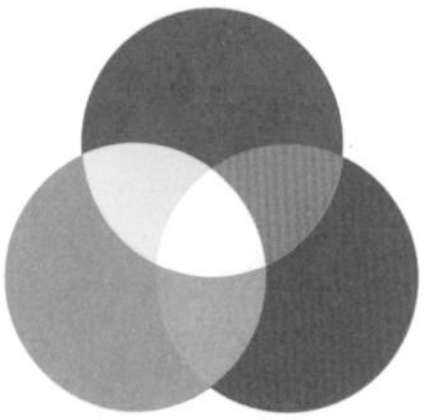

光的三原色——红（R）、绿（G）、蓝（B）混合在一起，就会呈现出白色

色彩的三原色的混色“减法混色”

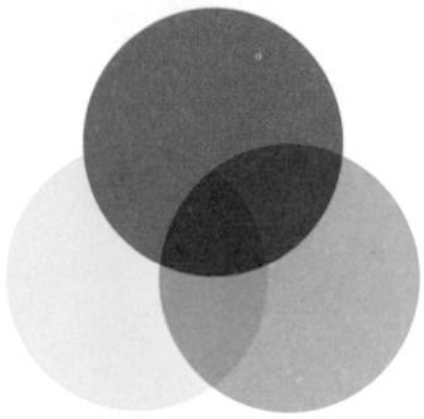

颜料的三原色——紫红、黄、蓝绿混合在一起，就会呈现出黑色

颜色可视性原理

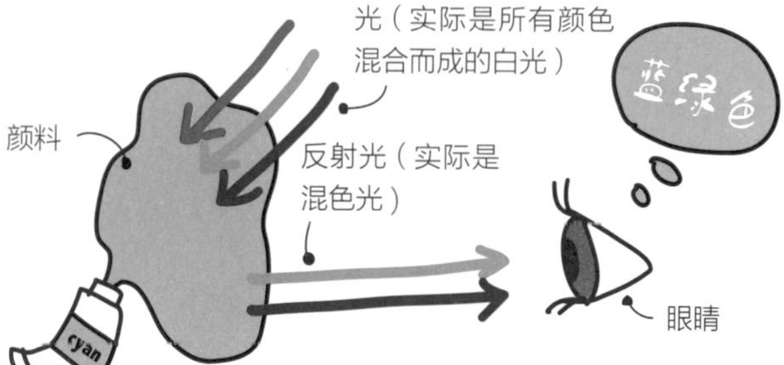

由于红色被吸收，而绿色和蓝色被反射，所以颜料呈现为蓝绿色

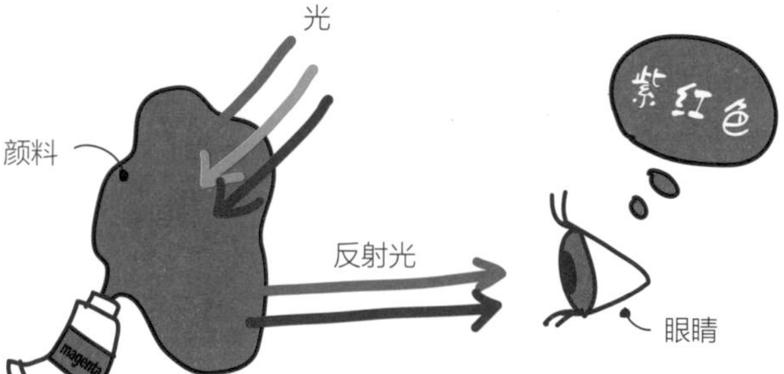

由于绿色被吸收，而红色和蓝色被反射，所以颜料呈现为紫红色

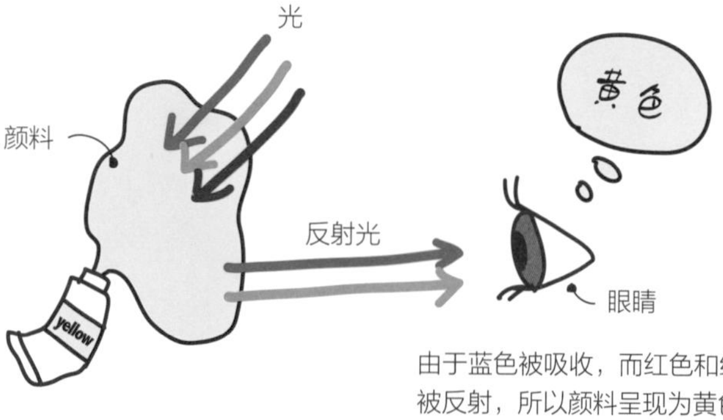

由于蓝色被吸收，而红色和绿色被反射，所以颜料呈现为黄色

2.2.7 色彩的表现方法

即便都是蓝色，也有深蓝、浅蓝等颜色之分。除使用群青色、淡蓝色等常用词语来描述颜色以外，还有定义颜色的相对位置关系，用数值和记号进行定量、系统化表现的色系表。通过色系表可以正确地再现颜色。

我们将红、蓝、黄等有色彩的颜色归类为有彩色，将白、灰、黑等无色彩的颜色归类为无彩色。有彩色将颜色的三个属性——色相（配色的不同）、明度（明亮度）、饱和度（鲜艳度）集于一体，而无彩色的颜色仅通过明亮度来表现颜色的体系。

将色相按照波长的顺序环形排列，即色相环。表现色彩的有孟塞尔色系、奥斯特瓦尔德色系、日本色研配色体系（PCCS）等众多体系。体系不同，色相环也不尽相同。色相环中相对的颜色称为互补色，相近的颜色称为同类色。

色相/明度/饱和度

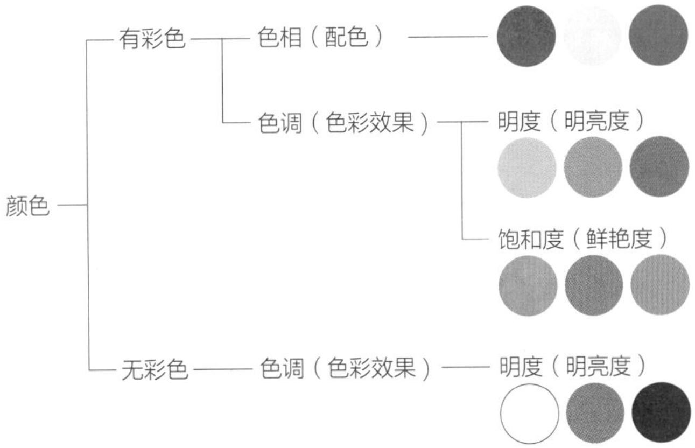

有彩色通过色彩的三个属性——色相（配色的不同）、明度（明亮度）、饱和度（鲜艳度）被体系化，而无彩色仅通过明亮度来表现色彩的体系

色相环与孟塞尔色相环

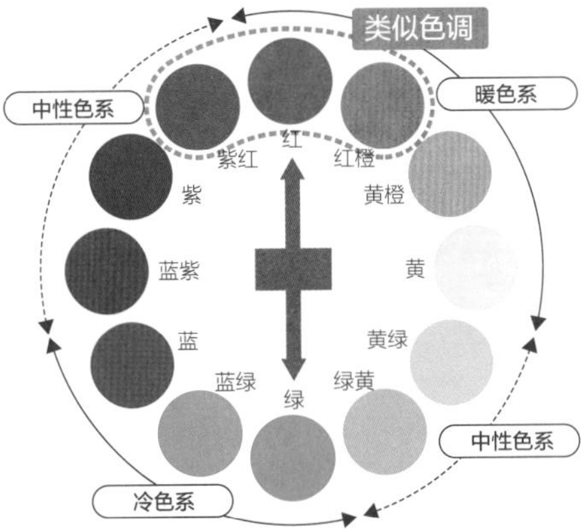

色相环将颜色按照波长顺序进行排列，对色相的变化进行系统的表现。颜色之间的关联性通过排列和相对的位置关系等进行表现

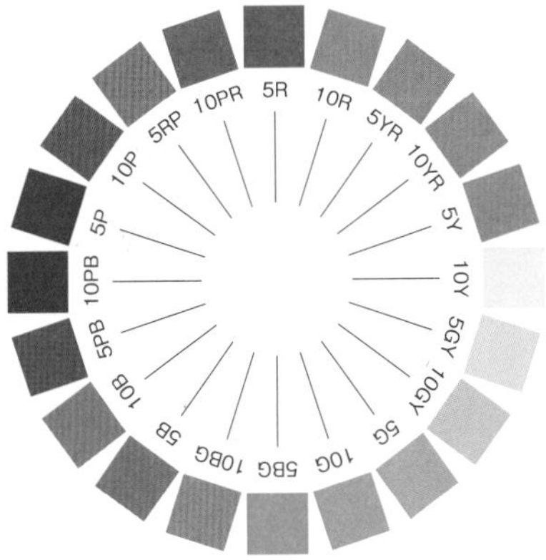

美国画家、美术教育家阿尔伯特·孟塞尔设计发明的表色法——色相环。在红（R）、黄（Y）、绿（G）、蓝（B）、紫（P）5个基本色之间分别加入黄红（YR）、绿黄（GY）、蓝绿（BG）、紫蓝（PB）、红紫（RP）5个中间色相，变成10个色相，再将每个色相进行十等分变成拥有100个色相的色相环

日本色研所配色体系（PCCS）的色调

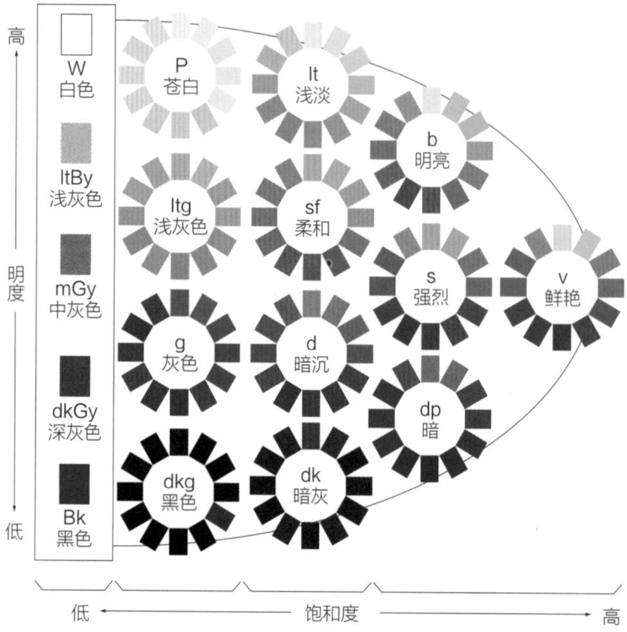

这是日本色彩研究所以色调调和为主要目的发布的系统。是通过颜色的明度与饱和度的搭配，对色调（色彩效果）进行分类的体系。利用明亮、暗灰、浅淡、暗沉、鲜艳等词语进行描述，能够将颜色给人的印象直观地表现出来

常用颜色举例

常用颜色和名称		孟塞尔数值
	茜草根色（暗红色）	4R 3.5/11
	浅葱色（淡青色）	2.5B 5/8
	利休鼠色（灰绿色）	2.5G 5/1

一般广泛使用的颜色名称大多取材于动物、植物和矿物等。日本工业标准（Janpanese Industrial Standards，缩写为 JIS）还按照“物体颜色的色彩名称”对颜色名称作了规定

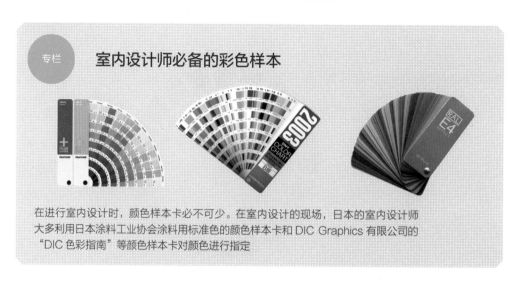

专栏　室内设计师必备的彩色样本

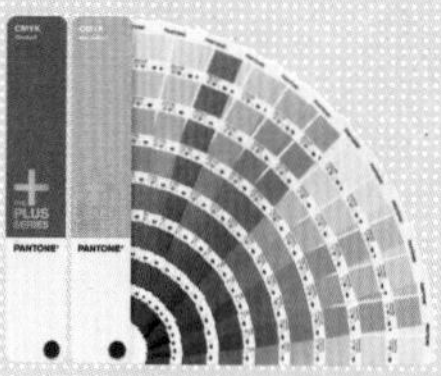

在进行室内设计时，颜色样本卡必不可少。在室内设计的现场，日本的室内设计师大多利用日本涂料工业协会涂料用标准色的颜色样本卡和 DIC Graphics 有限公司的“DIC 色彩指南”等颜色样本卡对颜色进行指定

2.2.8
配色及情感效果

室内设计大多是将不同的颜色组合使用，两种以上的颜色相组合称为“配色”，而让看到的人感到愉悦的配色是协调、和谐的配色。

根据不同的颜色组合情况，邻近的颜色之间会相互影响，出现看到的颜色与本来的颜色不一样的现象，这叫作“色彩的对比”。而色彩的对比又分为色相对比、明度对比和饱和度对比。

从多远距离和多长时间能够看清楚颜色的程度叫作“色彩的视认性”，视认性在道路标识和图标设计上得到有效地应用。视认性随着背景和文字以及图案色彩的色相、明度和饱和度的差异变大而增强。

作为配色的基本模式，同一色相中不同明度和饱和度的颜色的相互组合叫作同系色。色相环中相邻颜色的组合叫作同类色。色相环中呈180° 相对颜色的组合叫作互补色。色相不同、色调相同的组合叫作同调色。

色彩的对比

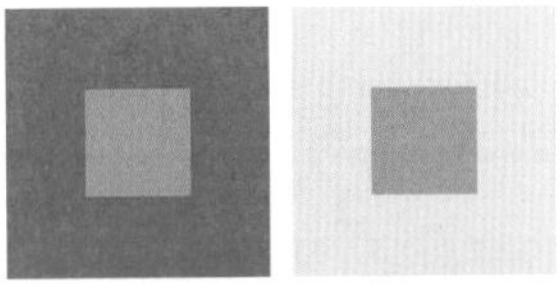

色相对比

指两种颜色的色相有很大差别，与互补色的颜色相近

明度对比

指亮色更亮、暗色更暗

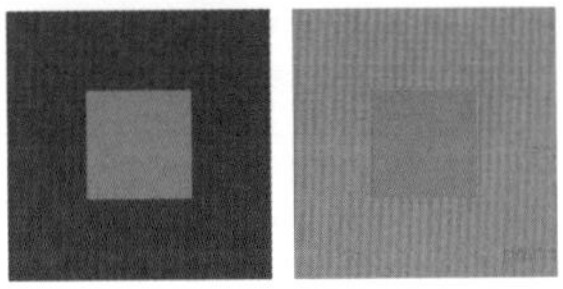

饱和度对比

指饱和度高的颜色更加鲜艳，饱和度低的颜色更加暗沉

色彩的视认性

左图背景和文字以及图案色彩的色相、明度和饱和度之间差异更大，视认性更强

配色的基本式样

同系色

同一色相的颜色组合配色，颜色正统易于处理

同类色

通过使用色相接近的颜色来达到统一感的配色。配色时需注意颜色间的分配比例

互补式

颜色之间互补互惠的配色，但如果色彩过于鲜艳容易产生刺激性效果

同调式

颜色数量很多但能相互调和的配色，色调所具有的印象被加以强调表现

色彩能够给人活泼、爽快、可爱、温暖、冰冷、轻盈、厚重等多种印象，这些印象直接影响到人的感觉和心理。

利用颜色给人带来的不同印象，选择合适的颜色进行组合，可以让狭小的房间看起来宽敞，或者营造出具有轻松氛围的环境。

暖色系和冷色系

暖色系

红色、橙色、黄色等暖色系的颜色可以让人感受到温暖和兴奋，拉近空间与人的距离

冷色系

蓝色和蓝绿色等冷色系的颜色让人感觉冷冰冰的，也让人感到沉静，并拉开空间与人的距离

不同的颜色会带来不同的空间感

呈现轻快感的空间

用明度高的明亮的色彩对空间进行处理，给人以轻快的印象

呈现厚重感的空间

用明度低的暗淡的色彩对空间进行处理，给人以厚重的印象

使用暗色地板的空间

使用暗色地板可营造沉稳安静的氛围，而顶棚使用明亮的色彩则可以表现出开放感

使用暗色顶棚的空间

使用暗色顶棚让人感觉顶棚比实际的高度要低并且具有压迫感，但是可以营造出深沉内敛的氛围

第2章

2.3 室内设计中的照明设计

灯光照明不仅能让黑暗的地方变亮，还可以通过光影效果，营造出有氛围感的空间。通过对照明灯具的形状和光源特性的理解，结合功能演示效果，可打造具有魅力的照明设计。

2.3.1 整体照明和局部（辅助）照明

照明可以大致分为将房间全部照亮的整体照明，以及对整体照明进行亮度补充的局部（辅助）照明。整体照明和工作时的照明分别叫作环境照明和作业照明。

照明器具可以直接安装在顶棚表面，也可以埋设在顶棚里面，还可以从顶棚处用电线和金属线悬吊设置。此外还有放在桌子上和地板上的灯具。

照明灯具根据设置的地点和安装方式的不同，分类和名称也有所不同。

常见整体照明

● 筒灯

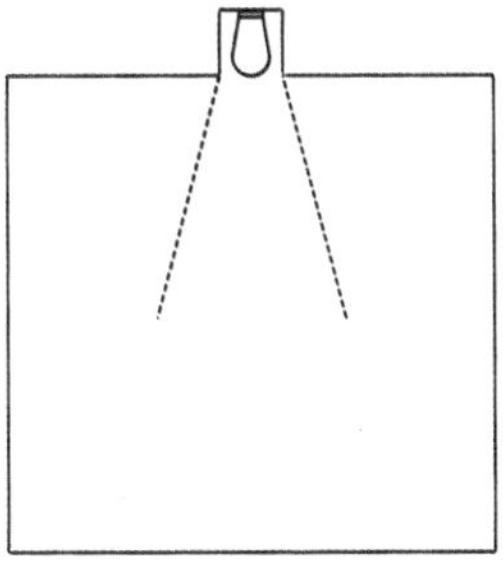

埋设在顶棚里面的照明设置。适合顶棚比较低的空间和简洁的空间

● 吸顶灯

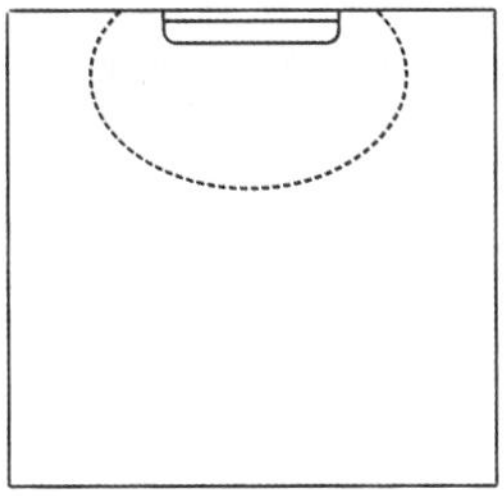

直接设置在顶棚表面，是最普通的一种照明器具

● 吊灯（简约风格）

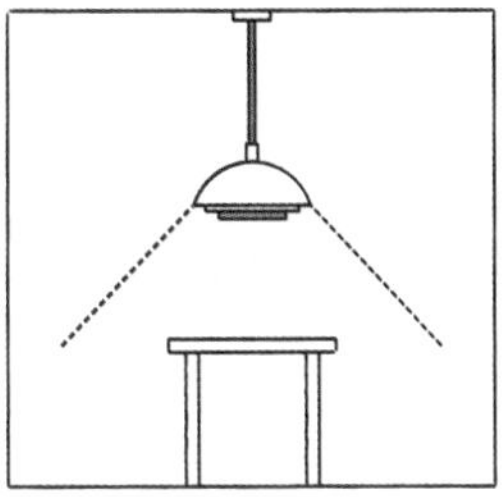

从顶棚处用电线和金属线悬挂起来的照明设备。设置在桌子上方时，应根据桌子的大小和款式等选择灯具

● 吊灯（欧式水晶吊灯）

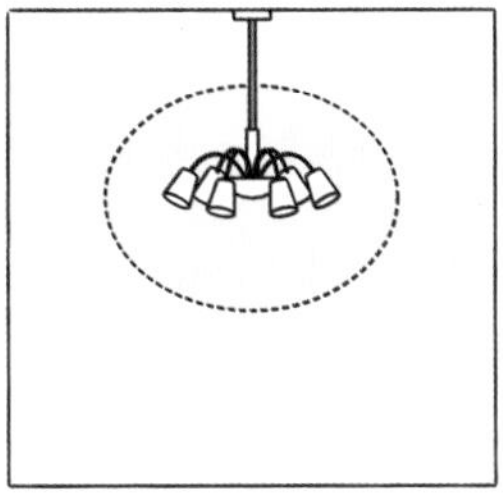

欧式水晶吊灯是一种装饰性很强的灯具，展示出华丽的空间感觉

局部（辅助）照明

射灯

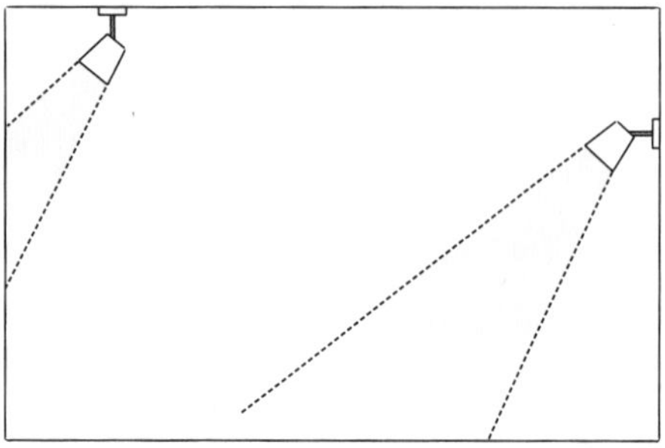

照射挂在墙上的画等特定物体时使用。当整体照明的灯光过于明亮时，不宜使用射灯。射灯适合用于较暗的空间内

地脚灯

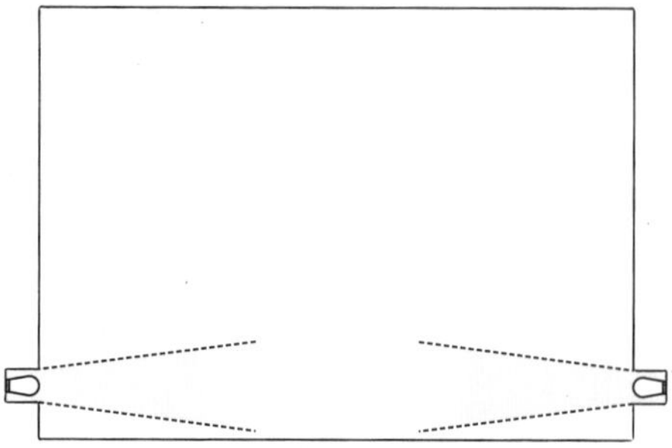

设置在过道或者楼梯等靠近地板的墙面上，起到照射脚下空间、提高安全性的作用

台灯、落地灯

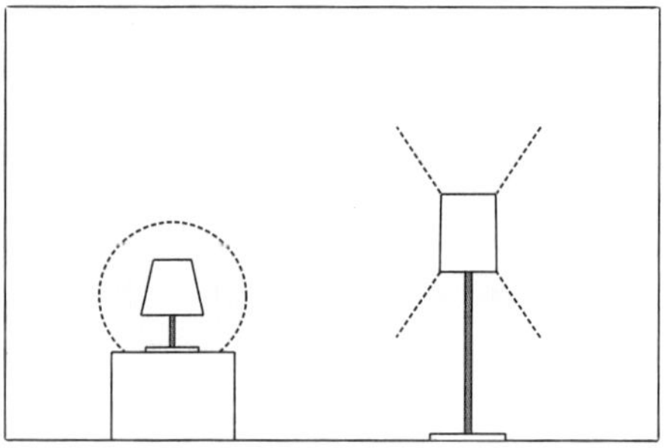

补充身边亮度的照明设备，灯具自身的设计具有装饰室内空间的作用

壁灯

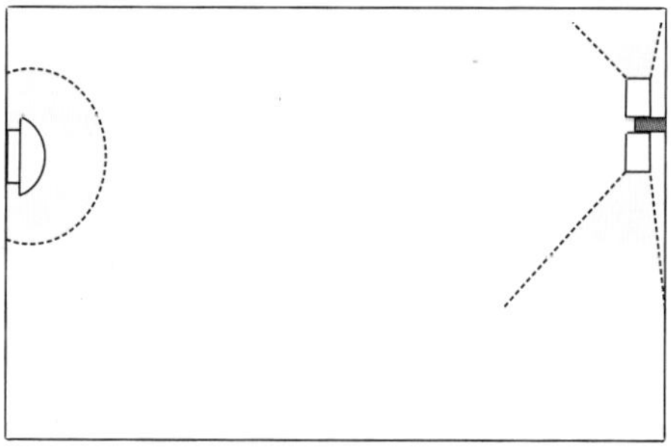

安装在室内墙面的照明装饰灯具。通过照射墙壁可以营造出具有进深的空间效果

其他照明

均匀照明（埋设在顶棚内的方式）

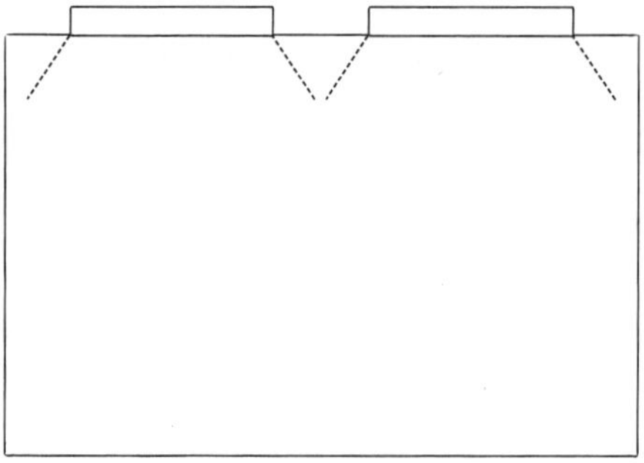

均匀照明（悬吊在顶棚上的方式）

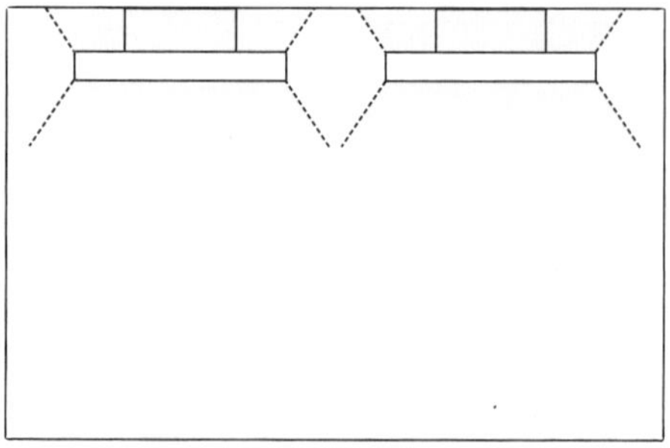

将照明灯具埋设在顶棚内或悬吊在顶棚上，照亮整体空间。在办公室和学校教室等大面积空间进行均匀照明时使用

2.3.2 直接照明和间接照明

照明灯具的设置方法有从顶棚向下直接照射的直接照明，以及光照射到墙壁及顶棚，再通过其反射的光来照明的间接照明。

直接照明的照明效率高，部分空间可以有强光照射，但是有时也会造成同一空间的明暗差过于明显。

间接照明利用的是反射光，所以不会给人刺眼眩晕的感觉，可以营造出一种沉静、安定的氛围。

间接照明中还包括照明灯具不暴露在外面，采用埋入式，或者与建筑的顶棚及墙壁等进行一体化设置的建筑化照明。

建筑化照明以暗灯槽照明为代表，还包括檐板照明、均匀照明和发光顶棚照明等。

直接照明和间接照明的不同

直接照明

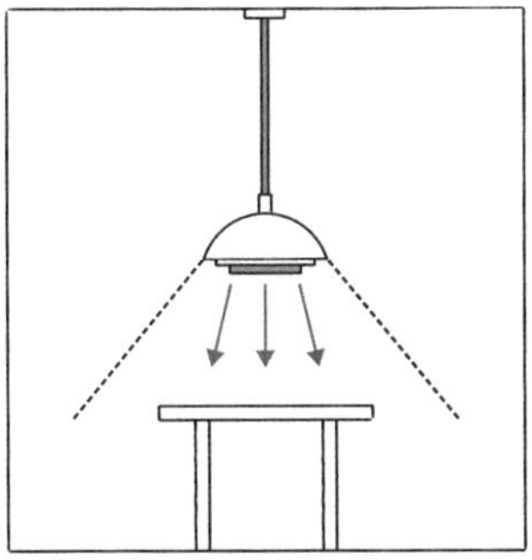

间接照明

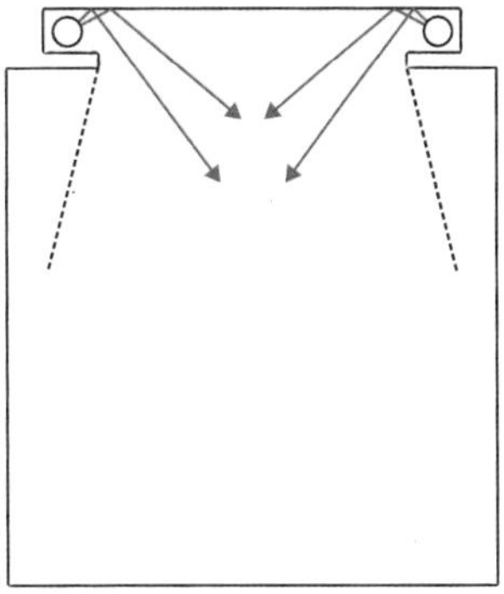

直接照明指的是可以在空间内看到光源以及照明灯具；间接照明指的是光源隐蔽在顶棚或墙壁里面，无法直接看到光源的隐蔽照明

各种建筑化照明

暗灯槽照明

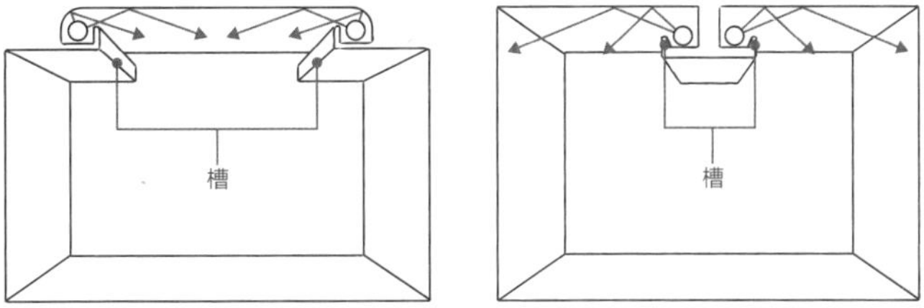

顶棚的边界处一部分向上折或者下折，做成槽状构造，在槽内布灯，用柔和的灯光均匀地照射室内空间

檐板照明

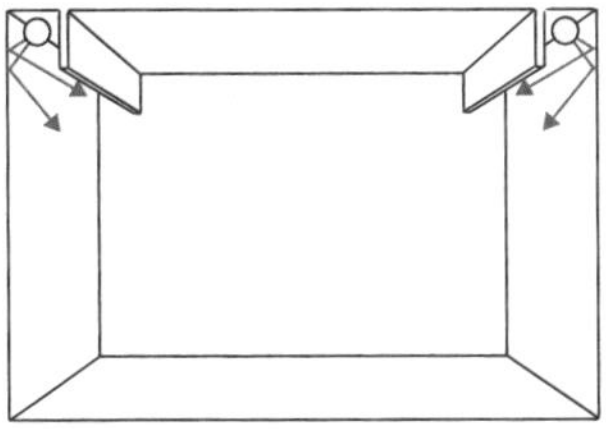

将墙体内做成凹入空间安装灯具，可以大范围地照亮墙面的顶棚照明

均匀照明

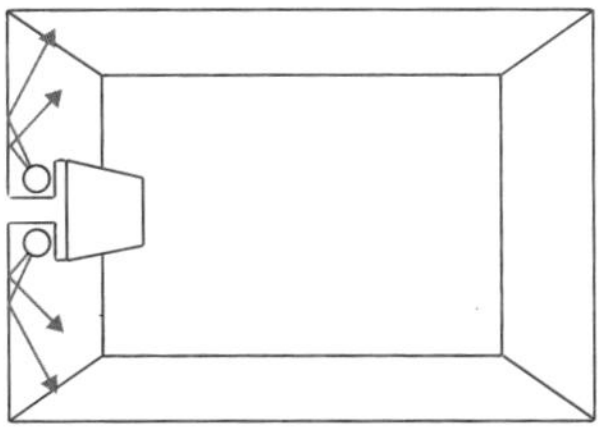

安装在墙边，照射墙壁上下的照明方式

发光顶棚照明

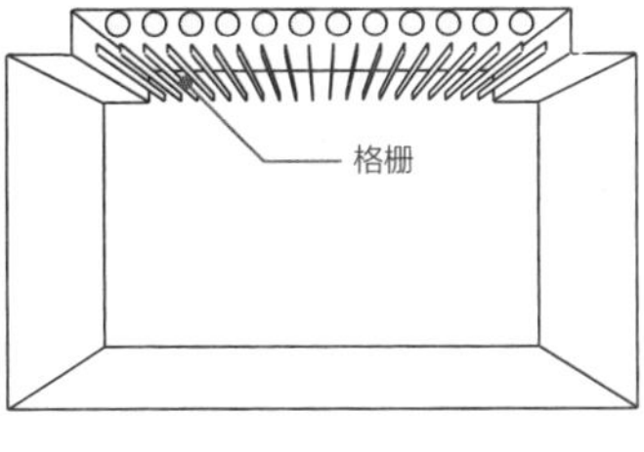

在用细长的平板按照一定的间隔平行配置的格栅上部设置照明，将光源进行扩散照射

2.3.3 照明的组合及效果

与空间使用目的相匹配，以及作为提升空间表现效果的手法，照明灯具也会相应地组合设置。

将照明灯具进行组合，光的阴影会让室内的氛围产生变化，因此需要理解不同照明灯具的特征，在设想照明给空间带来的效果的同时考虑室内的布局。

例如，只有吸顶灯照明的场合，光线均匀地在空间中扩散，会让人对空间有平坦的印象。筒灯和落地灯组合可以衍生出明暗的变化，从而产生深度及立体感。还有，壁灯和落地灯的组合可以产生柔和的光线，营造让人放松的空间氛围。

照明灯具的组合及效果

单独吸顶灯

吸顶灯从高处发出光线照射房间，光的阴影少，房间整体采光比较平均。这种照明方式比较适合工作室和儿童房

筒灯 + 落地灯

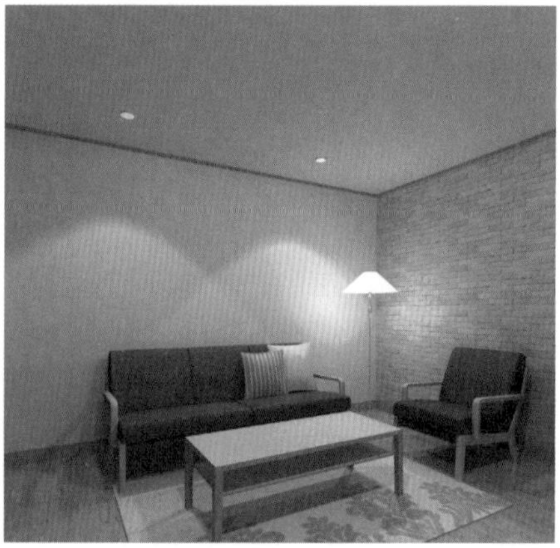

筒灯可以将房间划分出明暗部分。落地灯照射低处，给人带来沉稳安静的感觉。两种灯具可衍生出空间的明暗变化，适合客厅等轻松惬意的地方

壁灯 + 落地灯

壁灯在照亮墙壁的同时也成为间接光，柔和的光线照亮整个空间。壁灯的设计款式也会成为房间装饰的点缀

2.3.4 光源的种类

照明效果不仅与照明灯具的形状有关，使用不同光源照明，效果也会有很大差异。

作为光源的灯具有很多种，大致可以分为荧光灯、高压气体放电灯（HID 灯）、LED 灯等。

荧光灯发光部分的面积大，不易形成带轮廓的强影。在消耗同等电量的情况下，荧光灯发光效率更高（更亮）、寿命也更长。

除此之外，还有体积小且光的强度高、寿命长的卤素灯，以及在公共设施和商业空间等大规模空间中使用的 HID 灯、节能性非常优越的 LED 灯等各种各样的光源。

根据照明器具的不同，插口连接的金属盖，会有螺口和卡口等不同形状和款式。

各种光源

● 荧光灯

直管形

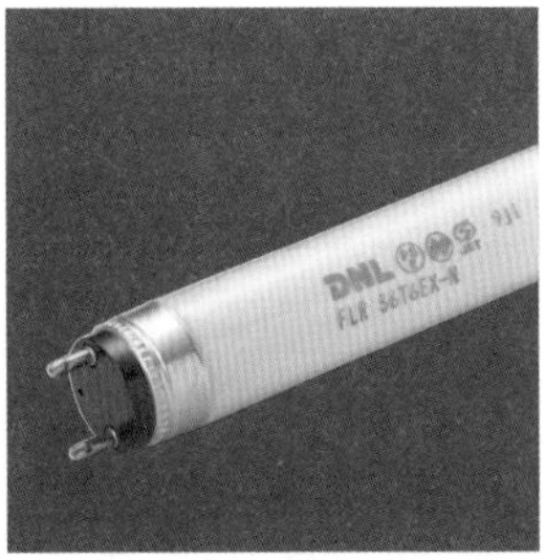

灯泡形和 U 形

除直管形和灯泡形等形状区别之外，光的颜色种类也是非常丰富的，如日光色和暖白色等（图片提供：DN 照明）

● 卤素灯

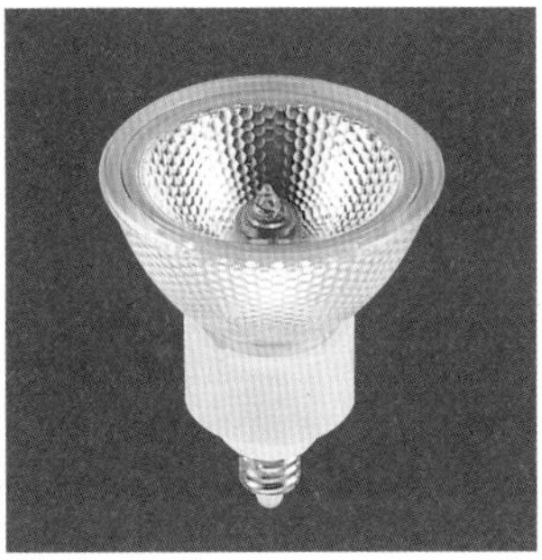

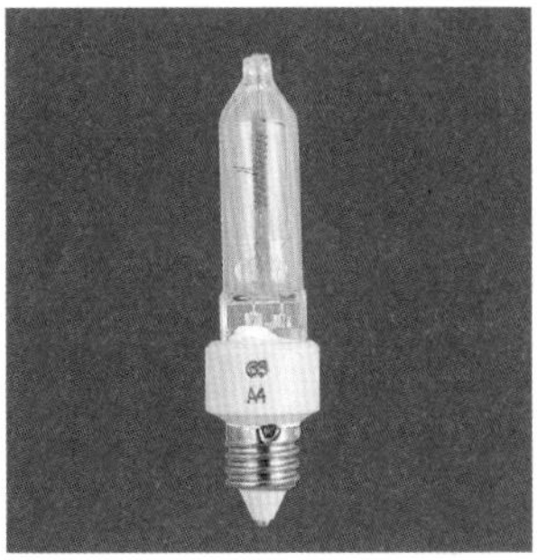

管球里面使用石英玻璃，装入碘等卤素气体的小型灯泡。光的颜色接近自然光，是带有白色和青色的光。卤素灯的亮度高、寿命长。 左图为带反射镜的类型

1　白炽灯的光色和集光性能很好，但因其光效低，已逐步退出生产和销售环节。

● LED 灯

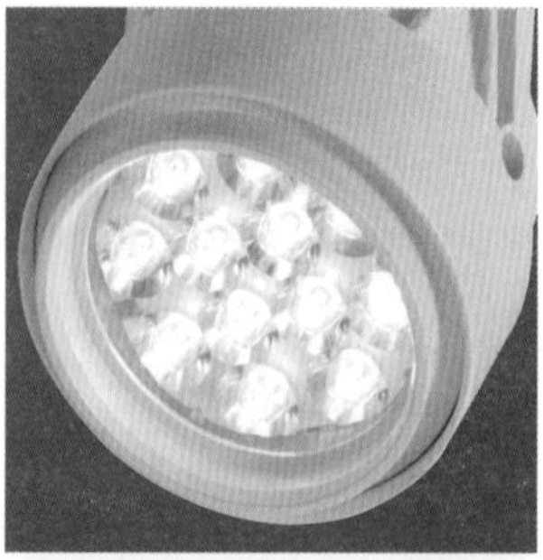

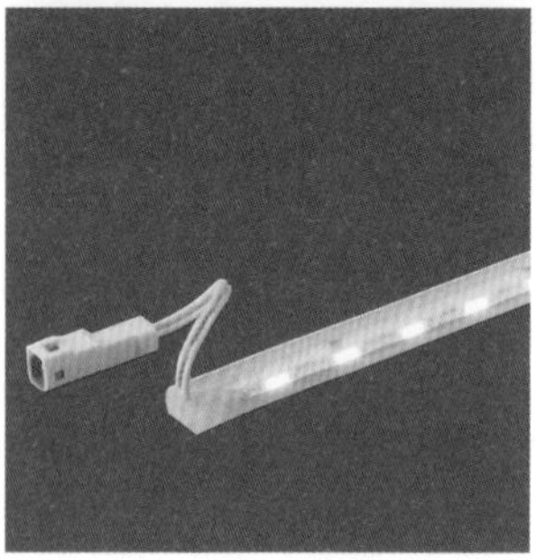

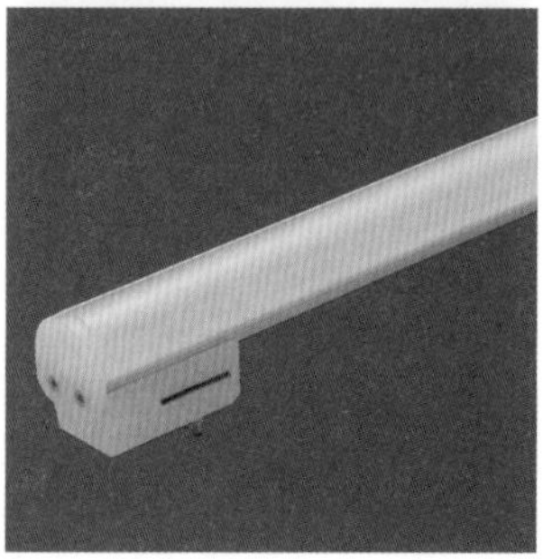

左上图是灯泡样式、右上图是带有镜子的卤素灯样式。左下图是带状灯样式，可以使用在狭窄的空间或曲面上。右下图是没有接缝的样式，因为灯具通体都可以发光，所以即使连接使用，也不会在灯具的连接部分产生阴影（图片提供：DN 照明）

金属口尺寸示例

● 螺丝口型

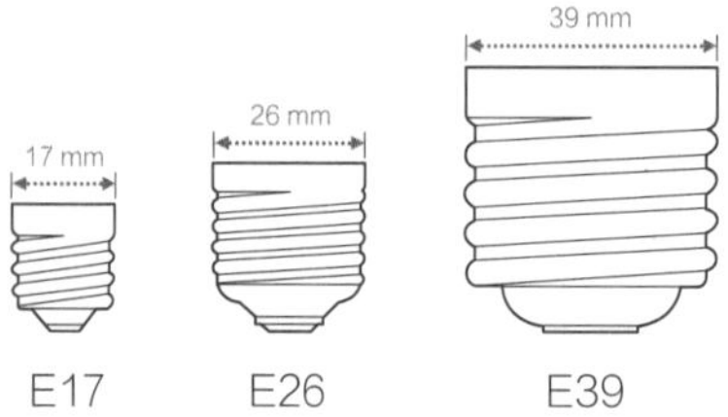

E17 和 E26 是普通灯泡用得比较多的尺寸，E39 主要用在中大型的 HID 灯泡上

● 卡口型

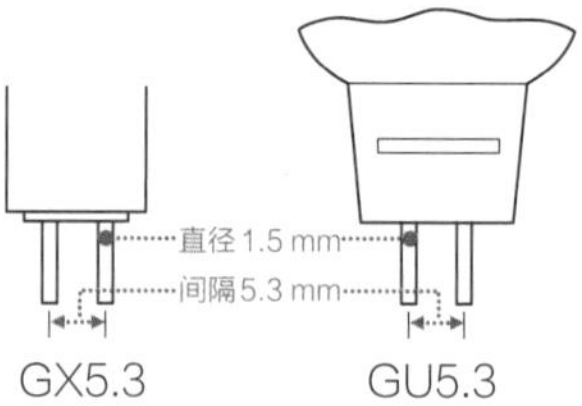

使用时将两根插头插在插座孔中，用于小型的卤素灯和小型的 HID 灯等（图片是卤素灯用的尺寸）

2.3 室内设计中的照明设计

2.3.5 色温和配光、显色指数

表示光源性质和性能的指标，有色温、配光、显色指数、亮度和眩光。

色温是把光源的光的颜色用温度来表现的指标。红色色温低，蓝色色温高。色温的单位用开尔文（K）表示。白色荧光灯的色温是4 200 K、青蓝色荧光灯的色温是6 500 K。

自然光及光源的色温

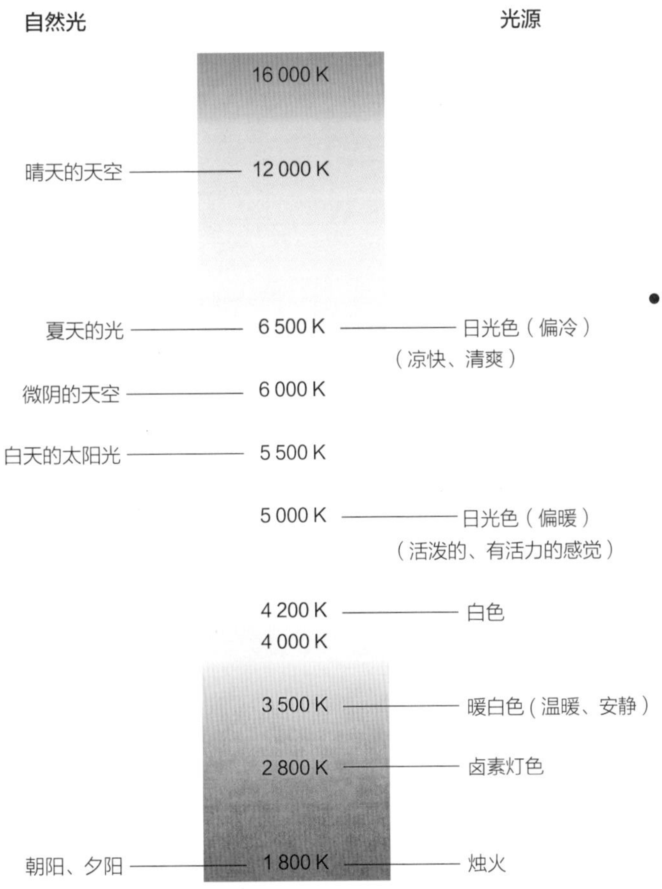

制定照明计划时，需要考虑不同色温引起的感知印象的变化

光源色温的不同

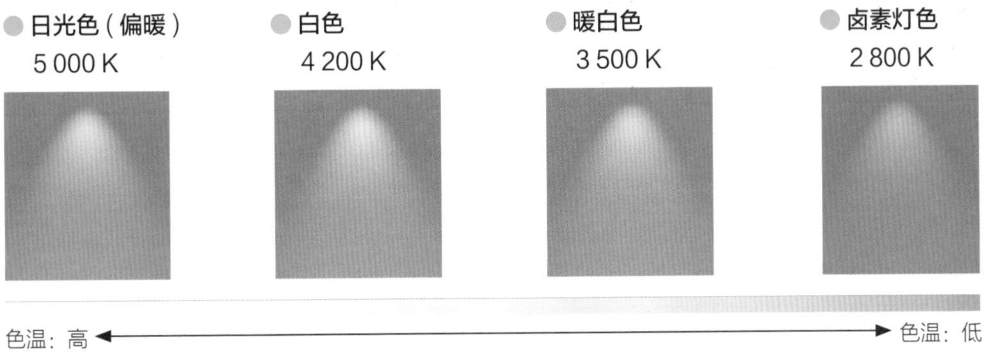

一般来说，不同光源和照明器具的色温各不相同。即使在同一空间内，光源的色温不同，给人的印象也会大不相同。色温越高越有凉爽的感觉，越低越可以营造出安静的氛围

“配光”是表示光源在空间不同方向（角度）分布多少光强（亮度）的指标。

配光大致分为两大类，光在空间中发散的“扩散”和向某一方向集中的“汇聚”。除配光的种类之外，光源及照射面的距离不同，视觉效果及空间氛围也会发生改变。

色彩的视觉效果会根据光源的不同而有所不同。与太阳光相比，在光源照射物体时呈现的颜色的视觉效果叫作“显色指数”。

当物体在某种光源下显现的颜色与太阳光照射下的颜色接近时，这样的光源被称为显色指数高的光源。

空间氛围会随着光源的性质和性能、内装材料的光反射情况发生变化，因此照明计划也需要考虑内装材料的反射率。

配光曲线和直射水平面分布图

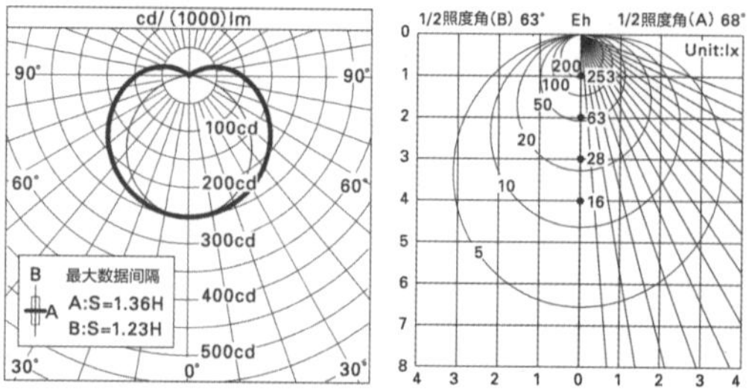

配光曲线是用曲线来表现肉眼无法直接看到的光的形状和强度，以及对应的方向（左图）。在哪个方向分布多少强度的光（光强），用极坐标来表示。右图是直射水平分布图，根据照明器具的安装高度和方向来表示可以得到多少照度。从这些配光数据可以了解每种灯具照射的广度及亮度。配光数据作为选定光源和照明器具的参考依据，记录在照明厂家的产品目录里（图片提供：DN 照明）

配光角度的不同所形成的照明效果

● 狭角

● 中角

● 广角

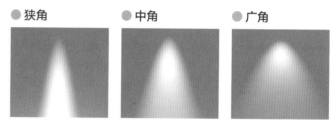

照射到墙面的光线，随着配光的范围变化，给人的印象感觉也会有变化。除发散型和汇聚型的不同以外，即使是同一种配光，到墙面的距离不同，光的强度也会有变化

显色指数

显色指数的符号是 R_a。显色指数越接近100，显色效果越好，越接近自然真实的颜色。左图为 R_a 80以上，右图为 R_a 70以下

表示光源的性能和性质的其他指标

消耗电能	表示光源在单位时间内消耗的电能。单位是瓦特（W）
照度	单位面积上所接受的光的光通量（光的能量）。单位是勒克斯（lx）
光束	光源在单位时间内发射出的可视光线的能量。单位是流明（lm）
亮度	光源在单位面积上的照明亮度。单位是坎德拉（cd）
眩光	光线刺眼的程度。用来表示视觉作业中由多余光线造成的一种视觉感受

第 2 章

2.4 尺寸和模数

在室内设计中，除功能性、安全性和便利性以外，更要考虑舒适性。因此，有必要掌握关于在空间中人和物的尺寸以及活动所需空间的知识。模数（基本尺寸）作为尺寸的标准，在进行方案设计时可以作为一种有效手段加以利用。本节将对尺寸与模数进行说明。

2.4.1 人体尺寸

人体尺寸是人体工程学的基本尺寸。人体本身的尺寸被称为静态人体尺寸。

人体体量的大小通常通过身高、坐高、体重等进行表现，身高尺寸和人体各部位尺寸测量值之间大致成比例。

因此，人们经常使用以身高数值作为基准计算出来的人体主要部位换算值。而这个换算值，是在设计椅子和床等与人的姿势相关的家具时的重要基准尺寸。

人体尺寸的概算值

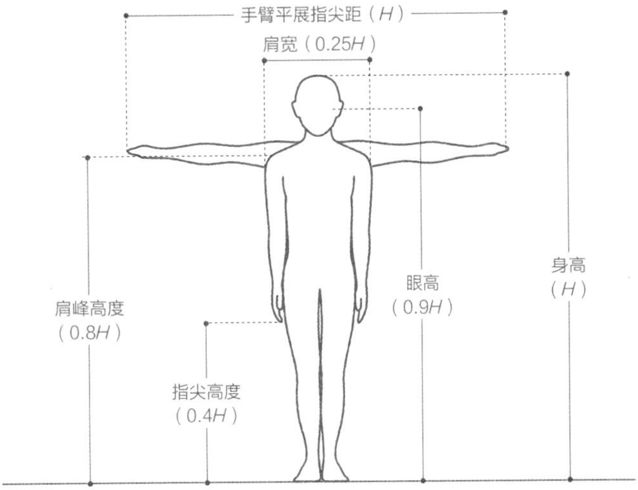

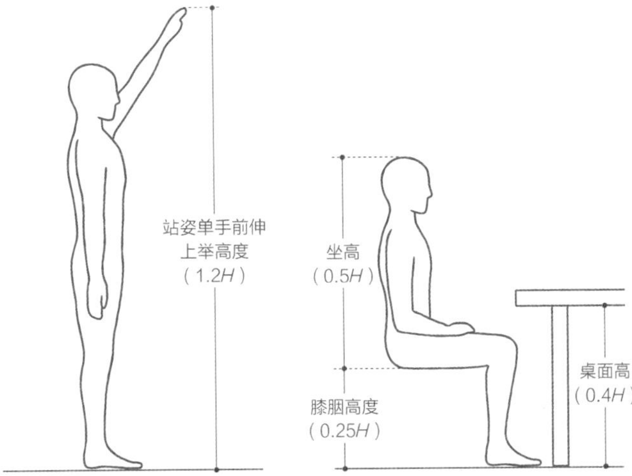

图中的换算值是以预设纵向身高、横向臂展为 H 的概算值。利用换算值以身高作为基准可以推算出其他各部位和不同姿势的尺寸。人体各部分尺寸中，纵向身高、横向宽幅等与体重成正比。与人体姿势相关的家具就是以这个换算值作为基准尺寸的。

2.4.2

活动尺度和活动空间

人在进行伸手、起立等活动时产生的必要的空间尺寸称为动态人体尺寸。

人的生活行为涉及站姿、坐（椅）姿、坐（地）姿、卧姿4种基本姿势。

在一定场所进行作业（活动）时，身体各部位能够接触到的水平或者立体空间范围称为作业区域（活动区域），表示这些空间范围的尺寸就是活动尺度。在考虑空间大小时，需要包括活动尺度、家具等的空间、不会因作业而造成身体负担的宽裕空间和连续活动时的空间等。

人操作机器的扶手、把手和拉杆等的尺寸被称为功能尺寸。功能尺寸除了要考虑手的大小以及易操作、易受力等操作尺寸，也要考虑余量尺寸。

设计衣橱和书架等储藏家具及门把手、开关等安装在门上和墙壁上的设备时，一般要优先考虑垂直方向的人体尺寸。垂直方向的尺寸在配合人体尺寸的同时要以方便操作为目标来设定安装位置。

生活行为的4种姿势

❶ 站姿

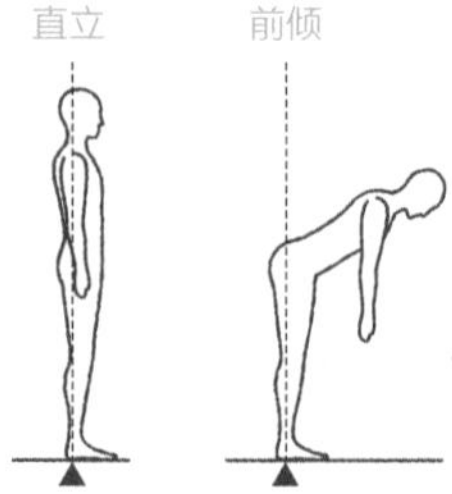

❷ 坐（椅）姿

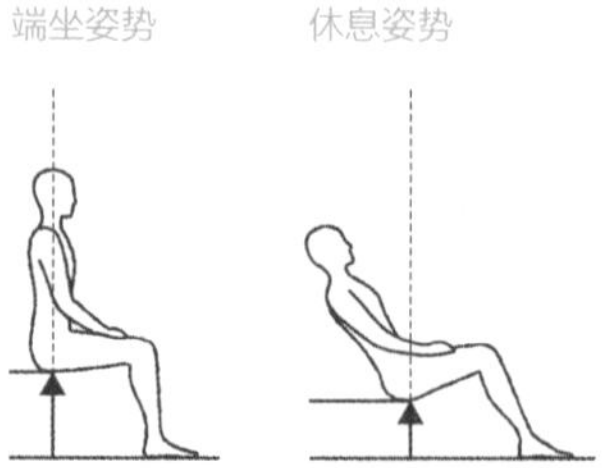

❸ 坐（地）姿

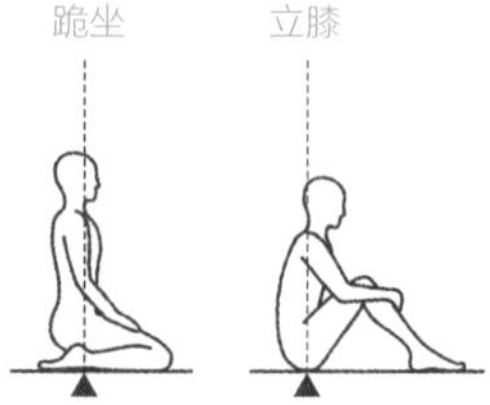

❹ 卧姿

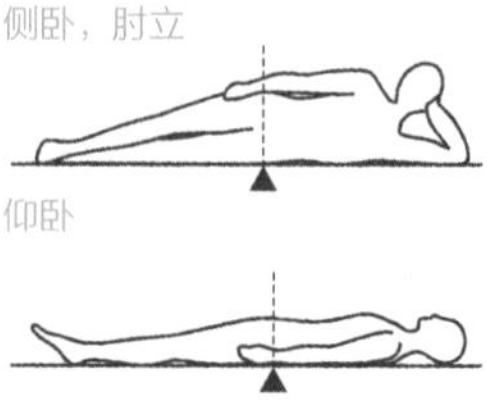

在日常生活中，人们会使用各种各样的姿势进行活动，室内设计也要考虑这些行为以及功能性

水平作业区域和立体作业区域（单位：mm）

水平作业区域

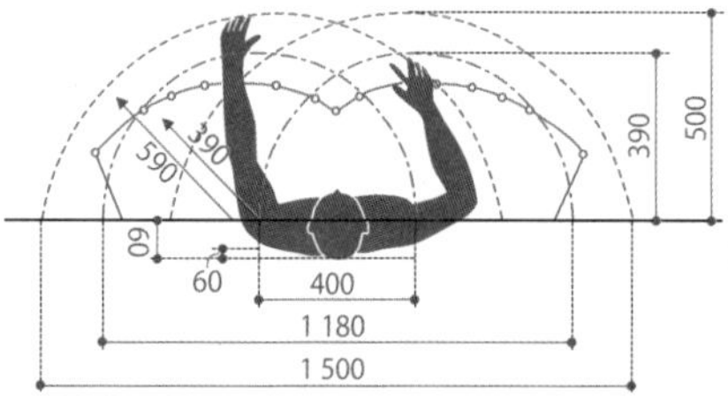

最大作业区域
通常作业区域

在桌子等水平作业面上，手臂弯曲状态下，手所能接触到的范围为通常作业区域；而手臂伸展状态下，手能接触到的范围为最大作业区域

立体作业区域

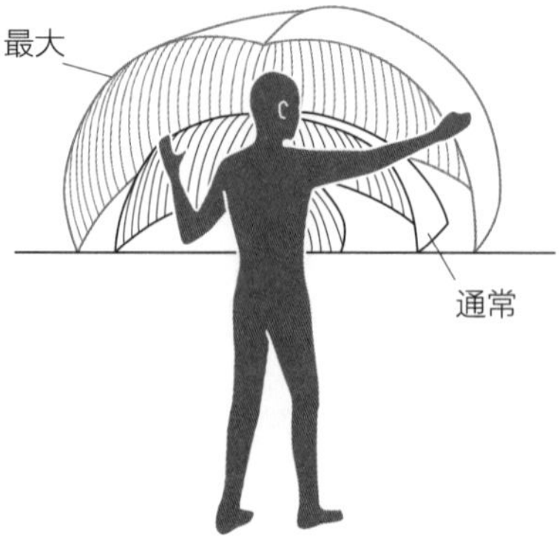

手臂上下活动时与水平作业区域组合的区域称为立体作业区域。与水平作业区域相同，可分为通常作业区域和最大作业区域

活动空间的考虑方法

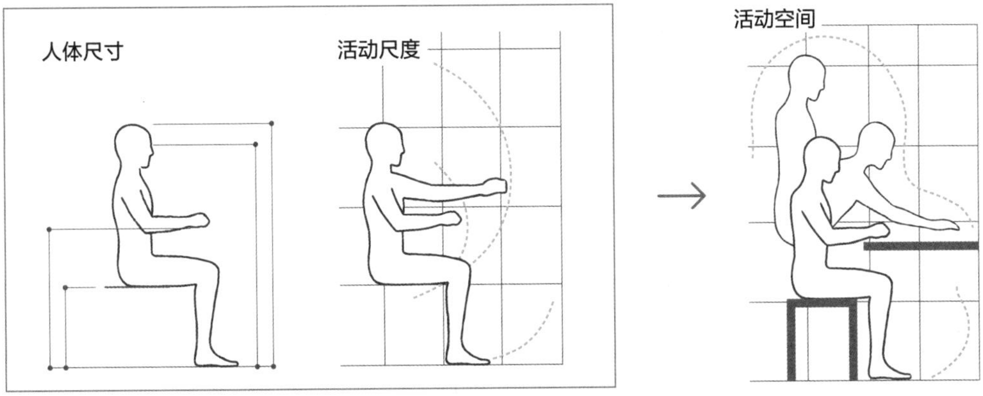

活动空间是指坐在椅子上时人的主要身体尺寸——“人体尺寸”与坐在椅子上手脚活动的尺寸——“活动尺度”相结合的空间，还要考虑到作业区域的宽裕程度、家具和展示道具的大小等因素。活动空间可用直角坐标系来表示

扶手和把手等的功能尺寸示例（单位：mm）

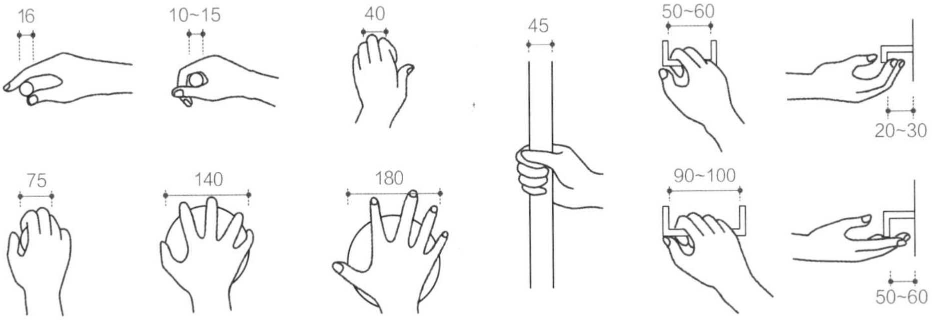

以成人的手的大小为例。除了要把握活动时所必要的功能尺寸，还需要考虑到可操作性，让任何人都可以简单容易地操作是非常重要的

储藏柜和门把手的设置位置示例（单位：mm）

储藏柜

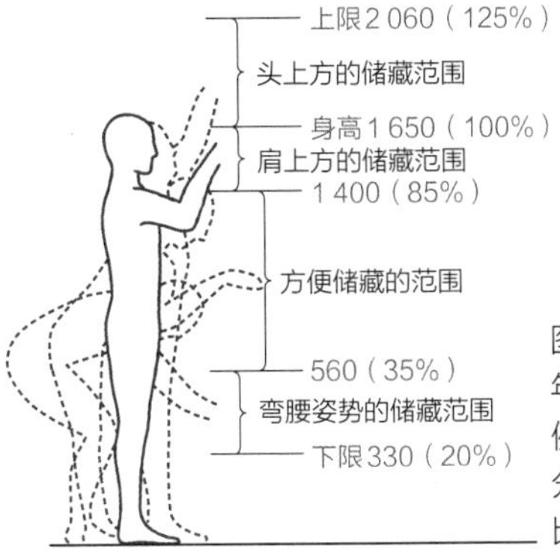

图示是以日本成年男性的尺寸为例。括号内的百分比是与身高的比值

门把手

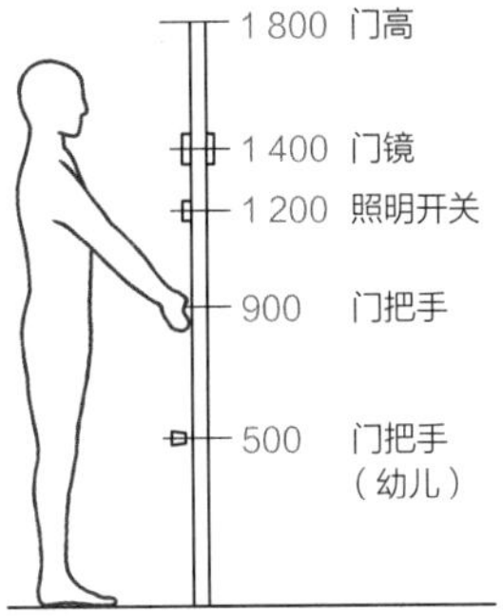

门把手的高度为900 mm，手腕伸直的状态下施加很小的力就能够转动把手

2.4.3 生活空间和商业空间中的活动空间

在生活空间里，人们会进行各种各样的活动和行动，所需空间大小就是由这些活动和行动所决定的。把多个活动的空间组合在一起构成的生活行为的空间领域被称为单位空间。住宅等生活空间就是这些单位空间组合后的空间整体。

在商业空间中，除拿取陈列商品以及交付的活动空间以外，预留人们行走往来的空间也是必要的。

另外，在面对面销售的场所，要充分考虑顾客驻足选择商品、交错行走等情况所需的空间来设计中央过道的宽度。在自助销售的场所，就要充分考虑购物篮和手推车的交错情况来设计过道宽度。另外还要根据各国消防法的规定，确保足够的用于紧急避难的宽度。

生活空间里的活动空间（单位: mm）

穿上衣

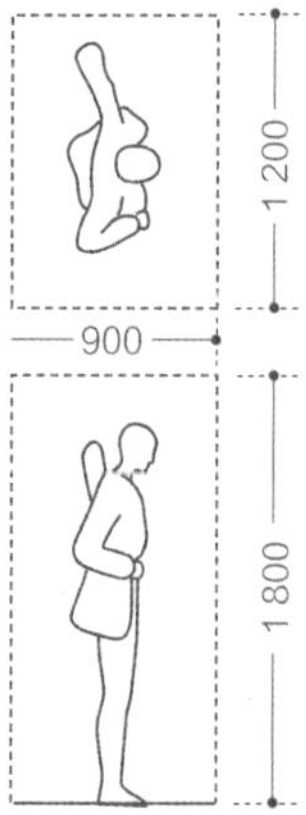

打开抽屉

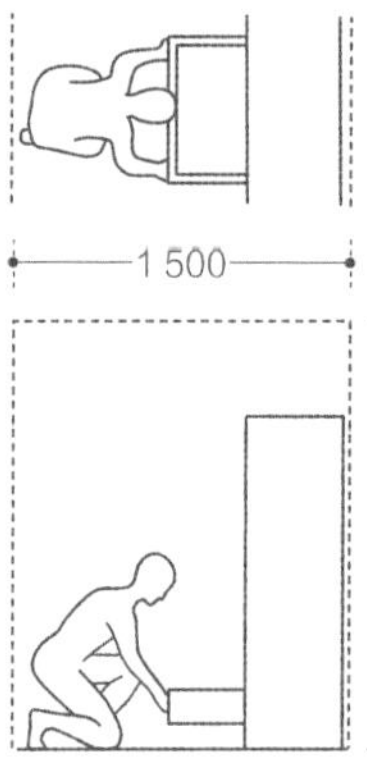

洗脸

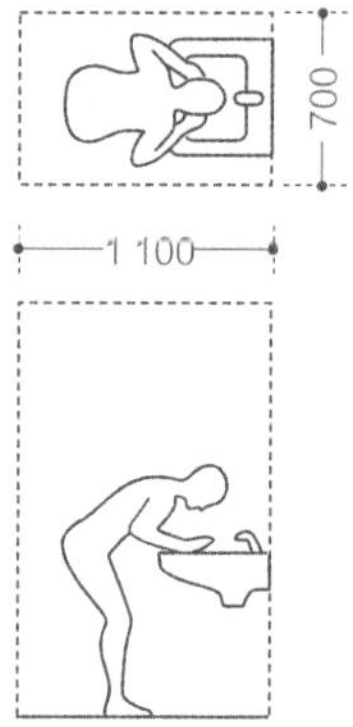

手捧物品上楼梯

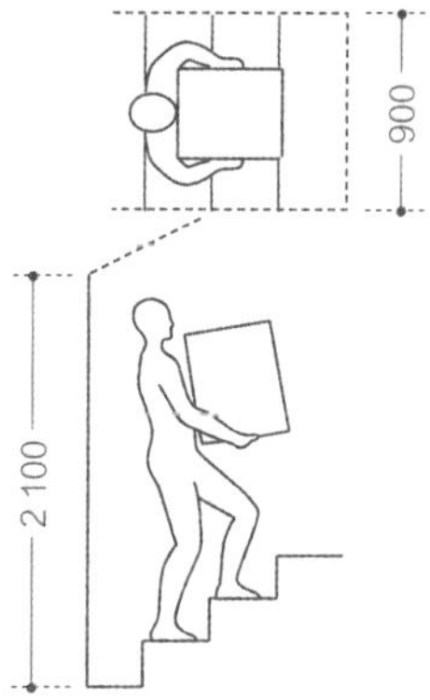

做家务

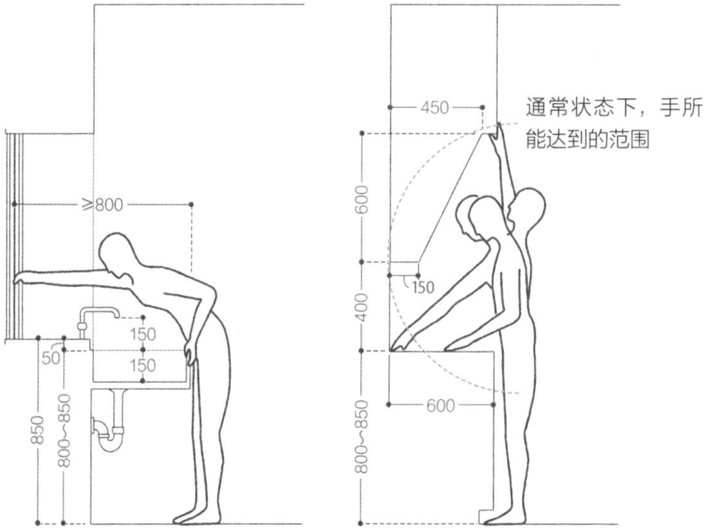

厨房的水槽及操作台的高度，在日本工业标准（JIS）中有800 mm、850 mm、900 mm、950 mm 四种规格

商业空间里的活动空间（单位: mm）

面对面销售时的活动空间

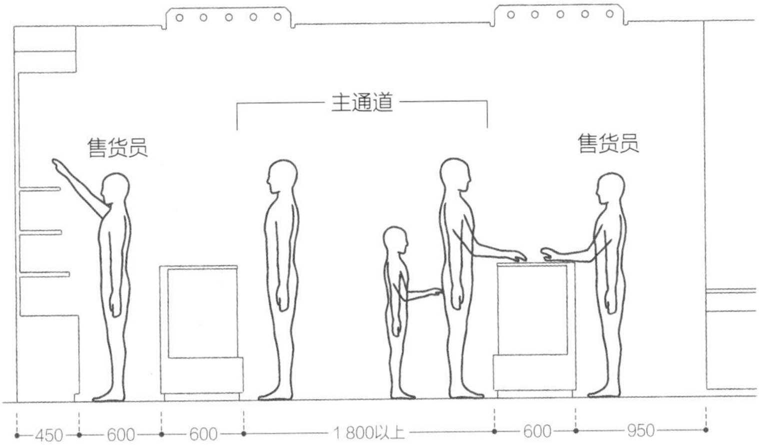

顾客行走流量最大的通路为主过道。主过道最好能使3个人并排通过，保证1 800 mm以上（1人的宽度为600 mm）的宽度

自助销售时的活动空间

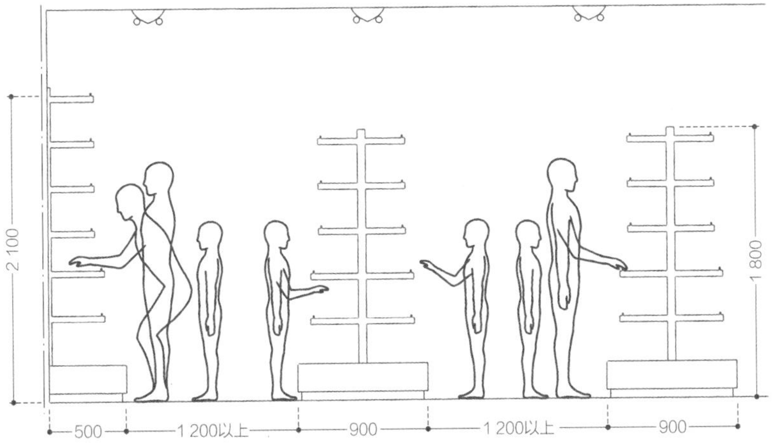

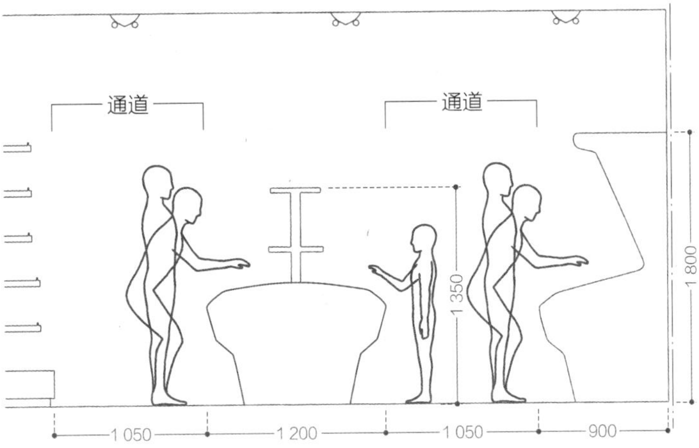

图中标注的尺寸均为功能上所需的最低限度的尺寸，实际尺寸根据商铺规模和卖场布局的不同而变化

2.4.4 活动和行动的心理要素

在进行多人共存空间的室内设计时，人与人之间的距离和位置关系非常重要。人们以某种形式拥有与他人相关的生活，根据相互之间的关系和状况的不同，为了方便自己，而与他人保持一定的距离。美国人类学家爱德华·霍尔根据人际交流的本质将与他人的距离分为亲密距离、个体距离、社交距离、公众距离4种类别。

另外，人们还需要有自己的个人空间（美国心理学家罗伯特·索默所提倡的）。它被定义为“围绕在每个人身体周围的、别人难以进入的气泡似的看不见的领域”，个人空间一旦被侵犯，就如同隐私被侵犯一般，会令人产生不安和紧张的情绪。个人空间的大小，根据性别、民族、文化、地位或者与对方关系等的不同，也会有微妙的区别。

4个距离

亲密距离

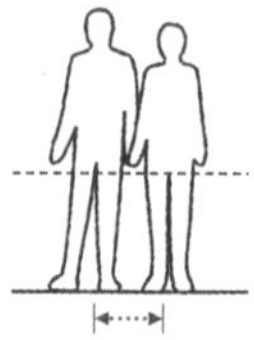

近距离	远距离
0 cm	15~45 cm

关系非常亲密的人之间的距离。身体可密切接触

个体距离

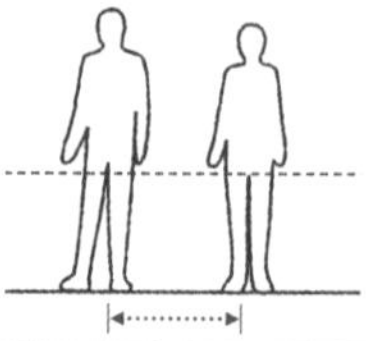

近距离	远距离
45~75 cm	75~120 cm

关系亲密的友人之间的距离。可以更清楚地看到对方的表情，彼此能够感受到对方的气息

社交距离

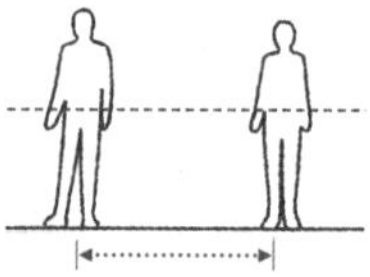

近距离	远距离
120~215 cm	215~370 cm

在社交场合下人与人之间的距离。正常说话可以听到的程度

公众距离

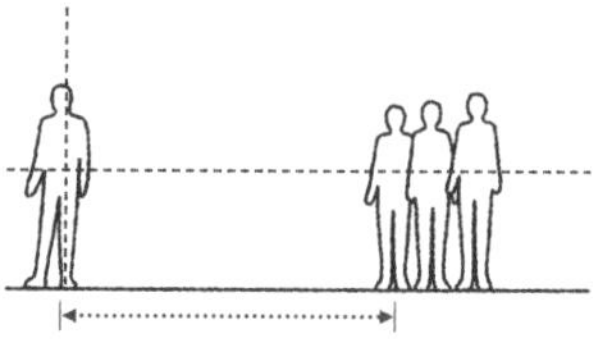

近距离	远距离
370 ~ 760 cm	760 cm 以上

单方面向人群转达信息时的距离。随着声音的变大，说话方式也会变化

个人空间

男性（站姿）

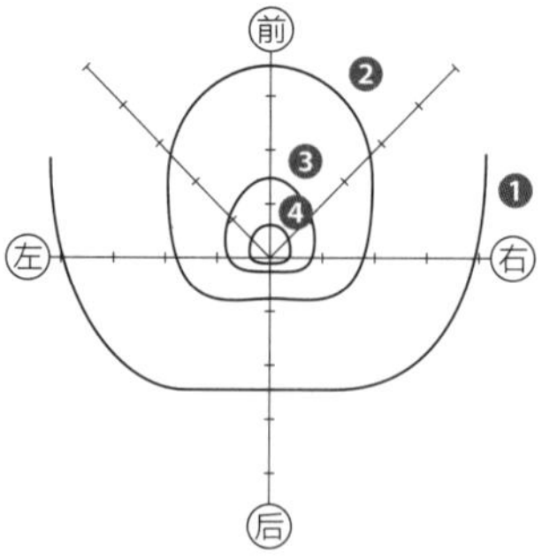

女性（站姿）

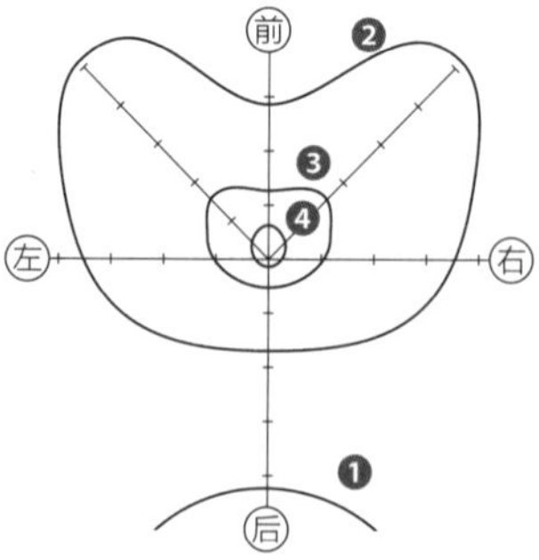

❶：可维持现状　❷～❸：可维持现状一段时间　❹：希望立即离开

上图中均为从上方俯视的男性、女性的站立状态。人站在横轴和纵轴的交点上，通过他人的位置和距离的调整来记录下个体的不同感受。男性往往讨厌其前方有人，与此相对的是，女性更讨厌被周围其他人看到

人与人之间为交流沟通，面对面的位置关系被称为社会向心空间。相反，不愿意维持关系，身体呈反向的位置关系被称为社会离心空间（依据爱德华·霍尔的学说）。

人与人之间的相对位置，能够表现出竞争、同时工作、配合工作和对话等不同关系。

人类的活动和行动中，具有一些无意识活动的特性。例如，右撇子的人握住门把手时会向右旋转。我们将这样的动作、行动倾向和习惯称为刻板印象。根据地域和民族的不同，刻板印象也不同，例如欧美和日本在家具配置上就有区别。

社会向心空间和社会离心空间

● 社会向心空间

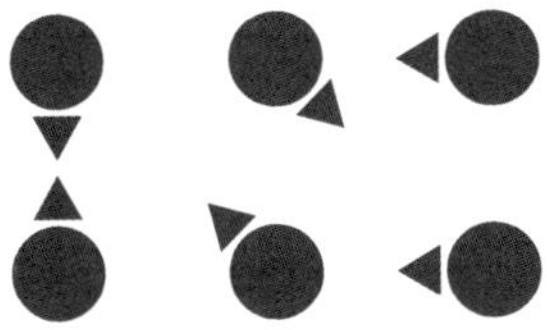

● 社会离心空间

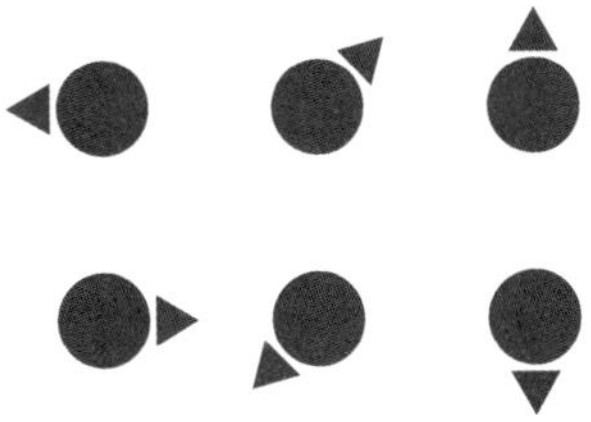

社会向心空间是会议和团聚时所采用的面对面式的群体形态。而社会离心空间则是以隐私优先，人与人呈相背离的位置关系

人与人之间的位置关系和各种关联性

● 竞争

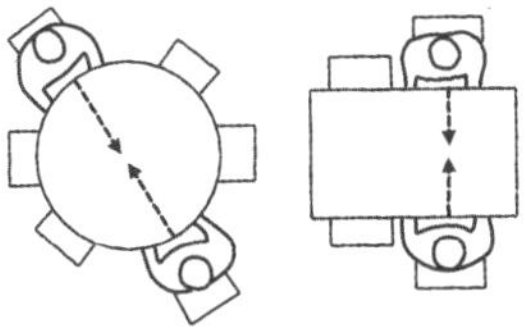

与对方保持距离，采取相对的位置

● 同时工作

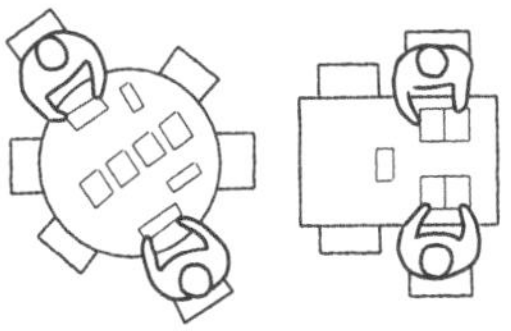

与对方保持空间性、视觉性的距离所采取的位置

● 配合工作

为了方便相互传递物品所采取的近距离位置

● 对话

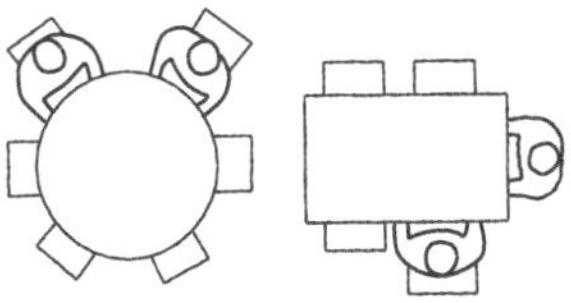

为了方便沟通交流而采取的靠近位置

根据习惯和传统不同，活动特性也不同的示例

● 日本

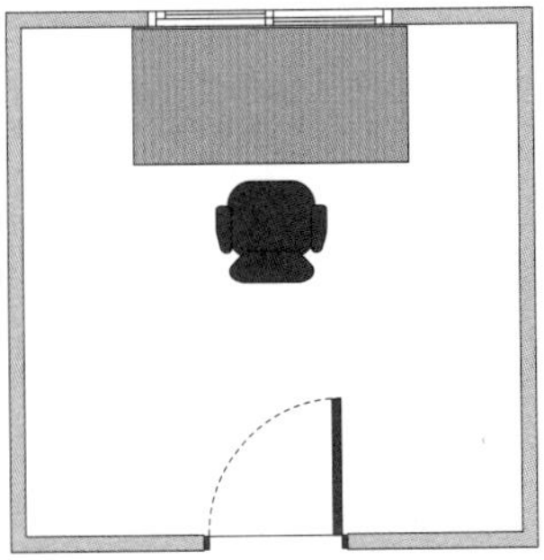

● 欧美

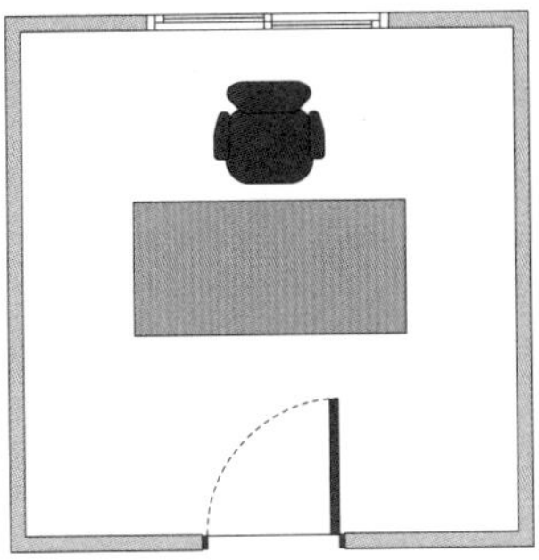

在房间内摆放桌子时，日本以靠近窗户摆放居多，而欧美则倾向于靠近门摆放

2.4.5 各种物品的尺寸

储藏类家具的大小，根据其所要储藏的物品大小和形状的不同而定。

对于储藏类家具来说，是否能够保证储藏量、取放便利和存放整齐是非常重要的。因此，知道物体大小的同时，还要掌握物体在重叠、悬挂等不同储藏方式下的尺寸。

在商铺设计上，以日常器具尺寸的标准化、储藏量适当、便于拿取以及直观可见等功能性与外观性的需求为主，同时也要考虑物品是否与空间的大小和材质相匹配。

餐具的尺寸（单位:mm）

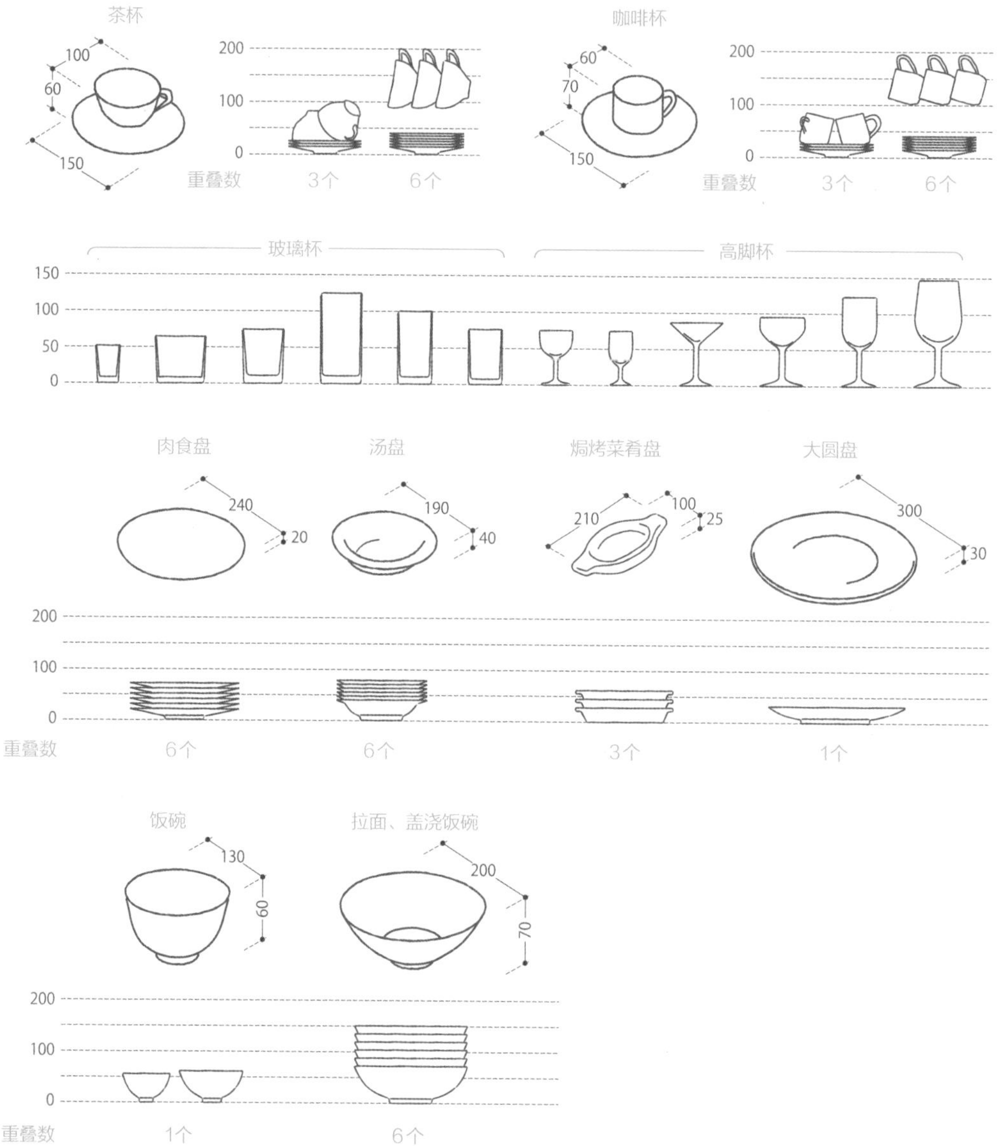

服装的尺寸（单位：mm）

男士服装的尺寸

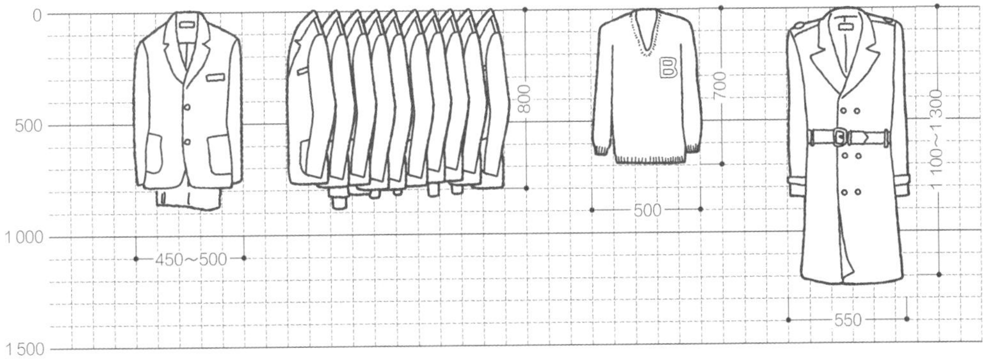

女士服装的尺寸

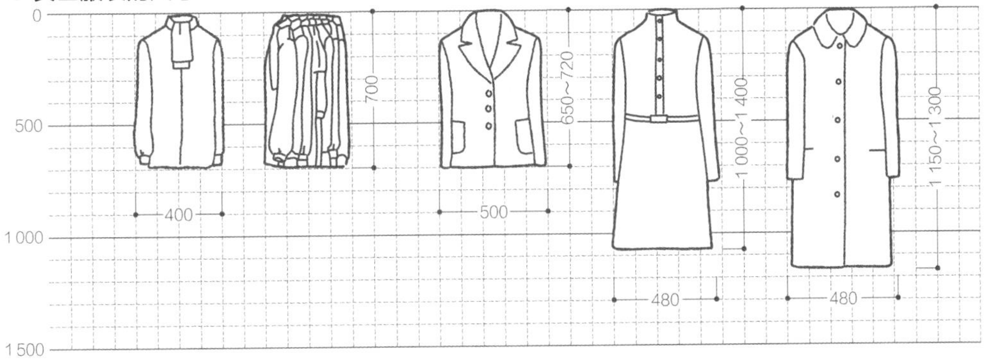

折叠状态的尺寸

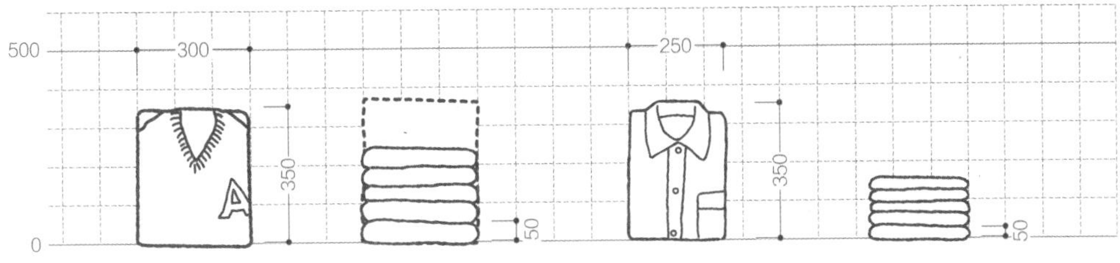

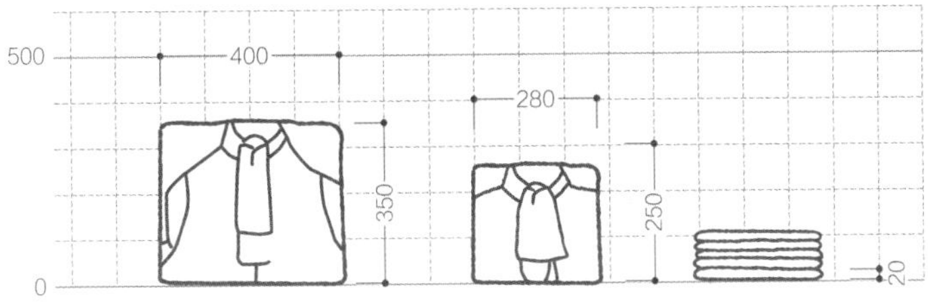

除男性服装、女性服装和儿童服装的尺寸不同以外，衣架悬挂、折叠等储藏方法的不同也会影响所需储藏空间

储藏与陈列尺寸（单位：mm）

● 储藏尺寸

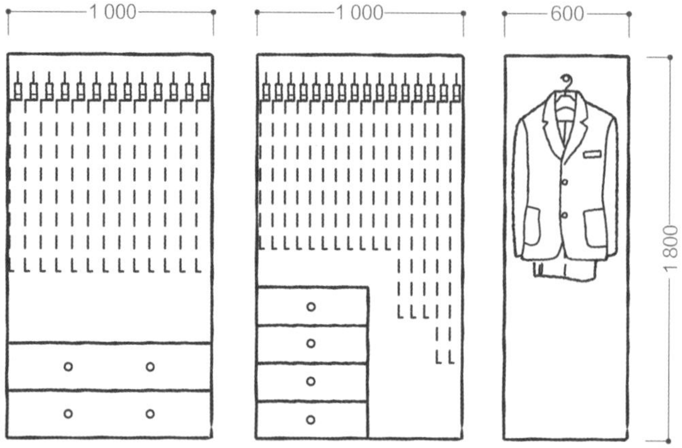

1 000
1 000
600
1 800

以1m宽的衣柜所能储藏的衣服件数来计算，男士套装能储藏13件，而女士大衣和套装能储藏16件。人均所需的衣柜宽度最好设定为1.5~2m的标准

● 陈列尺寸

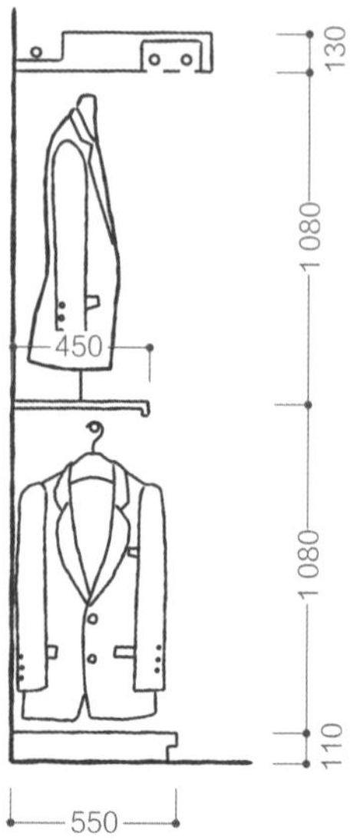

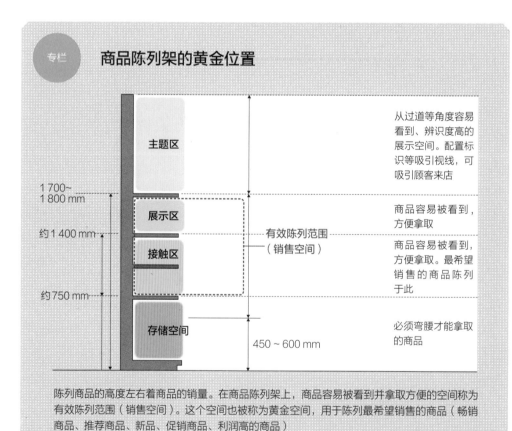

130
1 080
450
1 080
110
550

专栏 商品陈列架的黄金位置

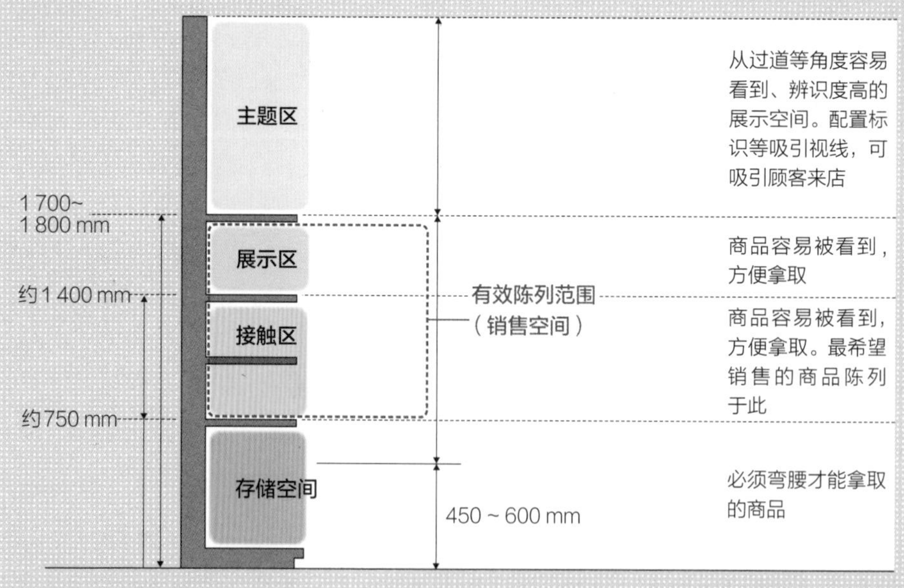

主题区
从过道等角度容易看到、辨识度高的展示空间。配置标识等吸引视线，可吸引顾客来店
1 700~
1 800 mm
展示区
商品容易被看到，方便拿取
约1 400 mm
有效陈列范围
（销售空间）
接触区
商品容易被看到，方便拿取。最希望销售的商品陈列于此
约750 mm
存储空间
450 ~ 600 mm
必须弯腰才能拿取的商品

陈列商品的高度左右着商品的销量。在商品陈列架上，商品容易被看到并拿取方便的空间称为有效陈列范围（销售空间）。这个空间也被称为黄金空间，用于陈列最希望销售的商品（畅销商品、推荐商品、新品、促销商品、利润高的商品）

2.4.6 模数

建筑中所谓的模数可定义为“决定空间和构成材料的单位尺寸或者尺寸体系”，在制定计划时作为一种有效的手段被使用。

近代建筑三大巨匠之一的法国建筑师勒·柯布西耶提出的模数是根据人体尺寸和黄金比结合确定的尺寸体系，是从建筑的视觉方面、功能方面和工业生产方面来考虑的。

在日本，作为建筑空间设计标准的模数有两种。一种是以柱与柱中心间隔3英尺（约910 mm）为基准的英制模数。还有一种是以柱与柱的中心间隔1 000 mm（即1 m）为基准的米制模数。

英制模数用于木结构建筑上，米制模数使用在钢结构和钢筋混凝土构造上。

在进行室内设计时，构成材料和组合家具等应使用同一种模数的标准尺寸。

勒·柯布西耶的模数

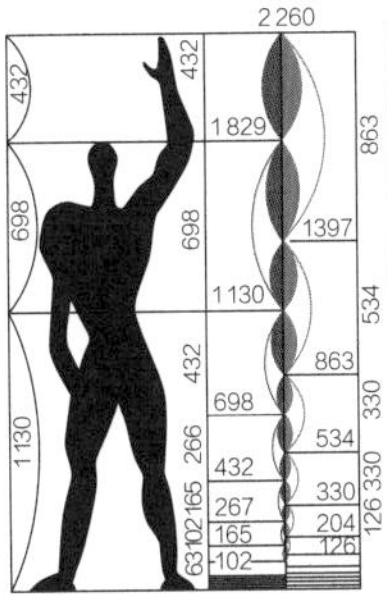

红	蓝
6	
9	11
15	18
24	30
39	48
63	78
102	126
165	204
267	330
432	534
698	863
1 130	1 397
1 829	2 260
2 959	3 658
4 788	5 918
7 747	9 576
12 535	15 494

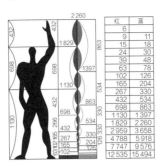

柯布西耶从人体尺度出发，以身高为183 cm（6英尺）的人作为标准，选定下垂手臂、脐、头顶、上伸手臂四个部位为控制点，与地面距离分别为86 cm、113 cm、183 cm、226 cm。

这些数值之间存在着两种数值关系：一是黄金比例关系；另一个是上伸手臂高恰为脐高的两倍，即226 cm和113 cm。利用这两种数值为基准，插入其他相应数值，形成两套级数，前者称“红尺”，后者称“蓝尺”

英制模数（单位：mm）

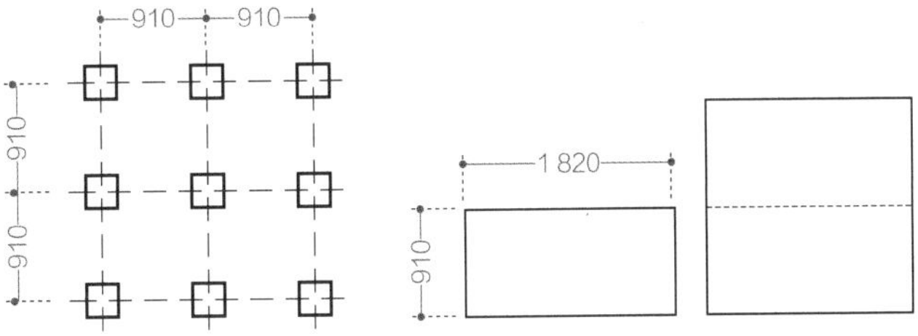

日本的住宅建筑多以英制模数3英尺（910 mm）为基本尺寸。另外，6英尺（约1 820 mm）被定义为1间，1间 ×1间为1坪（约3.3 m²）

米制模数（单位：mm）

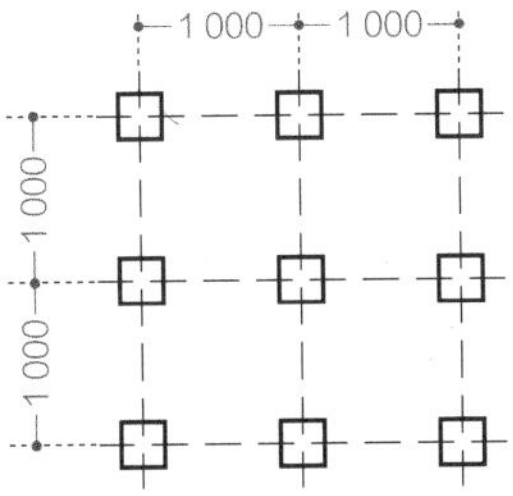

以柱与柱的中心间隔1 000 mm为基准尺寸

英制模数与米制模数的不同（单位：mm）

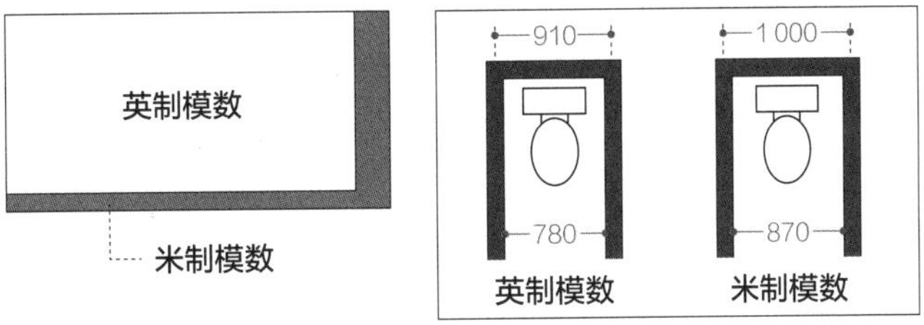

米制模数比英制模数面积大20%（左图）。另外，在米制模数下，过道宽度和卫生间等室内空间的有效宽度比较大（右图）

2.4.7 家具的大小

即使以坐为目的的椅子，当用于用餐和休息等不同行为和目的时，其标准尺寸也会有变化。

椅子座面的高度及面积、椅子靠背的角度可以有很多变化。从办公用的椅子到休息用的椅子，座面会越来越向后倾，并且高度会越来越低，座面宽度也会增大。长时间坐在椅子上的话，靠垫也是很重要的。

根据就座人数的不同，桌子的大小也会有变化。从办公及用餐的便利性等功能方面来说，座面与桌面的高度差也有着很大的影响。

椅子的尺寸（单位：mm ）

坐凳

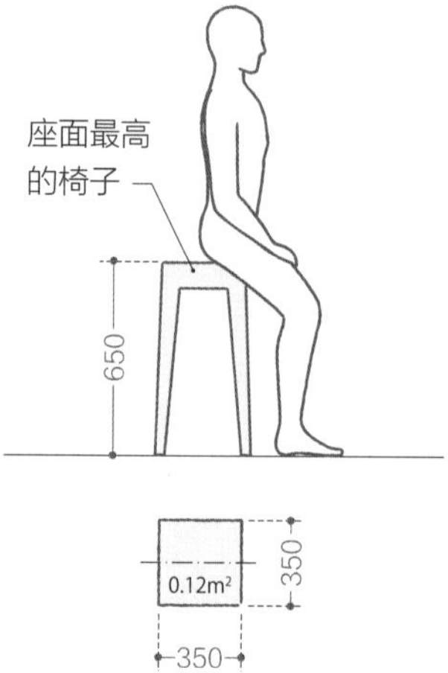

座面最高，没有靠背。

餐椅

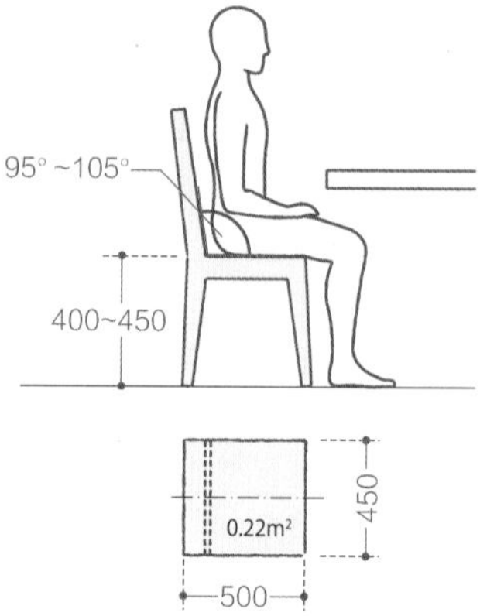

办公和用餐时使用的常规椅子

沙发

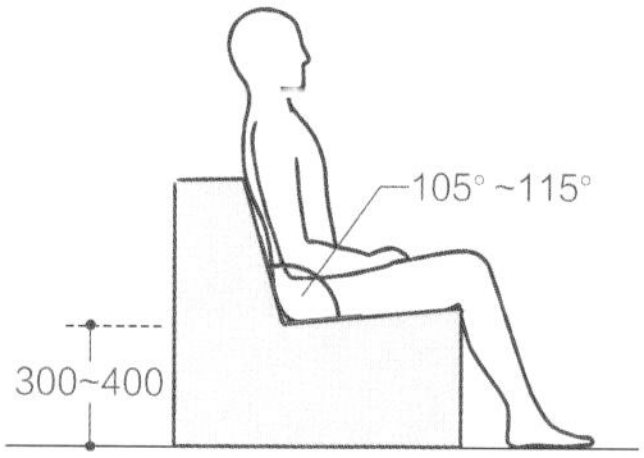

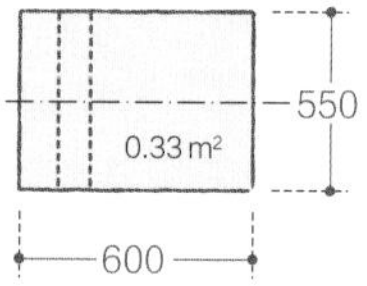

座面深，腰的部分下沉，长时间坐着也很舒服的椅子

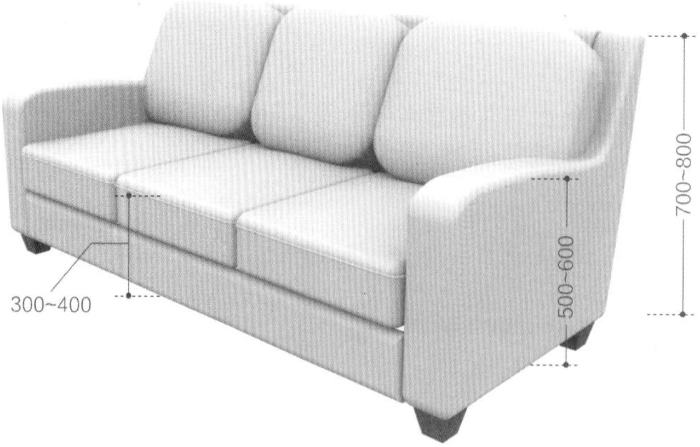

根据使用人数的不同，宽度有变化

一人用

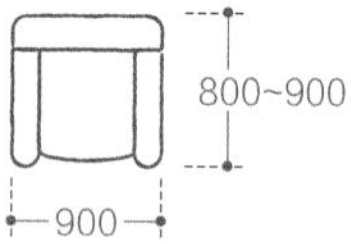

两人用

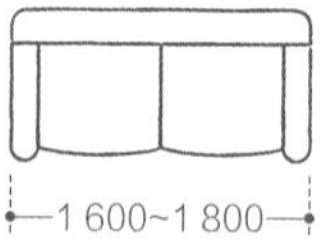

三人用

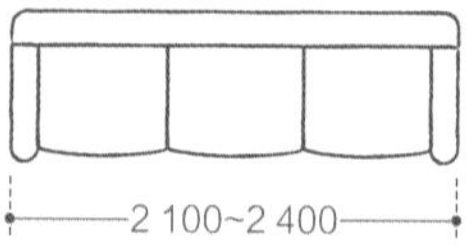

餐桌的尺寸（单位：mm）

一人使用时的空间

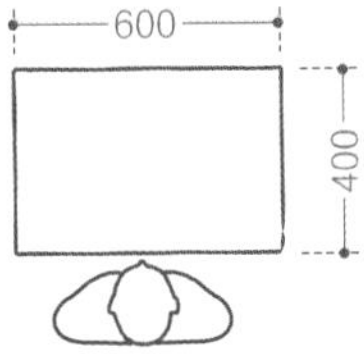

两人使用时的空间

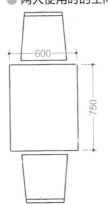

四人使用时的空间（长方形桌）

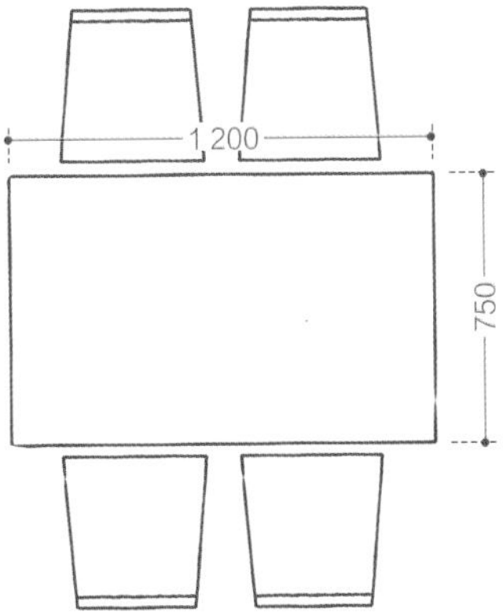

四人使用时的空间（正方形桌）

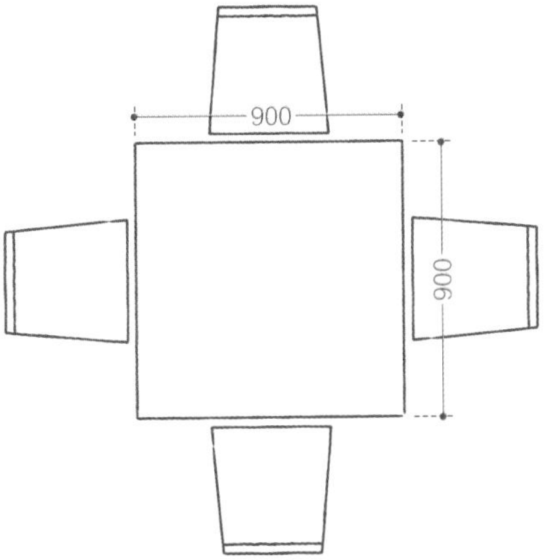

四人使用时的空间（圆形桌）

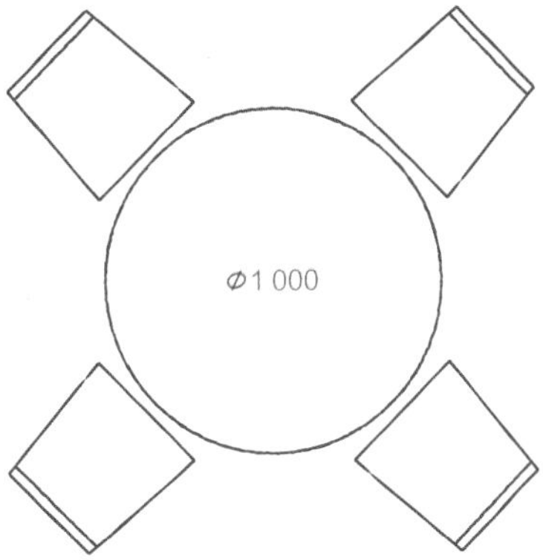

六人使用时的空间

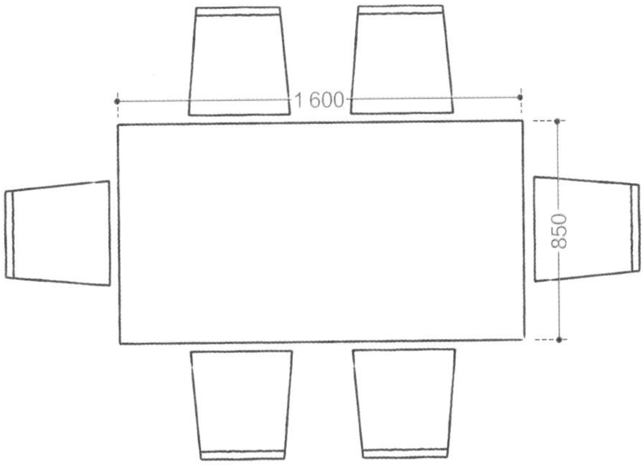

四人使用时，桌子一般是长方形的。正方形的桌子适合紧凑狭小的房间。圆形桌尺寸太大的话，放在中间的东西不方便拿取

桌子的高度（单位：mm ）

茶几

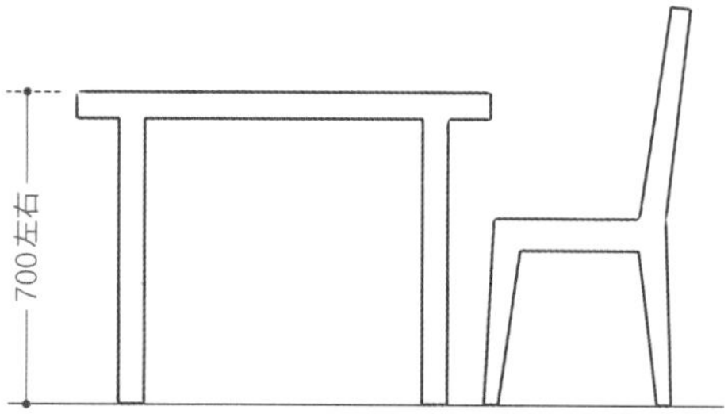

餐桌

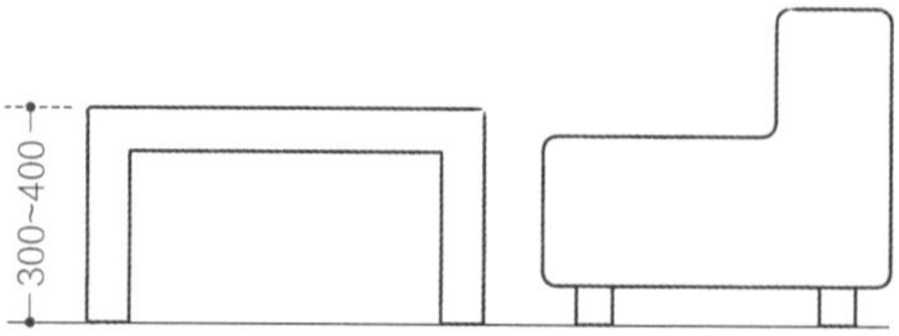

如果餐桌桌面和椅子座面的高度差在270~300 mm 范围内的话，使用起来比较方便。茶几与沙发座面同等高度或者茶几稍微高一点的话，便于放置茶杯。茶几高度过低会不方便使用，但是会让人感觉空间宽敞

餐馆桌子的尺寸（单位：mm ）

两人使用时的空间

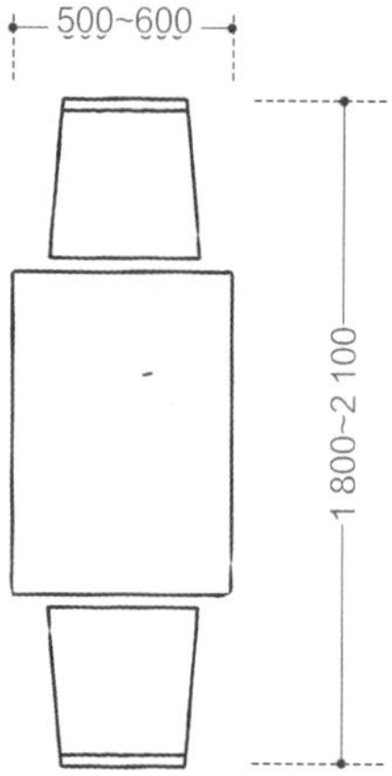

四人使用时的空间

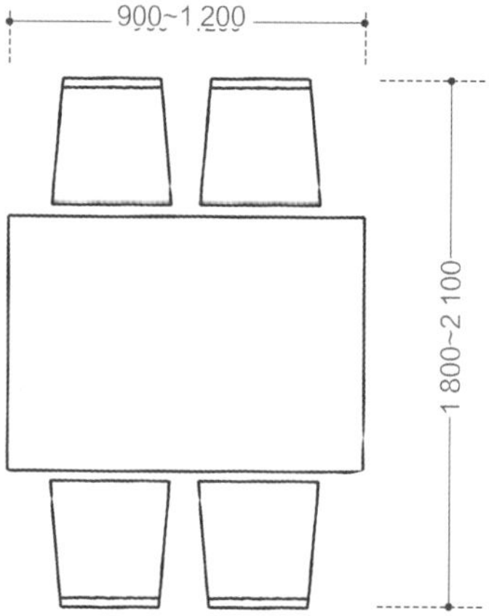

六人使用时的空间

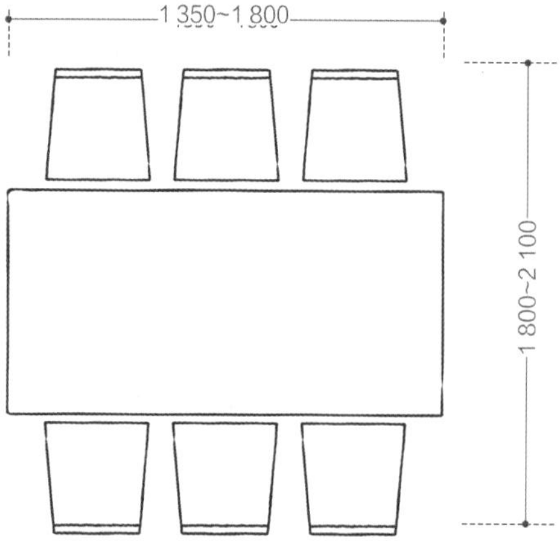

设计休闲餐厅和咖啡店的桌子样式和尺寸时，需要考虑店铺的规模和客人的翻台率

2.4.8
空间的大小

家具的标准尺寸加上人的活动尺寸决定了空间所需的最小尺寸。

空间内会进行各种各样的活动，配置家具的数量和种类也是多种多样。家具和人的关联性以及连续活动所需的尺寸和家具的摆设方法对空间有很大的影响。

在有限的空间内布局家具并确保不偏离使用目的，需要在确认了这些尺寸的基础上再推进方案。

餐桌周围的尺寸（单位：mm ）

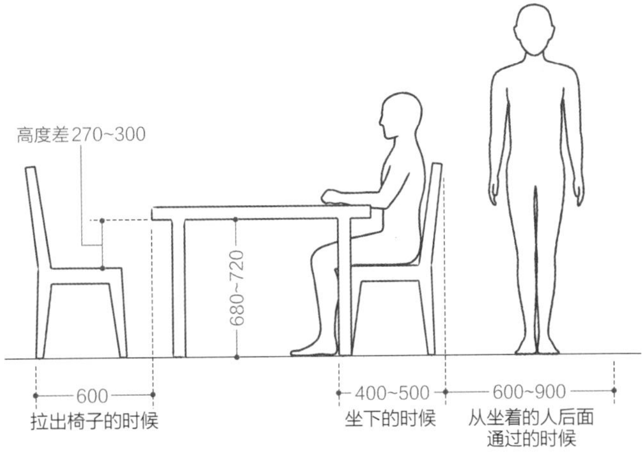

保证桌子和椅子组合时所需的空间外，还需要留出人在站立、就座和从坐着的人的后面通过时所需的空间

家具的大小和摆放以及餐厅的大小（单位：mm ）

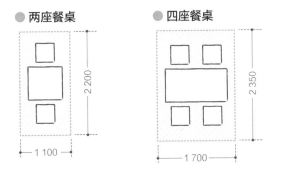

两座餐桌

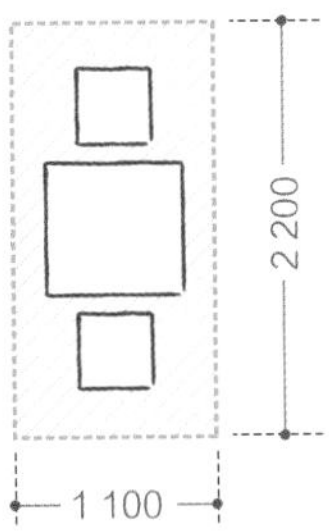

四座餐桌

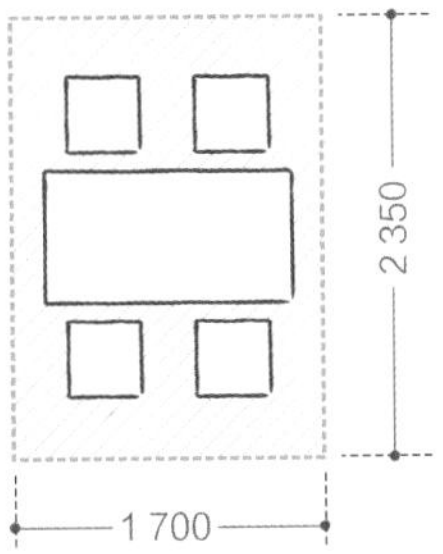

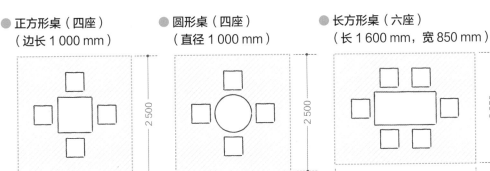

正方形桌（四座）
（边长 1 000 mm）

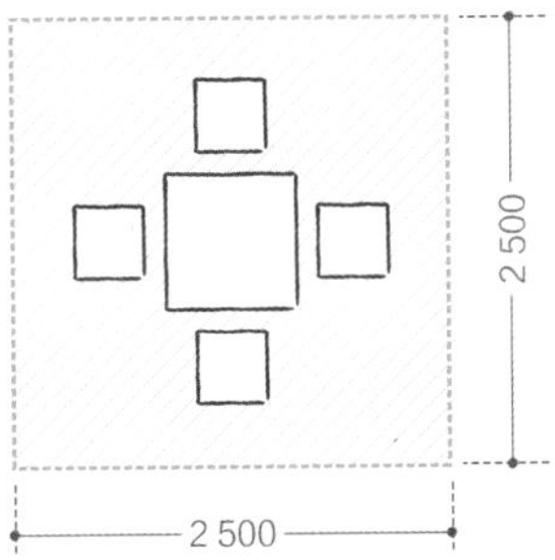

圆形桌（四座）
（直径 1 000 mm）

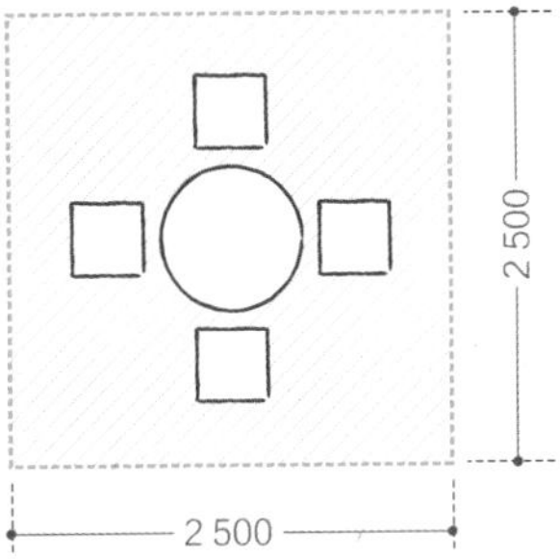

长方形桌（六座）
（长 1 600 mm，宽 850 mm）

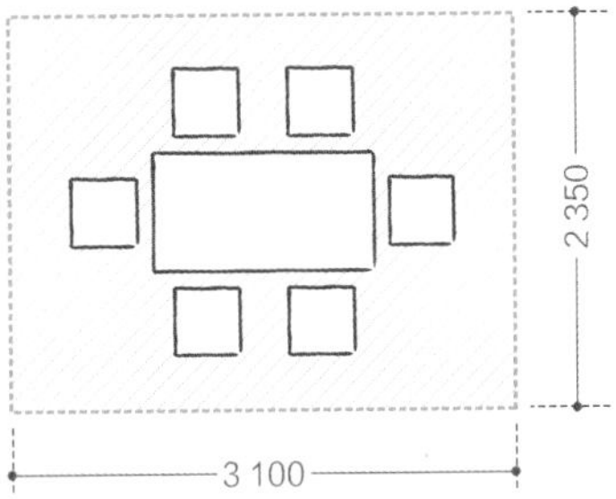

设计餐厅大小时要考虑到与其相邻的空间，如厨房和客厅

茶几周围的尺寸（单位：mm）

两人使用时的空间

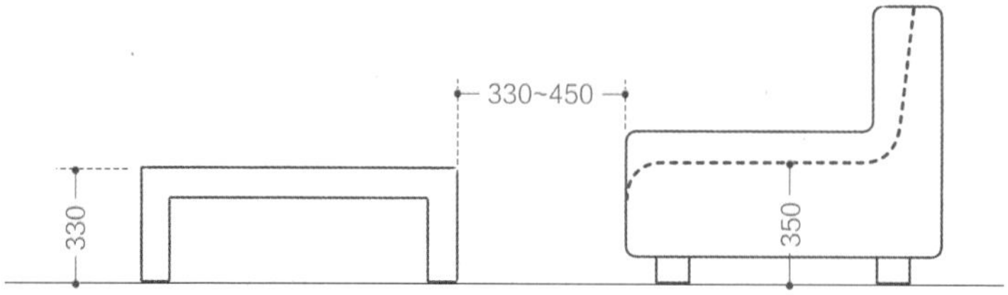

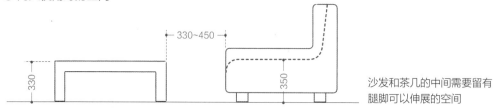

沙发和茶几的中间需要留有腿脚可以伸展的空间

放松休憩时所需要的空间尺寸（单位：mm）

一座

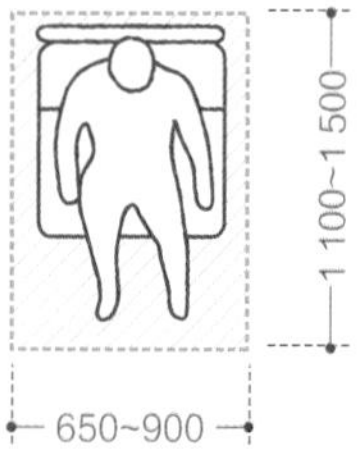

两座（并排）

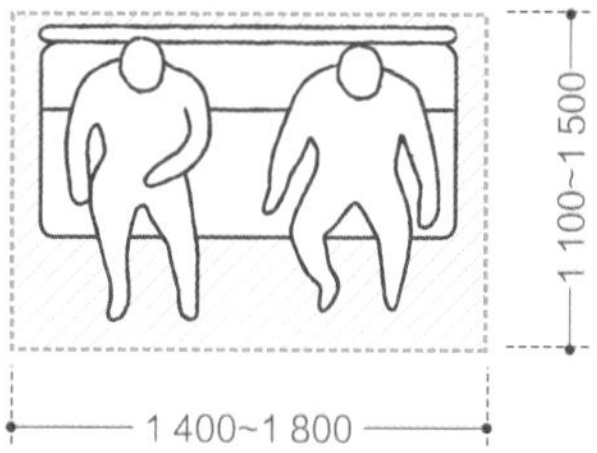

两座（L 形）

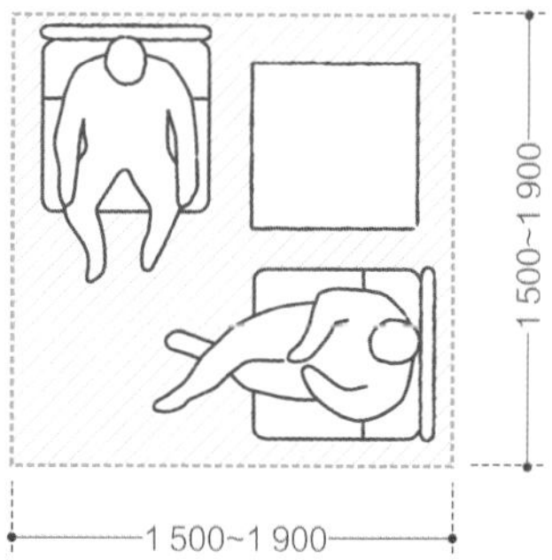

两座（面对面）

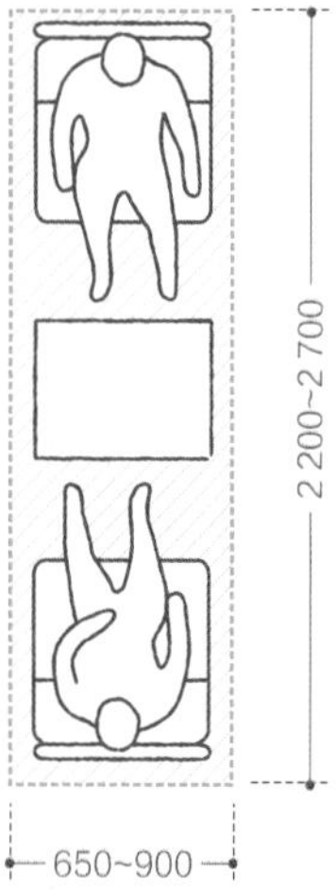

四座（面对面）

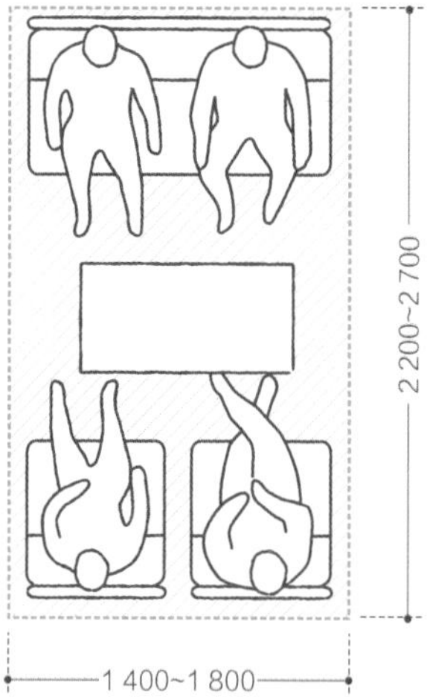

三座（L 形）

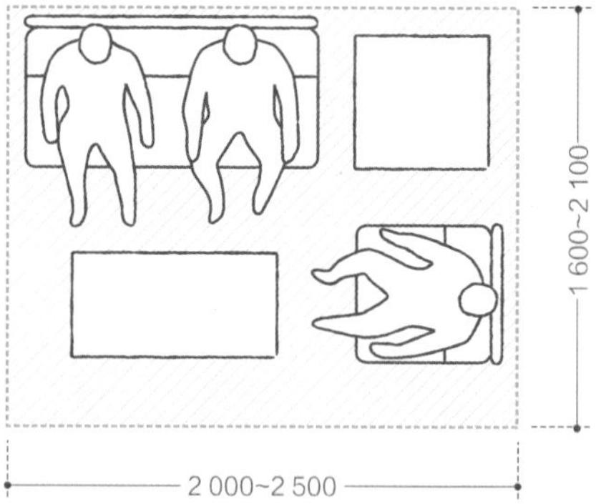

在沙发和茶几的摆放上，有面对面型和可以缓和紧张感的、斜向看着对方进行谈话的 L 形等

不同家具尺寸和摆放方式的客厅类型（单位：mm ）

L 形客厅

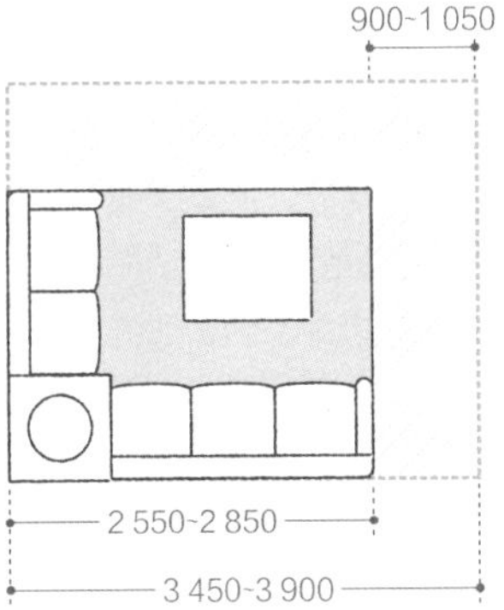

面对面型客厅

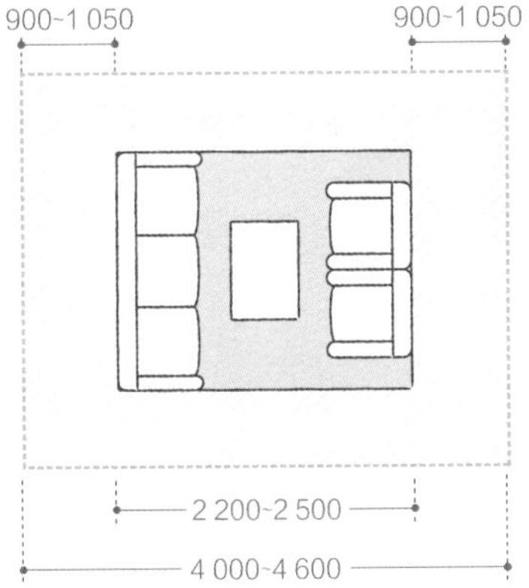

U 形客厅

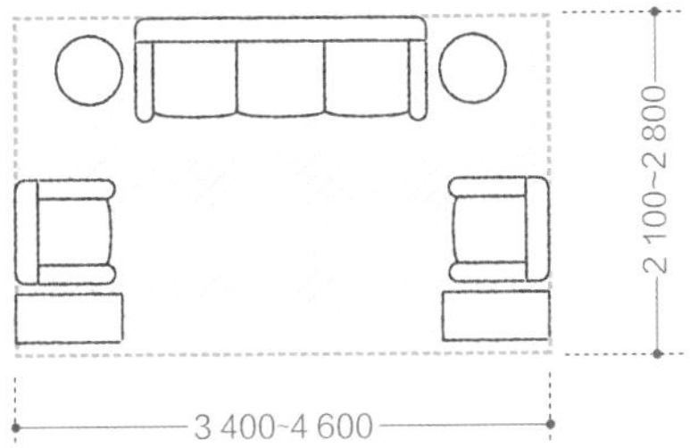

暖炉

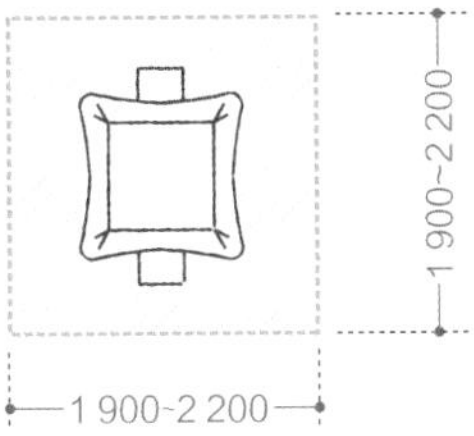

靠近角落摆放的 L 形可以有效地利用空间，使房间看起来更加宽敞。沙发组合摆放在房间中央的时候，需要确保周边过道的空间

餐饮店座位的大小（单位：mm ）

一般餐桌

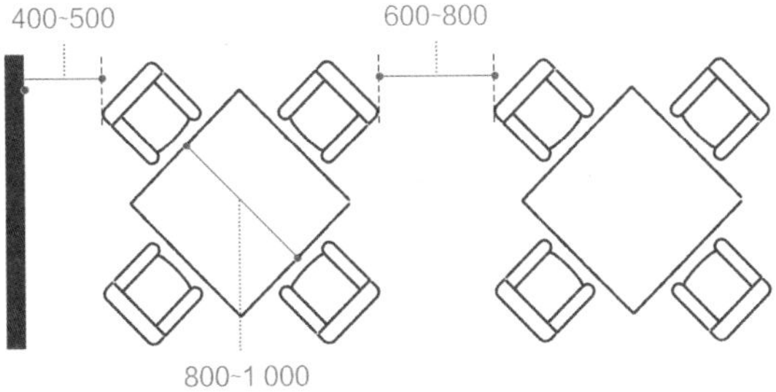

长椅

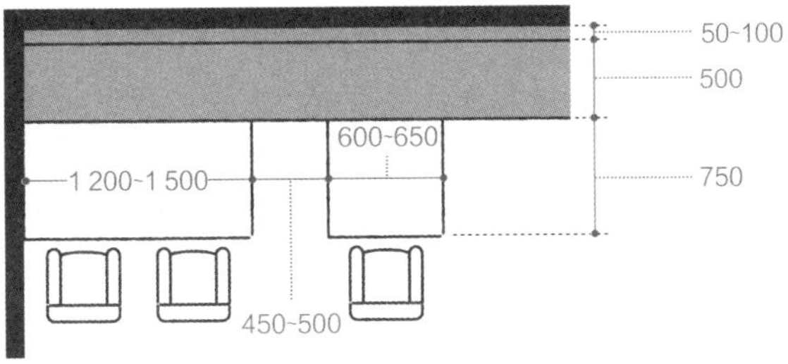

长椅一般沿墙壁设置，桌子可以根据顾客的人数进行自由组合摆放

2.4.9 通用设计的尺寸

“通用设计”与人的年龄、性别、国籍、是否有残疾无关，而是指可以让所有人都能够安心使用的设计。

通用设计很容易同“无障碍设计”混为一谈。无障碍设计是指以老年人或残障人士为服务对象，以解决他们生活中的障碍，满足使用需求为目的的设计。简单地说，以“特定人群”作为对象所设定的设计叫作“无障碍设计”，以“所有人”作为设计对象而考虑的设计称为“通用设计”。

“通用设计”这一理念，是由身有残疾的美国建筑师兼产品设计师罗纳德 · 梅斯领导的团队所定义的，他们提倡的

手动轮椅的尺寸（符合JIS T 9201的轮椅，单位：mm）

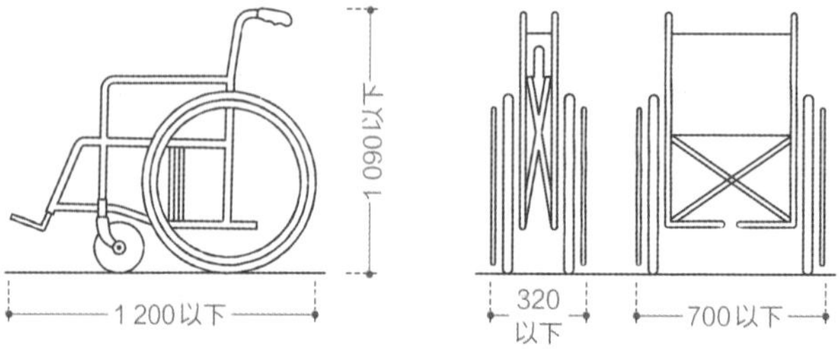

轮椅使用者的标准动作尺寸（单位：mm ）

人体工程学相关的尺寸

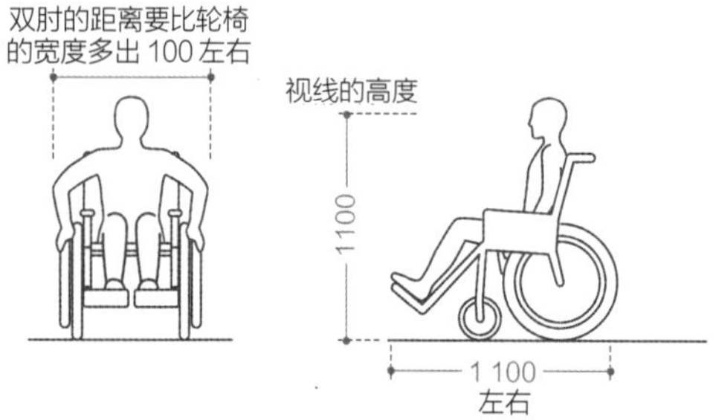

手所触及的范围

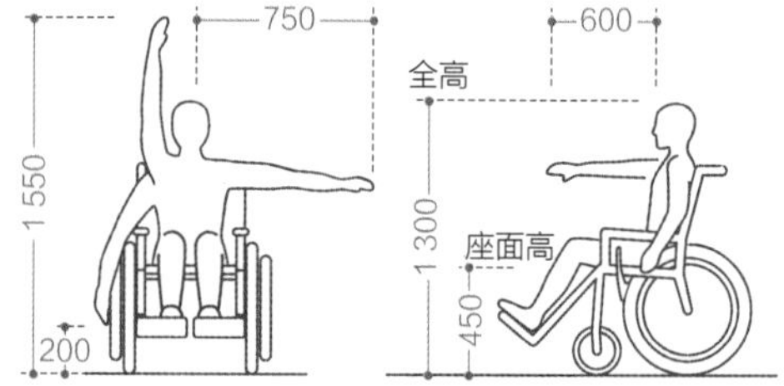

轮椅的最小活动空间（单位：mm ）

180° 旋转（以轮椅中央为中心）

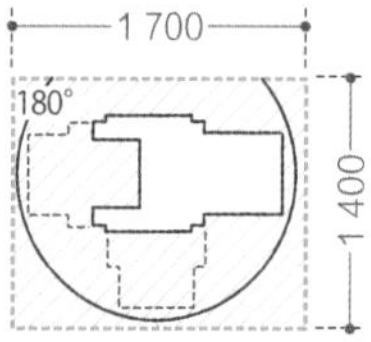

90° 旋转（以轮椅中央为中心）

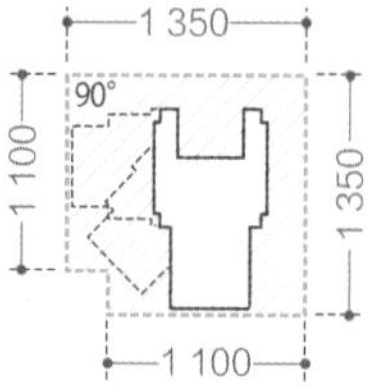

最小的旋转圆

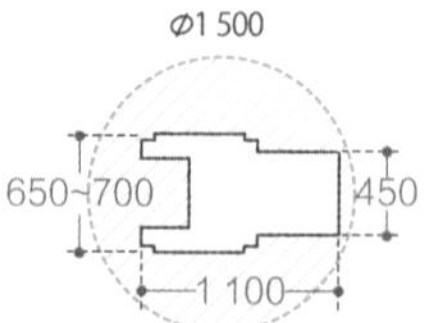

直角路口通过时

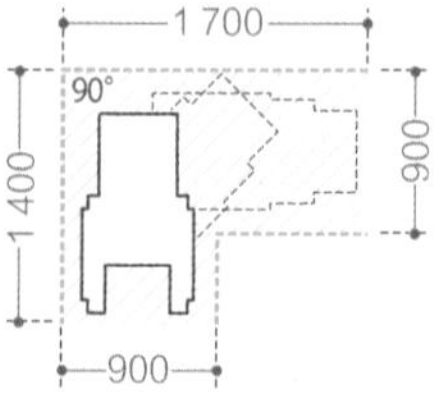

"通用设计的7个原则"是：

①任何人都能够使用、能够掌握；

②能够灵活地使用；

③使用方法要简单易懂；

④使用说明要简单易懂；

⑤即使是错误使用也不会造成严重后果；

⑥能够省力、高效、轻松地使用；

⑦设置入口、空间宽窄要适度。

这一理念，随着世界老年人口比例的逐渐增加，作为全球标准被各国陆续采纳。日本国土交通省于2005年就制定了《通用设计政策大纲》。

本节将向大家介绍在居住空间以及商业空间中，在使用轮椅的情况下，空间设计所涉及的基本尺寸。

出入口的宽度和走廊、通道的宽度尺寸（单位：mm）

出入口的宽度

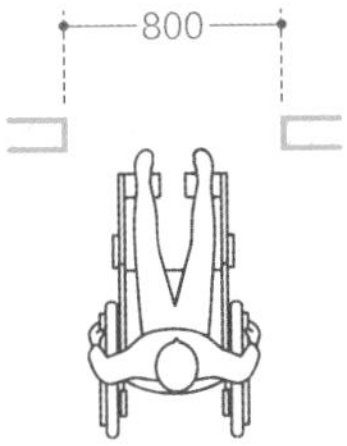

轮椅能通过的尺寸

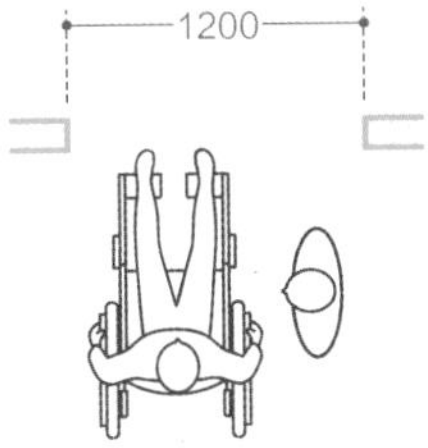

行人侧身可同轮椅交错通过的尺寸

走廊、通道的宽度

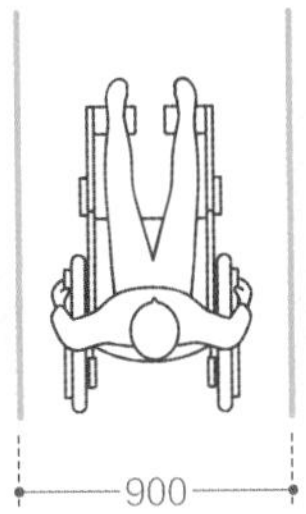

轮椅能通过的尺寸

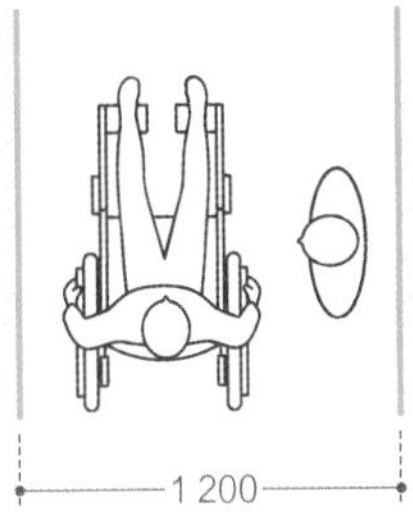

方便轮椅通过的尺寸，行人侧身可同轮椅交错通过的尺寸

厕所的尺寸（单位：mm）

厕所扶手的设置示例

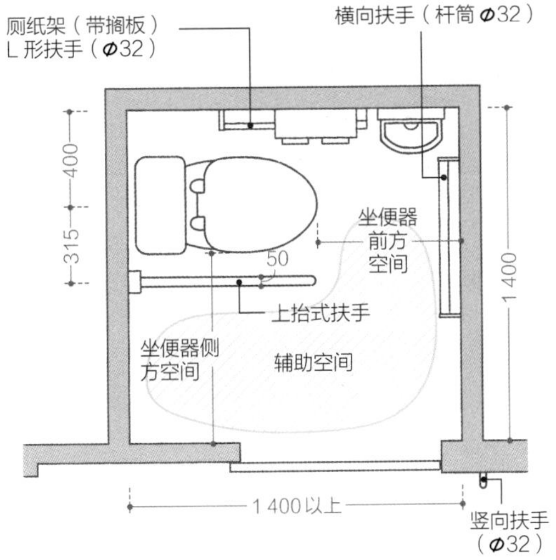

厕所扶手的安装高度

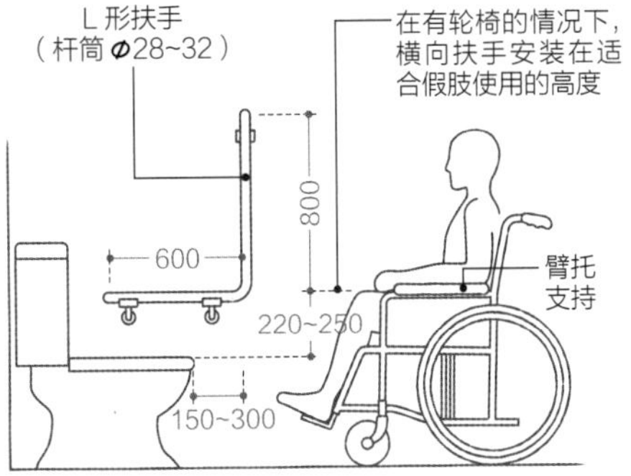

第2章

2.5 室内设计的构造和装饰

在室内设计中，有关主体结构和装饰的知识必不可少，比如建筑主体结构的种类、内装的基层和装饰、门窗的种类等。在本节中，我们会对以上各要素的构造及其功能进行解说。

2.5.1 建筑主体的构造

我们把建筑物的结构体叫作主体。根据使用材料的不同，主体名称也不相同。

主要的结构体有木结构、钢筋混凝土结构、钢骨结构、钢骨钢筋混凝土结构、配筋混凝土砌块结构，根据建筑规模的不同，结构体也会有变化。

房屋改造时，从外侧看不到结构体，因此有必要根据建筑构造的种类来判断内部的结构。

建筑物的结构分类

木结构	日式轴组工法（框架木结构）	
	2×4工法	
	板式木结构	
钢 · 混凝土结构	钢筋混凝土结构	框架结构
		剪力墙结构
	钢骨结构	
	钢骨钢筋混凝土结构	

结构种类会根据建筑物的规模而改变。在日本，一般住宅的话，木结构比较多；大规模建筑物多使用钢筋混凝土结构

主体

图片为钢骨钢筋混凝土结构的主体。建筑物与主体结构种类无关，由基础、主体结构、外部装饰、内部装饰、室内造型及设备等构成。先进行空间的基本工程，组合地面、墙壁和顶棚，再安装内部门窗后进行装饰（图片提供：decorer）

木结构

日式轴组工法（框架木结构）

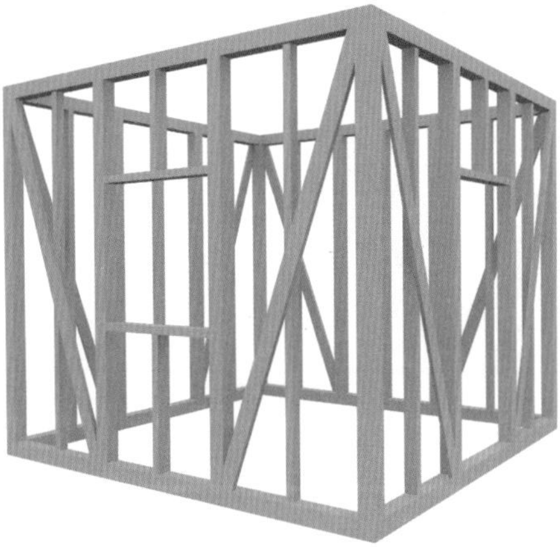

日本具有代表性的结构形式。由基础、框组、地面组、屋顶组构成，用柱梁等棒状木材搭建而成。柱与柱之间加入斜撑材料加固

2×4 工法

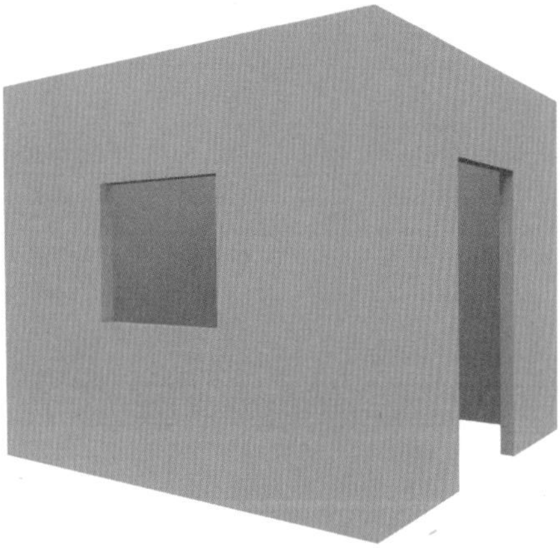

2×4工法的名称是因使用截面为2英寸×4英寸（5.08 cm×10.16 cm）的木材而来，也被称为框组壁工法，是一种在地面与墙壁的框架上架设板材，通过一体化确保强度的结构方法

钢筋混凝土结构

框架结构

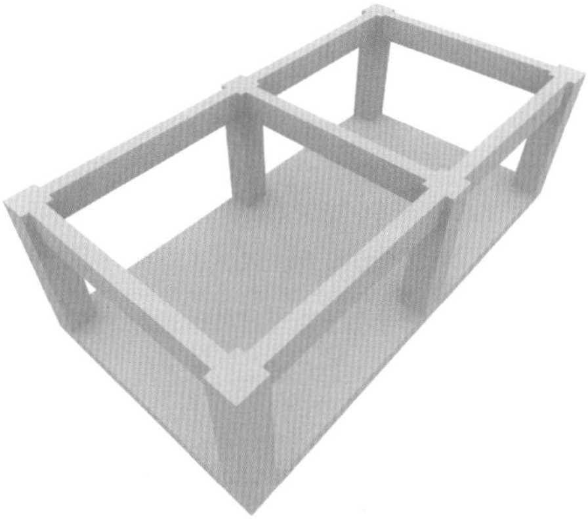

由柱梁构成，是使用最多的结构类型。除了可做大空间，还可以自由设置户型和开口部。柱和梁大多在室内有凸起，有时会产生压迫感，影响家具的布局

剪力墙构造

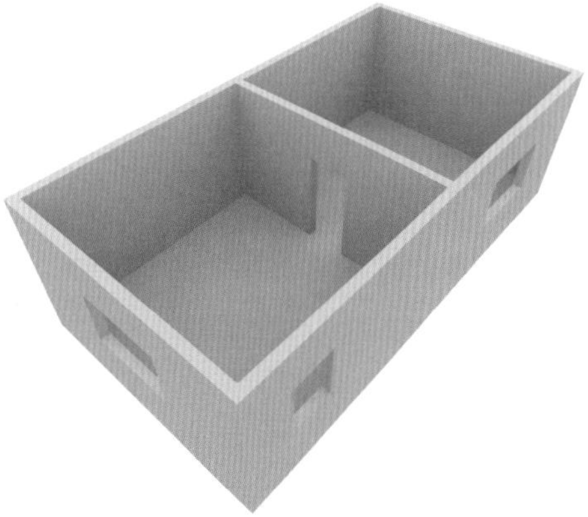

由剪力墙和混凝土楼板组成的结构，因为没有框架结构的柱梁凸起问题，所以可以有效地利用室内空间。但是因为剪力墙无法拆除，所以有时会限制户型和开口部的位置。此外，无法做出很大的房间

2.5.2 地面的基层

地面的基层可以分为架空型地面基层和非架空型地面基层两种。

架空型地面基层是在基础或者混凝土板上组装龙骨或其他构件后，再装饰地面的方法。多用于木结构或钢筋混凝土结构的地面基层。

非架空型地面基层是直接将混凝土板作为地面基层，直接铺设地面装饰材料或者涂层。因为混凝土基层的不平整部分会直接造成装饰面的凸凹不平，所以需要事先用水泥砂浆进行找平处理。

架空型地面基层

龙骨型

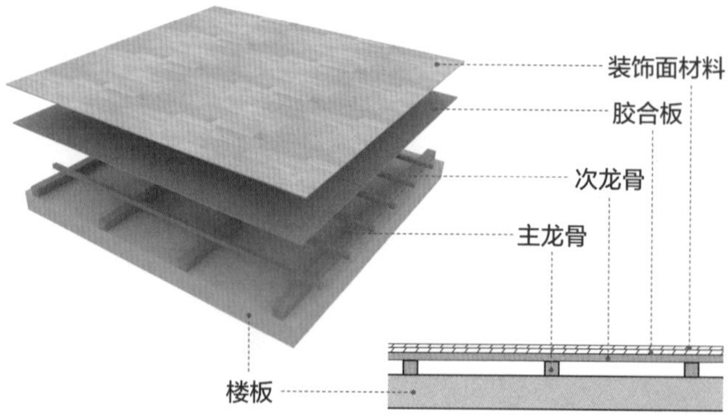

在楼板平面上铺设木制地面（主龙骨、次龙骨）时，基层的施工方法

支架型

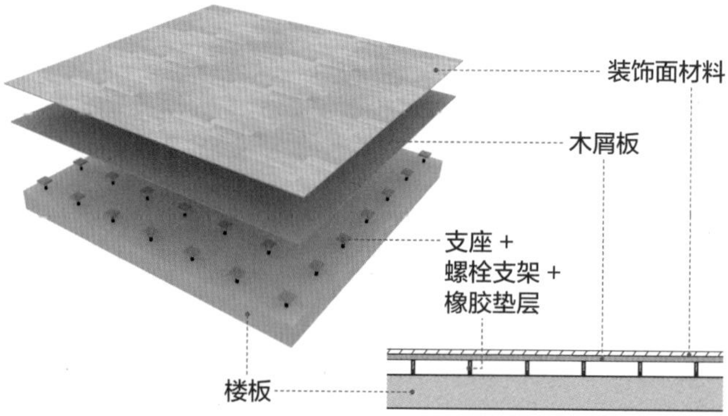

将带有橡胶垫层的螺栓支架放置在楼板上，通过木屑板调整水平面的基层施工方法。也称为活动地板

非架空型地面基层

直贴型

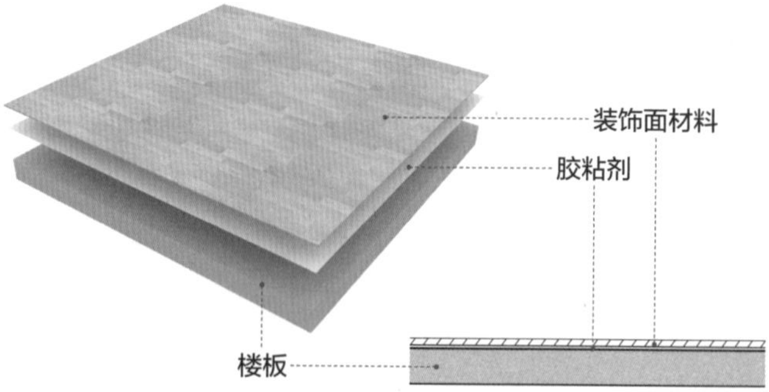

在楼板上直接涂胶粘剂、粘贴装饰材料的方法。基层不平整会造成装饰面的凸凹不平，因此不适合厚度薄的装饰材料

2.5.3 墙的基层

根据建筑结构的不同，墙壁的构造也不同。

木造建筑中墙的处理方式，有像和式房间那样将墙壁安置在柱子内侧的明柱墙，也有像西式房间那样将墙壁安置在柱子外侧的暗柱墙。

墙的基层在构成材料成分上分为木质基层、轻钢龙骨基层、混凝土墙基层。

木质基层主要运用在木结构住宅上，有将结构体安装在木框架内侧的方式，也有在木框架外张贴板材的方式。

框架木结构工法的墙体结构

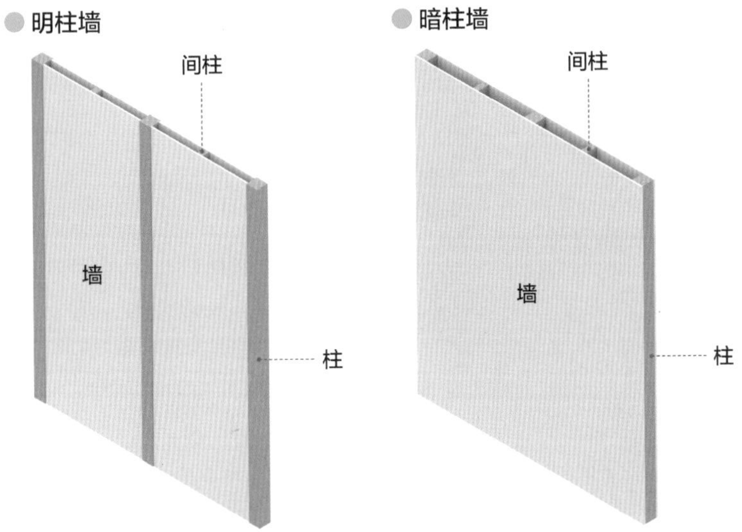

明柱墙是在壁面上能够看到柱和梁，暗柱墙则是将柱和梁隐藏起来，这些都是日本传统的墙壁构造方式

木造墙基层的结构

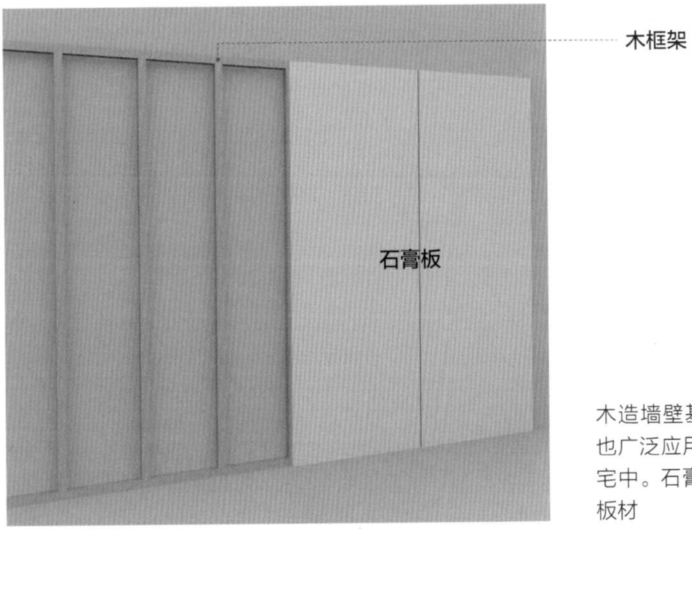

木造墙壁基层除应用在木质结构住宅外，也广泛应用在公寓和钢筋混凝土结构的住宅中。石膏板是一种防火性、隔声性强的板材

轻钢龙骨基层（Light Gage Steel，缩写为LGS），主要运用在钢骨结构和钢筋混凝土结构的建筑中。在顶棚和地面上设置上横龙骨和下横龙骨，利用支撑卡和通贯龙骨加固竖龙骨，再张贴石膏板的基层结构。混凝土墙基层的石膏板直贴（Gypsum Lining，缩写为GL）工法，是在混凝土墙上均匀涂抹球状胶（胶粘剂），然后直接将石膏板压接在上面的施工方法。除能够减少基层处理外，也适用于没有组装上下横龙骨和支撑卡的空间。

LGS工法基层

LGS也称轻型柱。一般来说，竖龙骨的设置间距为455 mm或303 mm。LGS工法具有便于施工、作业时间短的优点。竖龙骨的截面形状有凹字形、山字形、Z形等（图片提供：decorer）

GL工法基层

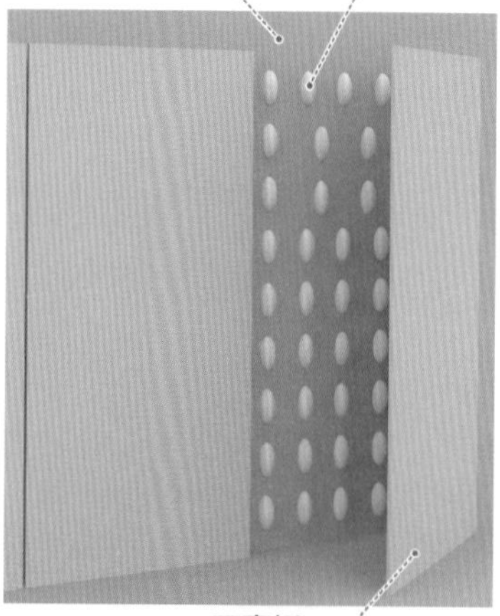

使用GL工法在墙壁上安装重量较大的板材时，为了避免强度不足，需要加固部分基层。左图是GL工法的概念图，右图是从主体结构上将基层剥离后的状态（图片提供：decorer）

2.5.4 顶棚的基层

顶棚不单单在高度上，其形状的不同也会使室内设计的空间氛围有所变化。因此顶棚是室内设计需要考虑的重要元素。

顶棚的形状，以平整的平顶棚和倾斜的单斜顶为主，还有舟底顶、折叠顶、断缘顶等根据建筑物构造而形成的各种形状。

除了形状上的不同，还可以通过在顶棚设置间接照明，利用明暗度的差别来展示不同的室内风格。

与墙一样，顶棚的基层也有木质基层、轻钢龙骨基层之分。基层是从上方的结构主体垂吊设置。通过吊顶不仅确保了管线、空调器械和照明器具的安装空间，还可以起到隔声的效果。

在钢筋混凝土结构等可以直接看到主体结构的骨架顶棚上，不使用顶棚基层。

顶棚的各种形状（剖面图）

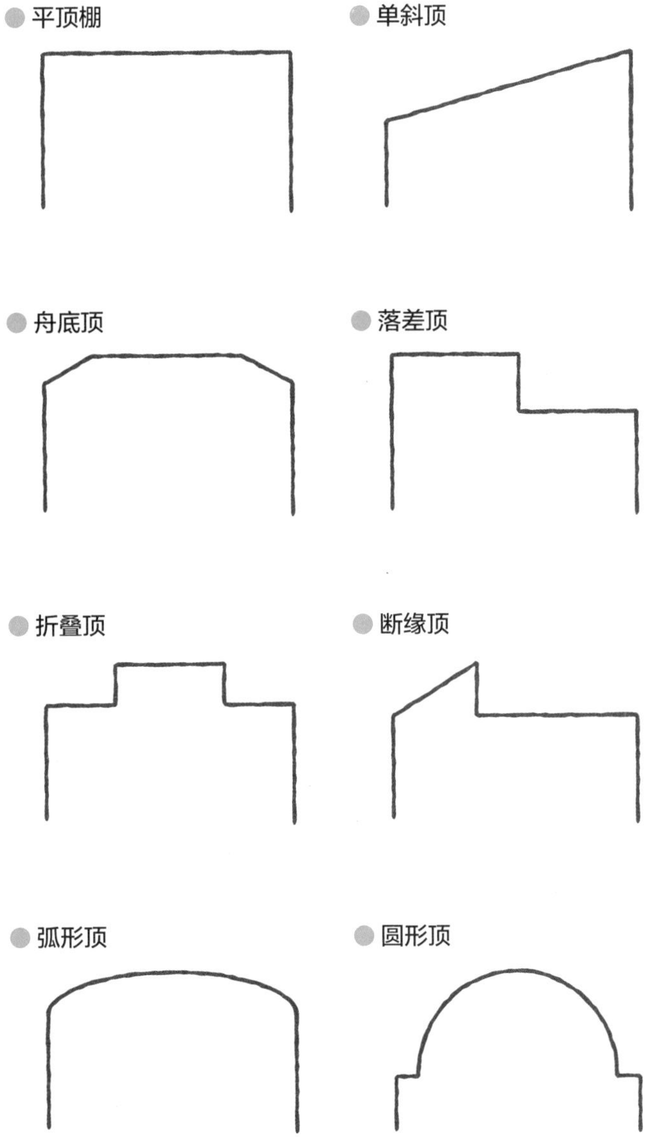

根据顶棚形状的不同，室内设计的风格也会有很大变化。与顶棚形状相匹配的照明设计及设备安装也是有必要讨论的

木造顶棚的基层构造

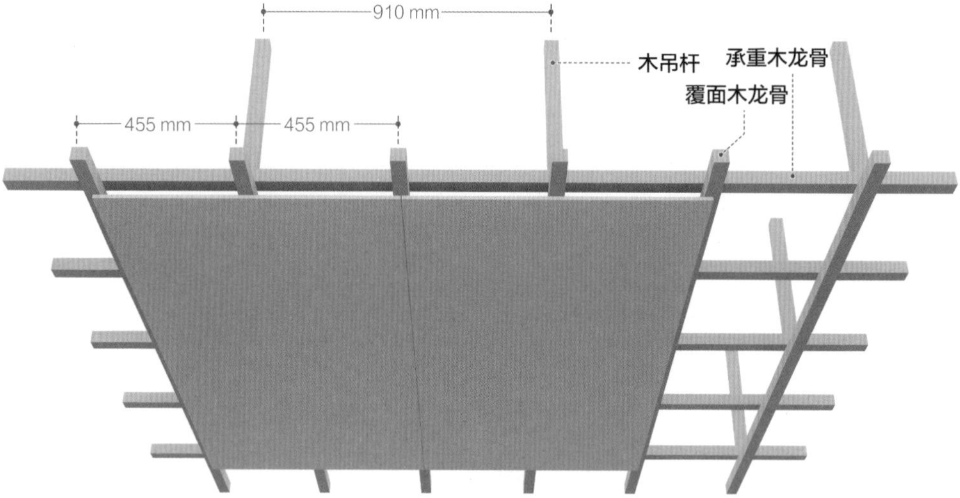

木造顶棚的基层构造由木吊杆、承重木龙骨和覆面木龙骨构成，再张贴吊顶板和石膏板。另外还有将承载吊顶板的覆面木龙骨安装在承重木龙骨上的木龙骨装饰吊顶

轻钢龙骨顶棚的基层构造

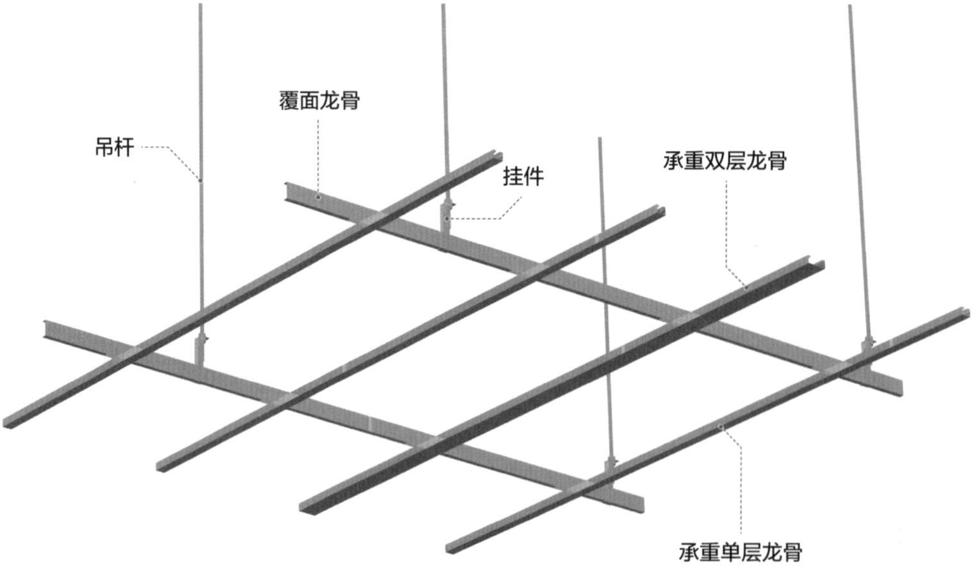

轻钢龙骨基层通过挂件和连接件进行安装。基层基本上只有支撑吊顶材料的强度，如果需要从顶棚上垂吊重物，有必要通过连接重物与结构主体等方法进行加固处理

2.5.5 门窗的种类：住宅的门

建筑物门窗的种类繁多，根据建筑物的构造、空间构成和功能的不同，需要选择不同的样式。

门的种类，有1扇开关的单开门、2扇的双开门、2扇大小不一的子母门和可横向移动的推拉门等不同类型。

门的构造

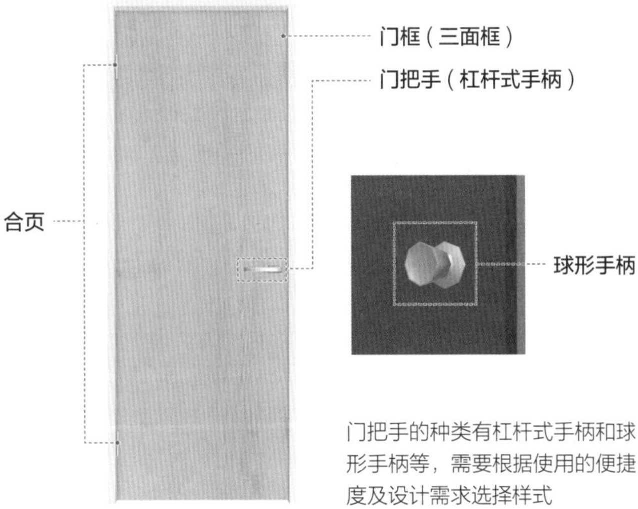

门把手的种类有杠杆式手柄和球形手柄等，需要根据使用的便捷度及设计需求选择样式

门的样式

● 单开门

● 双开门

● 子母门

● 推拉门

● 折叠门

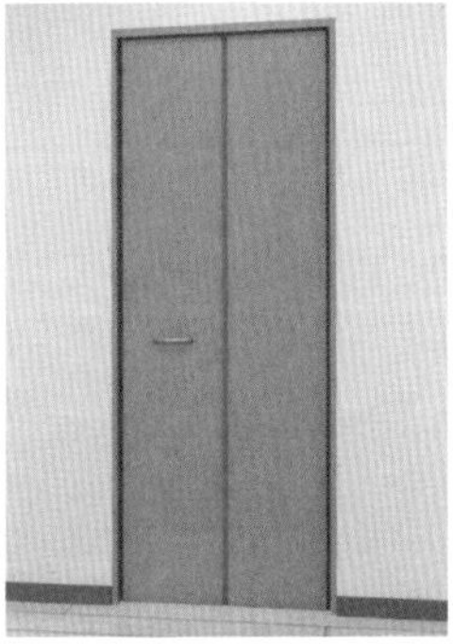

开门方向及开门方式也需要考虑。在过道比较狭窄、开门空间不足的情况下，就可以有效利用推拉门。而折叠门则适用于门打开空间小并且希望开口部比较宽敞的情况

门的种类有夹板门、镶板门、镶板玻璃门等。

因夹板门的表面看不到框架，内部框架表面张贴的复合板或装饰木板合为一体，故具有重量轻、价格便宜的特点。木框门则是利用框架固定四周，再加入中框或镶板而制成，因此具有厚重、设计性较强的特点。

门的种类

● 夹板门

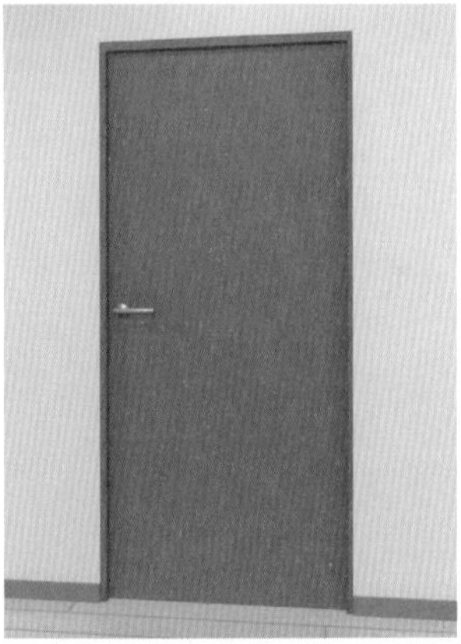

● 木框 + 镶板

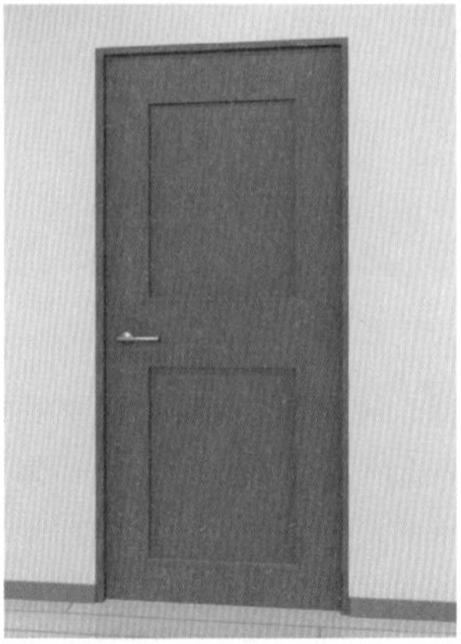

● 木框 + 玻璃

● 百叶窗门

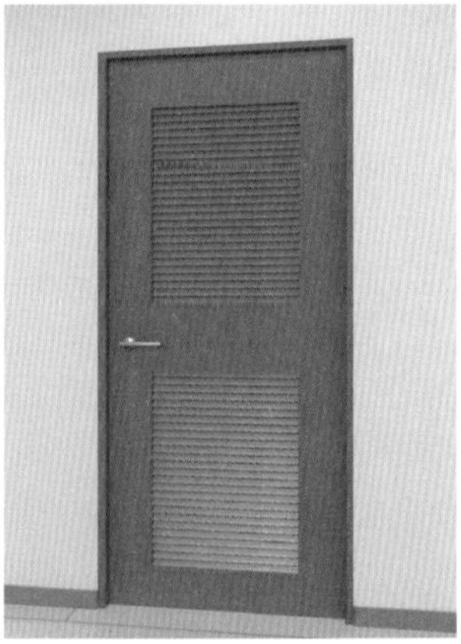

百叶窗门是配置了平行叶片（百叶）的门，遮挡视线的同时，也能保证通风性

夹板门的构造

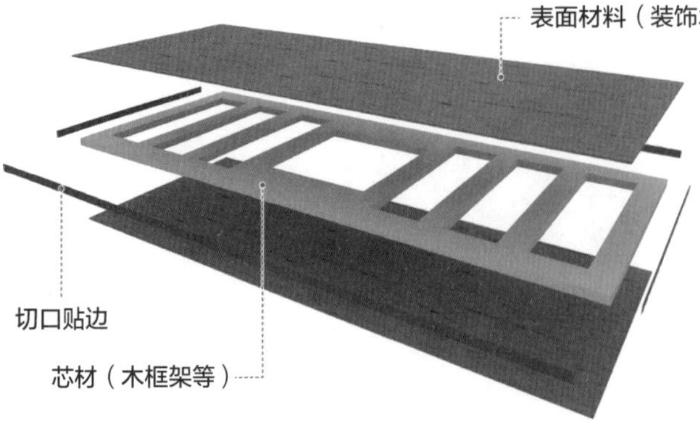

夹板门是在木框架等芯材两面张贴表面材料而制成的门，因具有制作简单、不易变形、与镶板门相比价格便宜等特点而被广泛使用

2.5.6 门窗的种类：住宅的窗户

窗户除了具有通风、换气以及采光的作用，还可供人欣赏窗外风景的。

根据开关方法和形状的不同，窗户可以分为很多种类，以左右移动式开启的推拉窗为主，还有不可开关玻璃的固定窗、由多个可旋转的水平细长玻璃板构成的可开关的百叶窗，另外还有向外突出的飘窗等。

除此之外，也有可供人进出的大型落地窗和与腰平齐的腰窗等种类。

除固定窗和百叶窗外，还有安装了网格和卷帘等具有防盗功能的窗户

窗户（推拉窗）的构造

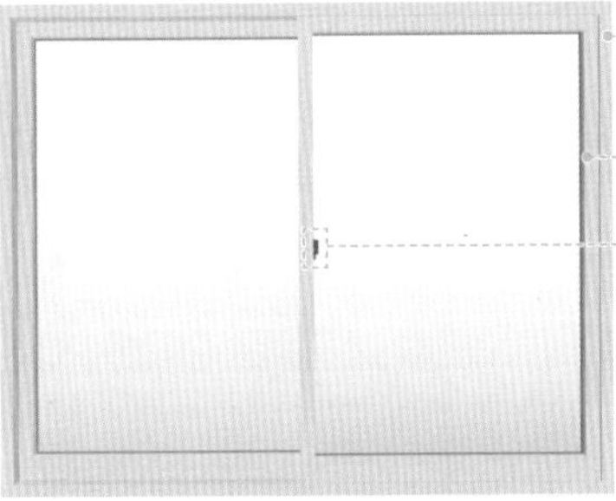

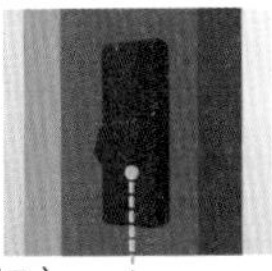

也有安装在窗内侧、能增强隔声性和隔热性的双层窗框等

窗户的种类

● 固定窗

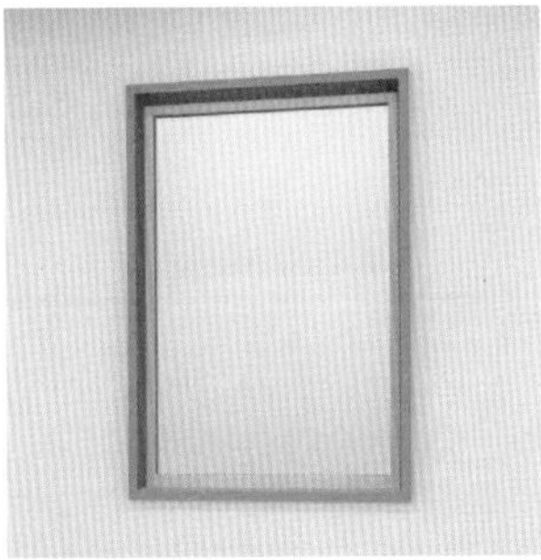

● 百叶窗

● 垂直推拉窗

● 上悬窗

● 立转窗

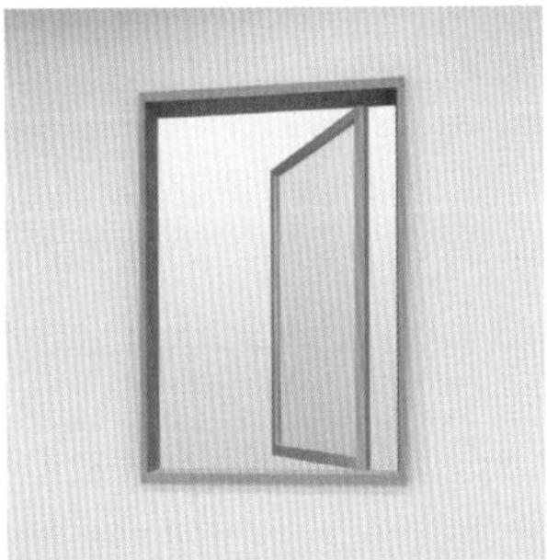

● 天窗

● 落地窗

● 腰窗

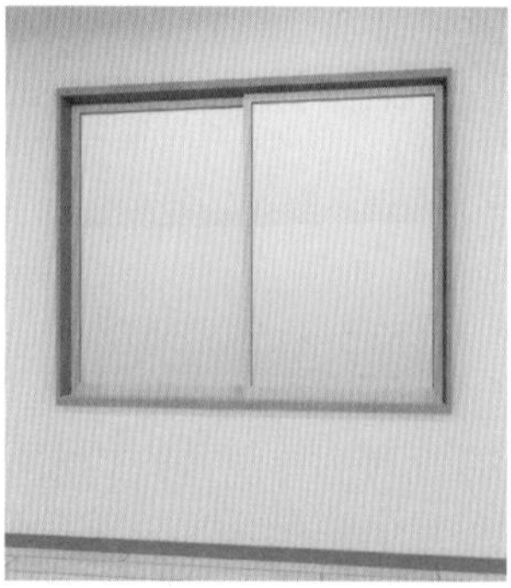

● 飘窗

窗框大多为铝合金材质，但在寒冷地区也使用隔热性较强的木质窗框。

2.5.7 门窗的种类：商业空间的门

商铺内和朝向设施出入口的门有自动门和推拉门等。

推拉门是玻璃标准厚度为12 mm 的强化玻璃门，也称“钢化门”，钢化玻璃的强度是一般平板玻璃的3~5倍，可以将合页和挂钩直接安装在玻璃上。推拉门能够营造出只由玻璃构成的开放式空间。

商铺入口处使用的门

● 自动门

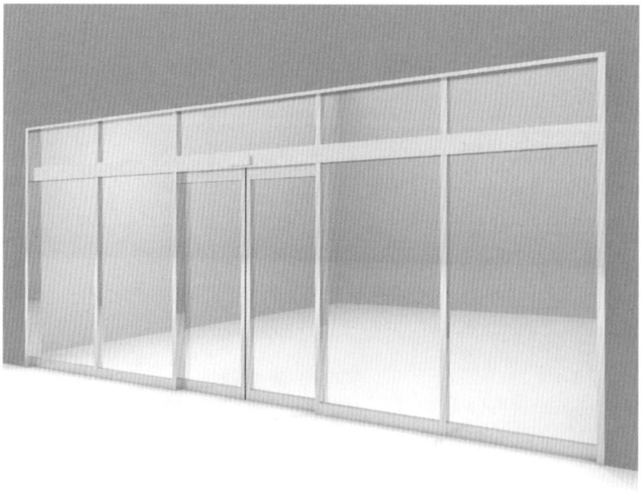

商业设施等空间一般使用自动门，也有触碰后即可开启的门

双开式弹簧门是将门的上下固定、前后方向均可开关的门，多用于大型超市等卖场和后勤空间（如仓库和后院）的出入口。

此外，还有使用上滑道的推拉门。由于地面上没有滑道等障碍物，门开启后可以自动关闭，因此能够使商品的搬入、搬出变得更加顺畅。

● 推拉门

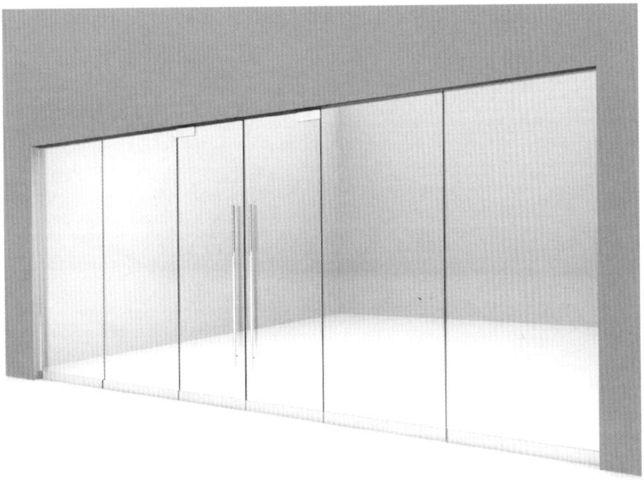

推拉门可以做成没有门框的形式，多应用在浴室等空间中

商铺后勤（后院）使用的门

● 双开式弹簧门

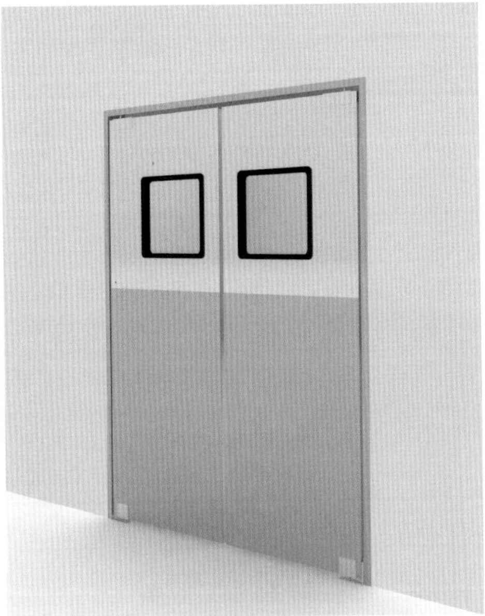

● 上滑道推拉门

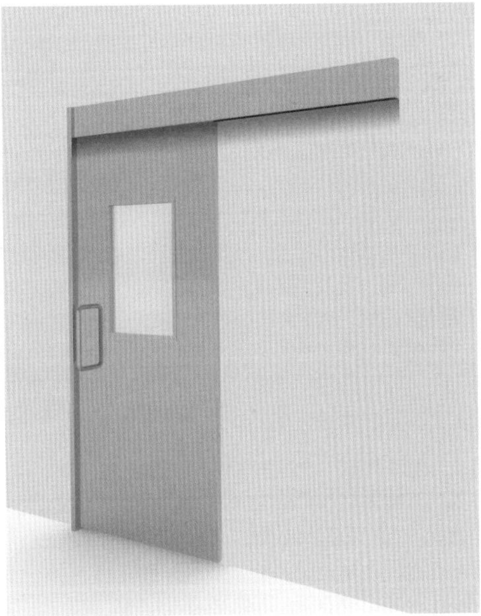

双开式弹簧门由不锈钢等抗冲击性较强的材料制成，可以利用推车直接将门推开。上滑道推拉门则广泛运用在医院、福利院、工厂等处

2.5.8 地面的装饰面：地板

地面的装饰材料以地板和地毯为主，还有树脂材料和地砖等，各种材料的加工方法及材质等均有不同。

地板是木质的室内地面装饰材料，由一定大小的板材并列拼接而成。木地板分为两种，一种是由整块木材加工而成的实木地板，另一种是用切割成薄片的板材粘贴成的复合地板。

单层木地板具有木材的自然纹理，复合地板则具有不易发生伸缩、变形等特点。

还有其他加工方法，如将小块木片拼接组合成一定图案的拼花地板。

木地板的铺设方法有不规则拼法、规则拼法。拼花地板的铺设有方格拼法和人字形拼法等，各式各样的图案可以展现出不同的地面造型。

地板是由单板等拼接而成的。木地板所用的板材大多在侧面加工出凸起和凹槽，拼接方法有形榫接木拼接和镶木拼接等。

地板地面的构造

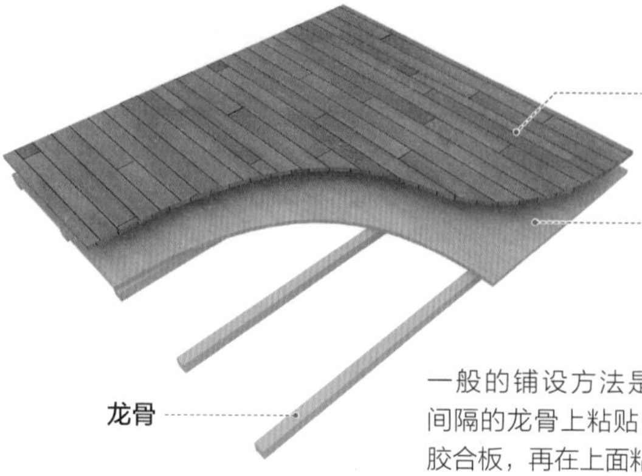

一般的铺设方法是在303 mm间隔的龙骨上粘贴12 mm厚的胶合板，再在上面粘贴木地板

各种地板材料

单层木地板

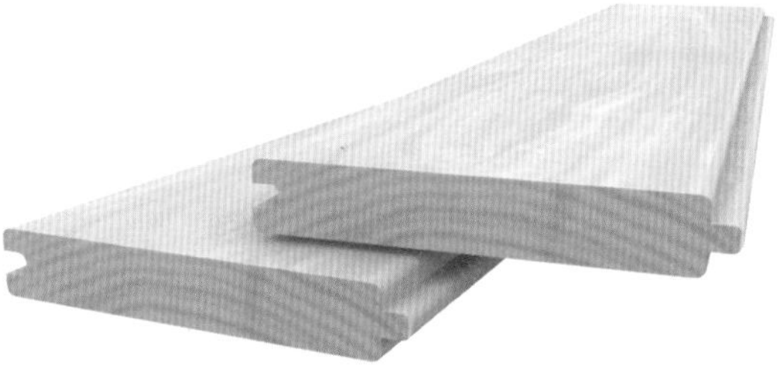

多层木地板

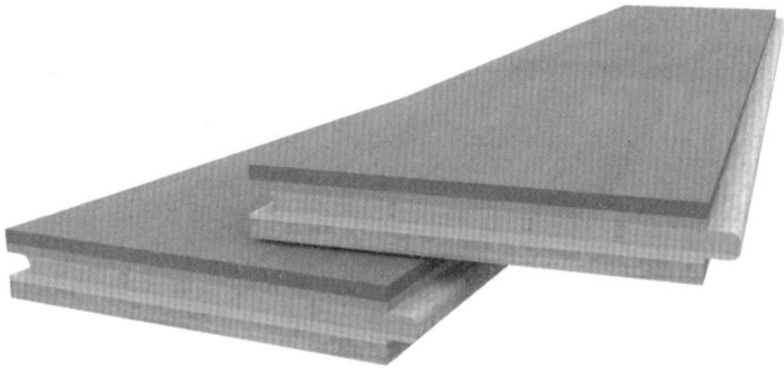

拼花地板

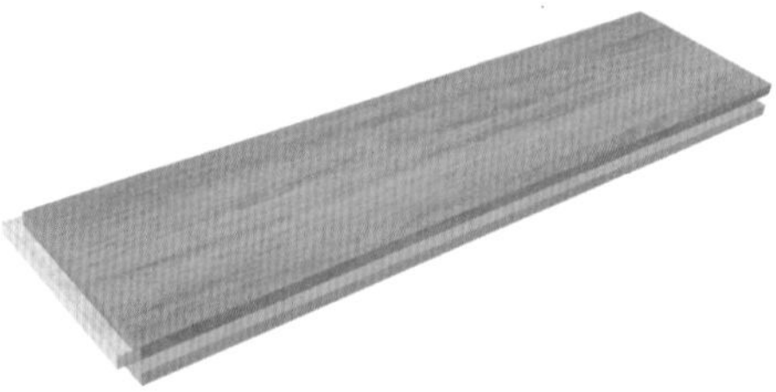

木地板的标准尺寸是长度1 820 mm、宽度75~90 mm。也有宽度为60~200 mm的不同种类

木地板的铺设方法

不规则拼法

规则拼法

不规则拼法是将长度不等的木地板随机拼接铺设而成，视觉上有不规则感，给人以随意的印象；规则拼法则是将长度相等的地板按照一定的规则错开铺设，给人以井然有序的印象

拼花地板的铺设方法

方格拼法

人字形拼法

方格拼法也称木块拼花法。人字形拼法装饰性较高，能够呈现古典氛围，近年来在家装中越来越流行

地板的拼接方法

形榫接木拼接

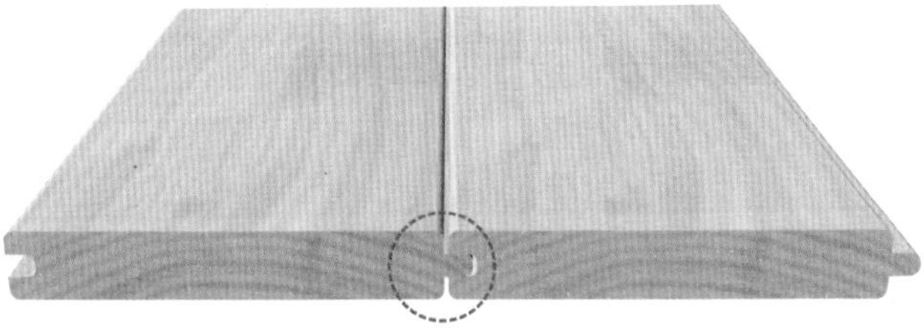

镶木拼接

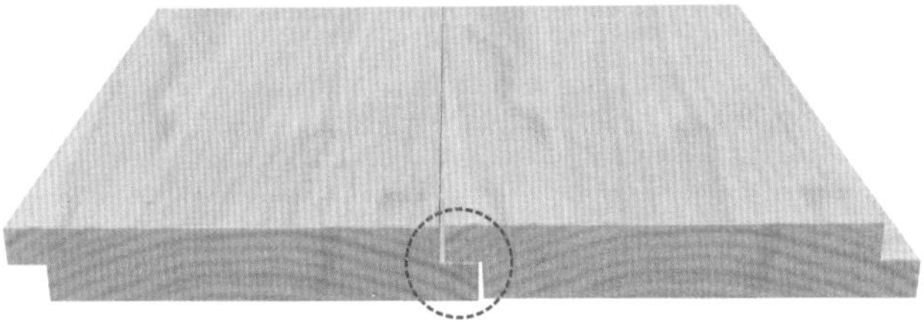

形榫接木拼接是将地板侧面制成的凹槽和凸起进行插入式拼接的方法。镶木拼接是将地板侧面各削半分，采用咬合式的拼接方法。形榫接木加工是对接缝进行加固，防止由伸缩产生的接缝和地板的变形、扭曲。在形榫部分斜着钉入隐形钉固定在基层上，完成后在外侧看不到钉子

2.5.9

地面的装饰面：地毯

地毯表面柔软，是安全性、保暖性和隔声性较强的地面装饰材料。根据制造方法、材料和设计等的不同分为很多种类。

制造方法上分为刺绣、纺织和压合等；材料上除了绢、毛、麻和棉等自然纤维，还有人造丝、尼龙、腈纶等化学纤维。

此外，即使材料和制造方法相同的地毯，根据表面编织形状处理方法的不同，还分为割绒型、圈绒型和圈绒割绒混合型等，其外观和手感等也不同。

地毯地面的构造

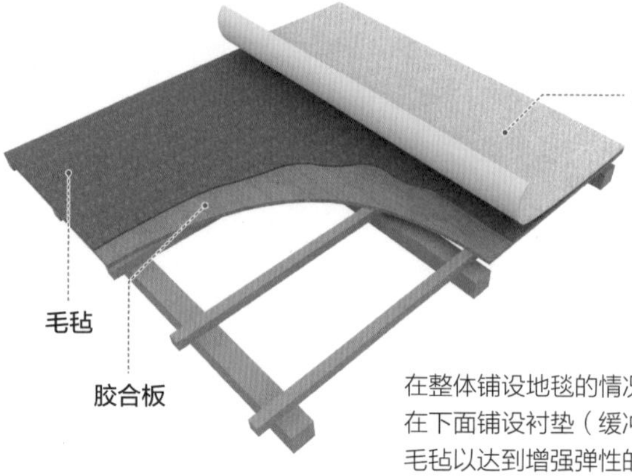

在整体铺设地毯的情况下，需要在下面铺设衬垫（缓冲材料）和毛毡以达到增强弹性的目的。同时也能增强保暖性和吸声性

地毯表面编织形状的种类

割绒型

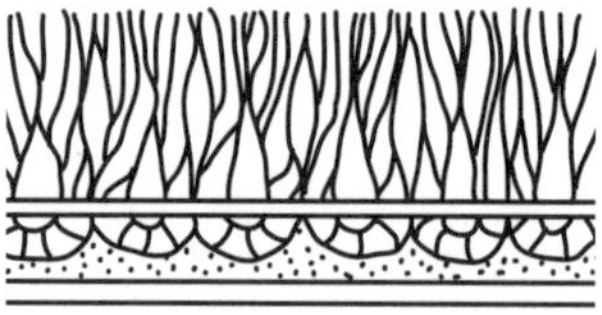

圈绒型

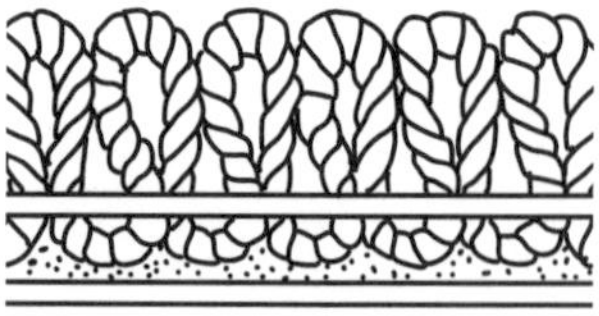

割绒型地毯手感比较柔软，纤维的横断面能够产生微妙的颜色变化。圈绒型地毯具有较好的弹性和持久性，根据编织方法的不同，风格也会发生变化。圈绒割绒混合型地毯则同时具备两方面的特点，装饰性也比较强

将地毯固定在地面，以利用倒刺钉板条将地毯边勾住的方法为主，另外还有固定在墙壁装饰层内侧，以及利用金属压条等进行固定的方法。

拼块地毯是将地毯切割成 450 mm × 450 mm 或 500 mm × 500 mm 的正方形地砖形状，里层铺设加工好的地砖或者利用胶粘剂进行固定。拼块地毯除了能够局部进行更换，还可以根据颜色的搭配来设计不同的图案。

地毯的固定方法

倒刺钉板条固定法

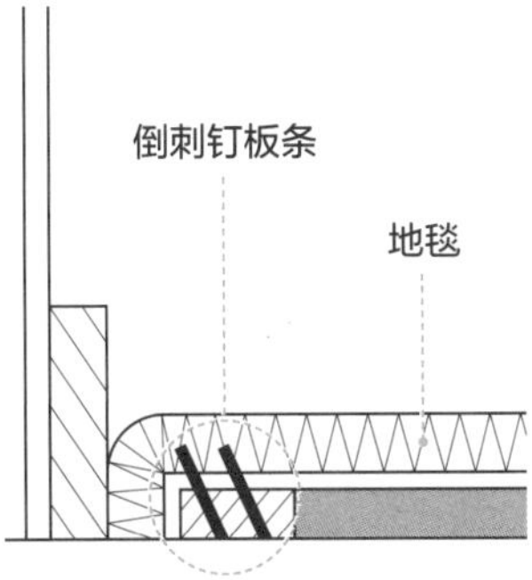

墙面装饰面内层固定法

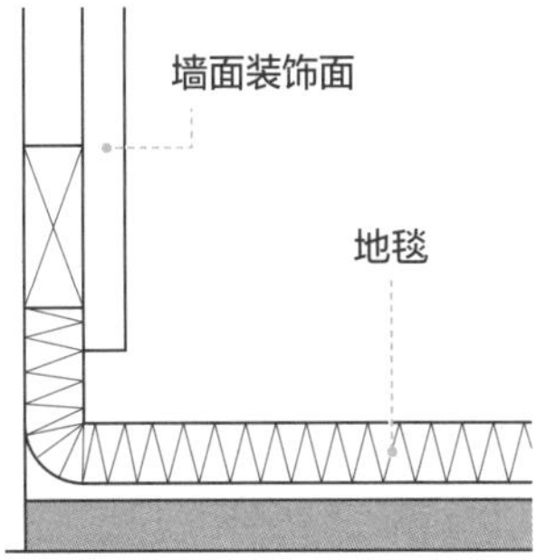

金属压条固定法

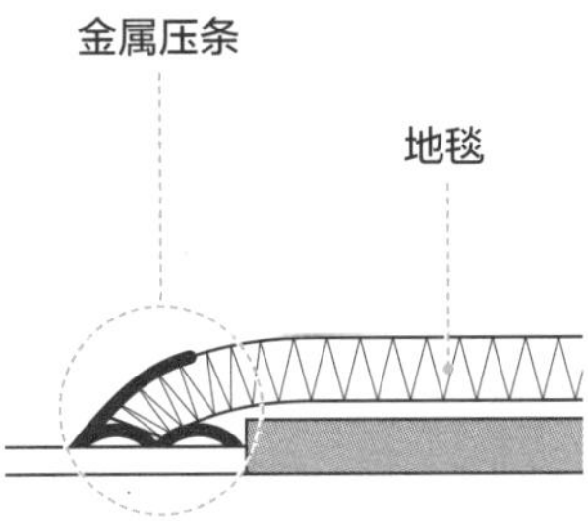

运用最普遍的倒刺钉板条固定法会适当拉伸、勾住地毯，相对比较稳定。而将地毯与其他种类的地面装饰材料进行衔接的情况下，则多采用金属压条固定法

满铺地毯和拼块地毯

满铺地毯

拼块地毯

与整体铺设的满铺地毯相比，拼块地毯可以实现局部铺设。后者可以利用不同颜色的搭配制作出方格等图案，从而通过各种各样的图案来表现不同风格。另外，也能针对脏污部分进行局部替换，日常保养也比较方便（图片提供：sanngetsu）

2.5.10

地面的装饰面：树脂材质地面

塑料、乙烯树脂和橡胶等树脂类的地面材料，外形上分为片材和卷材。

乙烯树脂类的地板块因在持久性和耐磨性方面尤为出众而被广泛应用在商业空间、学校和办公场所等。也有2 mm或3 mm厚、边长为303 mm或450 mm被称为PVC材料地板的类型，具有色彩丰富的特点，表面设计有木纹理和石纹理。

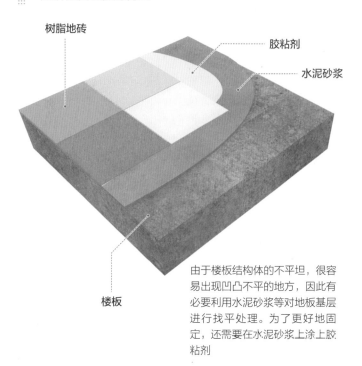

树脂材质地板的构造

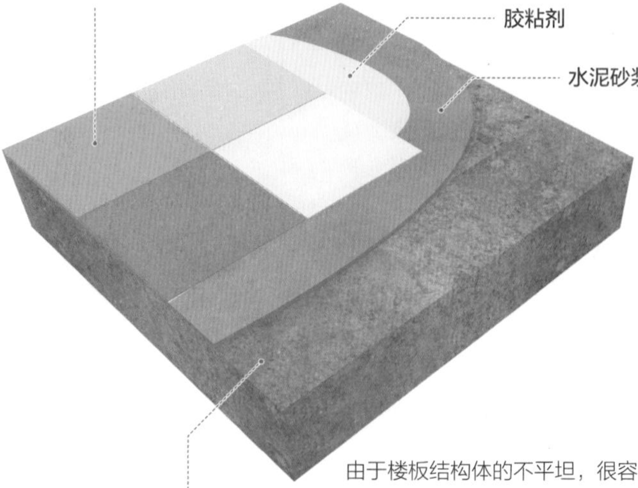

由于楼板结构体的不平坦，很容易出现凹凸不平的地方，因此有必要利用水泥砂浆等对地板基层进行找平处理。为了更好地固定，还需要在水泥砂浆上涂上胶粘剂

树脂地砖的施工示例

树脂地砖具有多种颜色和图案设计，可以搭配出不同颜色组合及图案。除铺设PVC地板以外，也可以在地砖之间铺设接缝条形成图案

树脂卷材地板能够将拼接的接缝部分进行溶解接合（利用溶剂进行连接），因此能够形成没有接缝的地面。由于没有接缝，多用于给水排水周边和容易脏污需要频繁清扫的场所。

树脂卷材地板分为有发泡层和无发泡层两种。住宅大多采用被称为软垫地板的有发泡层的材料；没有发泡层的较长的树脂卷材地板多用于医院等公共场所。

施工后需进行抛光和涂蜡来润饰，以达到防护的目的。

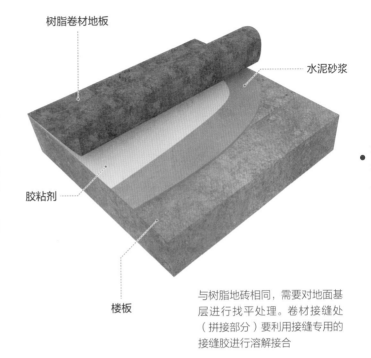

树脂卷材地板的构造

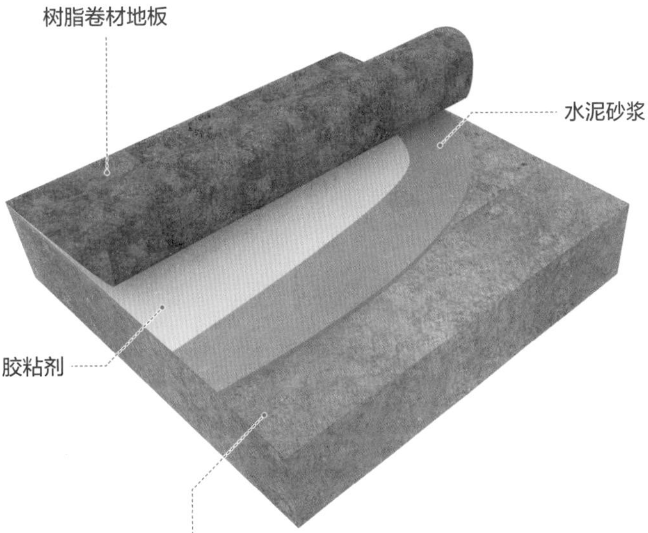

与树脂地砖相同，需要对地面基层进行找平处理。卷材接缝处（拼接部分）要利用接缝专用的接缝胶进行溶解接合

树脂卷材地板的施工示例

图中为多用于洗手间等处的树脂卷材地板。根据用途不同，选用不同性能的地板。在商铺和公共设施等人多的场所，使用耐磨性较高的地板，这种地板也被称为“重度步行使用地板”

2.5.11 墙的装饰面

当墙的装饰面基层为石膏板时，为在轻钢龙骨上固定板材，需将钉入的螺丝头以及连接部分贴的封墙布的上面涂上腻子找平。

当墙面为混凝土基层时，需要用界面剂（基层涂料）处理。装饰面层有涂料饰面、瓷砖饰面、壁纸饰面等种类。

涂料饰面的施工方法，根据材料不同分为铁抹子涂饰、喷涂涂饰、滚筒刷涂饰等。

墙基层的处理方法

将固定石膏板的螺丝头以及连接部分贴的封墙布的上面涂上腻子进行找平。根据墙壁的状态有时候会全面打腻子。表面的饰面等腻子全干之后再做

墙的装饰面层施工方法

● 涂抹饰面

● 喷涂饰面

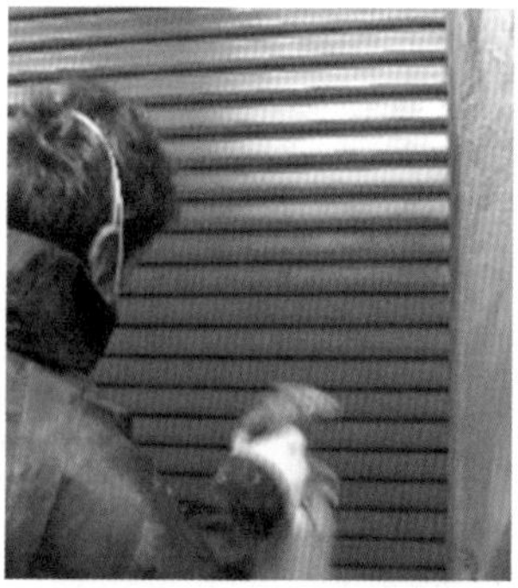

● 滚刷饰面

● 瓷砖饰面

● 壁纸饰面

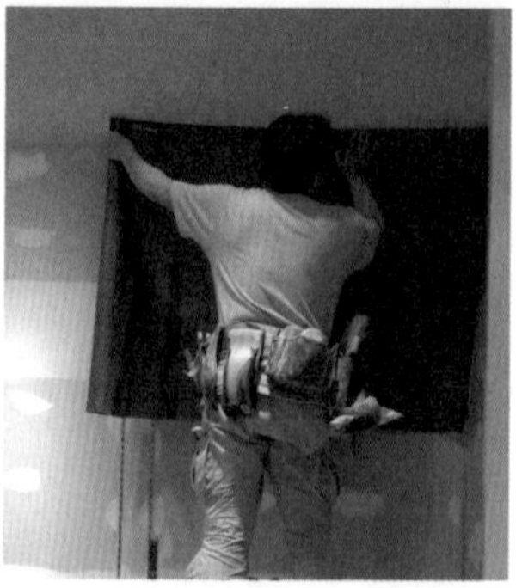

有使用灰浆和硅藻泥等涂料的涂抹饰面，也有使用喷枪的喷涂饰面，还有棕刷饰面、滚刷饰面、瓷砖饰面、壁纸饰面。根据不同饰面的特性及效果，可以有针对性地选择使用（图片提供：decorer）

2.5.12 顶棚的装饰面

有些顶棚的装饰面层使用与墙壁装饰相同的喷涂饰面或者壁纸饰面，也有张贴顶棚材料的情况。

木质吊顶有条板顶棚和栅格顶棚之分。栅格顶棚由杉树皮、桧树皮、竹皮等编制而成。

无机材质中有装饰石膏板制成的石膏吸声板、玻璃纤维板和硅酸钙板等。在基层上粘贴这些装饰板材进行施工。因为只需张贴，施工简便、维护方便，多使用在办公场所及商业空间中。

顶棚的装饰材料

● 条板顶棚

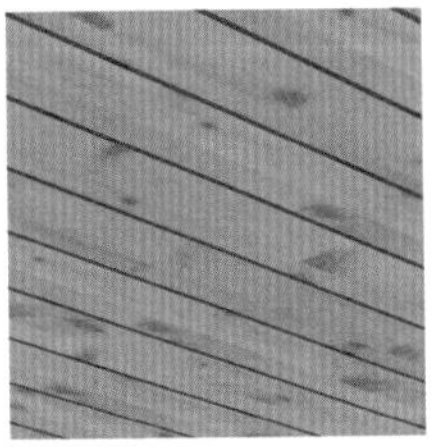

● 栅格顶棚

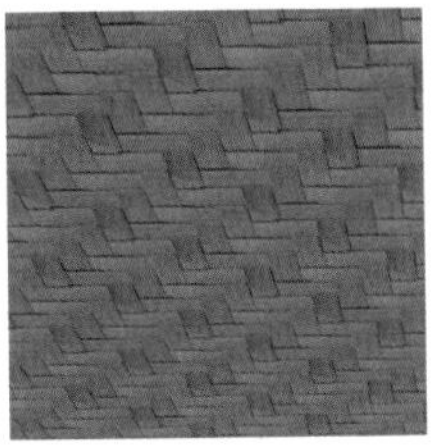

● 石膏吸声板

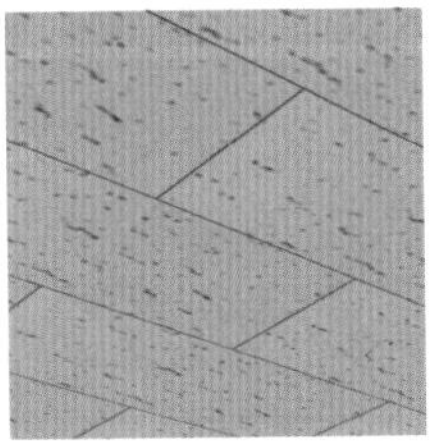

● 玻璃纤维板

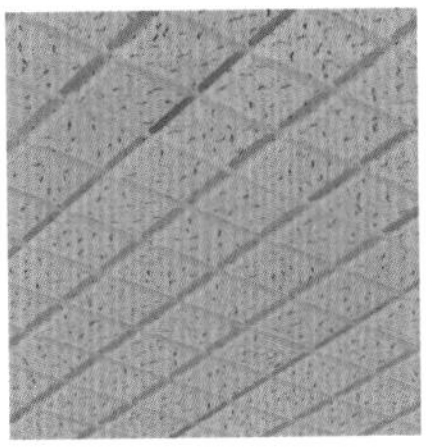

栅格顶棚有箭羽样式、方格样式、石材拼花等编织方法，用在茶室和日式房间壁龛的顶棚上。玻璃纤维板具有不燃性，并且吸声性能优越

专栏 室内的装饰元素：凹凸线脚

室内装饰材料中有一种是凹凸线脚。

凹凸线脚是用凹凸的棒状材料安装在顶棚的四周边缘或者踢脚线上，营造出具有高级感的室内装饰。顶棚周边叫作吊顶线，踢脚线叫作基板，门周边缘叫作门框线。

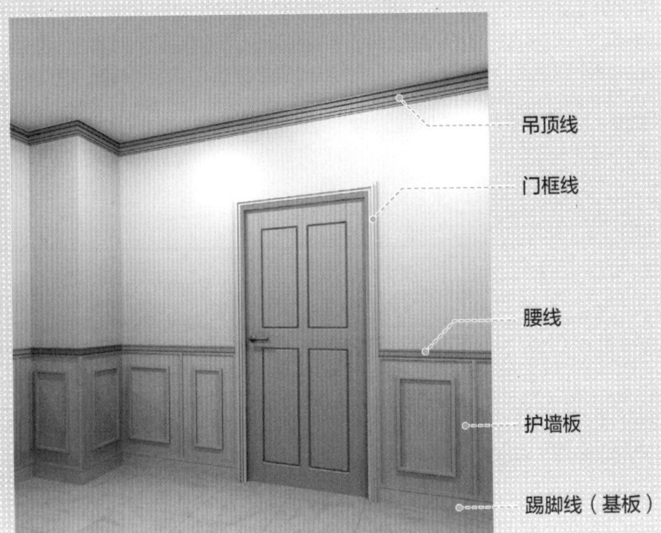

第2章

2.6 室内设计的材料

室内设计中会使用木材、金属、玻璃和树脂等各种各样的材料。材料除各自本身的特性之外，还有颜色、质感、温度、硬度等的差别，即使是同一种材料也会有不同。理解这一点，对我们在适当的地方选择适当的材料非常重要。

2.6.1 木材

天然的木材给人以温和感，在室内设计中被广泛应用。

木材有不易传热、保温性能优越、吸湿性好和易于加工等优点。

另外，木材干燥后容易发生断裂及变形，自然材料有无法做到均一化和无法量产以及易燃、易腐烂等缺点。

可选用的树木有很多种类，大体上分为针叶树和阔叶树。针叶树是常绿植物，叶子细且尖，枝干笔直。针叶树为软木，材质轻软，易加工。除作为构造材料外，还可以使用在室内设计材料、门窗上。

代表性针叶树的木纹及花色

柏木

白色系。用于建材和浴缸等。有强烈的芳香和特有的光泽，耐水性及耐候性能优越

杉木

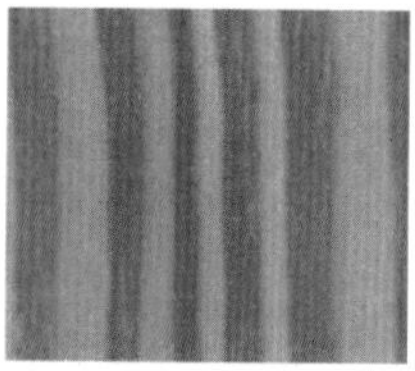

黄色系，有时带淡红褐色。常用于建材和家具。质较软，有香气，纹理直，易加工，耐腐力强，不受白蚁蛀食

白松木

白色系，适宜做家具。材质轻软，富有弹性，结构细致均匀，干燥性好，耐水、耐腐。优点在于加工、涂饰、着色胶结性好，与红松比较，白松强度高

红松木

红色系。常用于建筑和家具。材质较软细致，容易加工，纹理直，有香味，不易开裂，加工后不易变形，耐腐力强

代表性阔叶树的木纹及花色

椴树

白色系。用于家具和胶合板等。瑕疵少，表面平滑。加工性能好，但耐久性差

泡桐树

白色系。用于家具等。材质轻软，花纹美丽，瑕疵少，有防潮性

美洲梣木

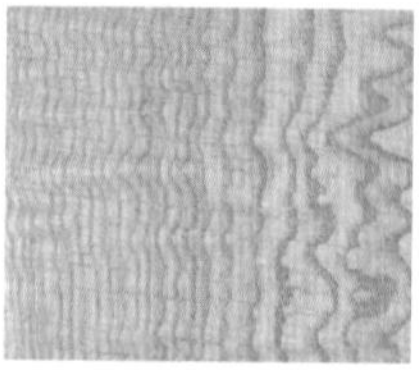

白色系。用于内装材料和家具等。易加工，抗冲击及磨损性能强。耐久性也很好

水曲柳

白色系。用于内装材料和家具等。硬度高，不易有裂痕。易于加工和表面涂饰

阔叶树以落叶树居多，枝叶横竖生长。木纹的形状和大小各式各样，富有变化，因此被广泛用于家具制作。阔叶树被叫作硬木，材质重且硬，强度高，不易有刮痕，也被使用在门窗和薄板材上。

室内设计中使用木材时，除了考虑木纹，也要考虑色调。木材有白色系、黄色系、红色系和黑色系等色调。即使是同一种木材，色调也有差别，随着持续使用，颜色会逐渐变深，并衍生出不同的变化。

● 枫木

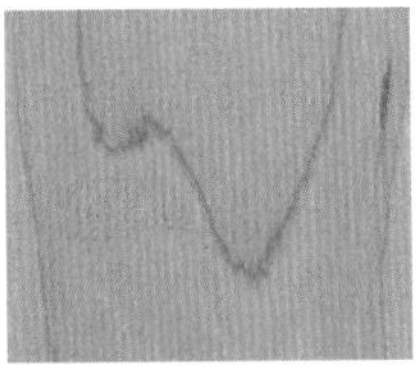

白色系。用于内装材料和家具。木质坚硬致密，不易加工。有美丽光泽的纹理

● 蓖麻木

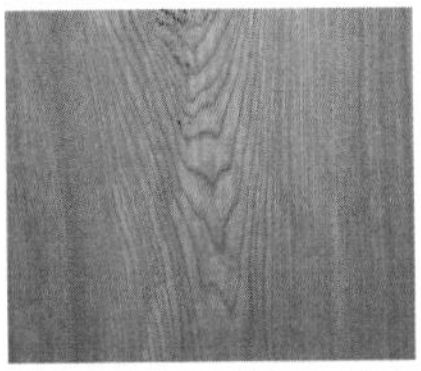

白色系。用于家具和胶合板等。木质柔软易加工。木纹类似榉树

● 山毛榉

白色系。用于带腿家具等。木质致密坚硬且木纹理美丽。韧性好，适合加工曲面形状

● 橡木

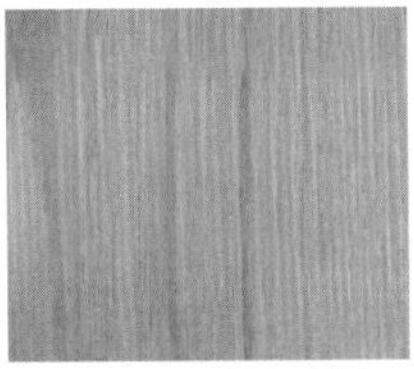

灰色系。用于地板材料及家具。材质厚重坚硬且易于加工。径切面有虎斑花纹

● 栎木

灰色系。用于内装材料和家具等。纹理粗硬，有一定的强度。适合加工曲面形状

● 胡桃

灰色系。用于内装材料和家具等。材质厚重坚硬，抗冲击性强。木质均匀，易加工和上色

● 榉木

黄色系。常用于室内造型材料和家具等。坚硬有光泽。木质均匀并且耐久性强

● 柚木

黄色系。常用于内装材料和家具等。耐久性好，易加工和涂饰

● 楠木

为建筑和家具等珍贵用材。 质坚硬，经久耐用，耐腐性能极好，带有特殊的香味，能避免虫蛀，弹性好，易加工

● 樱桃木

红色系。用于在内装材料和家具等。强度高，有色泽，涂饰美丽

● 榅楂

红色系。用于内装材料和家具等。材质厚重坚硬。木纹理美丽，打磨后有光泽

● 非洲红木

红色系。用于内装材料和家具等。材质厚重坚硬。耐磨损、防虫性好

● 紫檀

红色系。用于内装材料和家具等。色调独特，研磨后色泽美丽。材质坚硬，耐候性强

● 黑胡桃

黑色系。用于内装材料和家具等。拥有浓淡相间的美丽纹理

● 非洲崖豆木

黑色系。用于内装材料和家具等。有很高的装饰价值。强度高，且有较强的抗冲击性和可弯曲性

● 黑檀

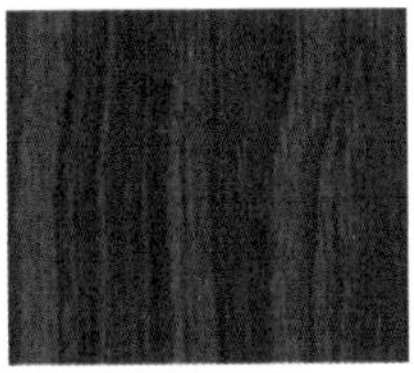

黑色系。用于家具和地板。木质致密、厚重坚硬、耐久性好

2.6.2 木材的构造和性质

树干外侧的保护层叫作树皮，中心部分叫作髓，树皮和髓之间由木质部分构成。将树木切断加工出来的材料就是木材。

垂直于树干的截面叫作横切面。沿年轮切线方向切断呈现木纹理的截面叫作弦切面。垂直于年轮切断的截面叫作径切面。

根据所需尺寸，对树木的弦切面或者径切面进行加工，叫作截取木料。

木材的弦切面和径切面，各自有不同的特征。弦切面有表里之分，靠近树皮的部分叫作表面，远离树皮叫作里面，需要考虑木纹理的美丽和翘曲程度分情况使用。

木材横切面的中心呈红色或黄色部分的叫作心材，心材和树皮之间的部分叫作边材。

因木材中含有水分，干燥时会收缩，会发生弯曲、翘曲、扭曲等变形。为了降低木材变形带来的影响，需要进行自然干燥或者人工干燥后再使用。另外还有防止板材变形的施工方法。

树木的结构

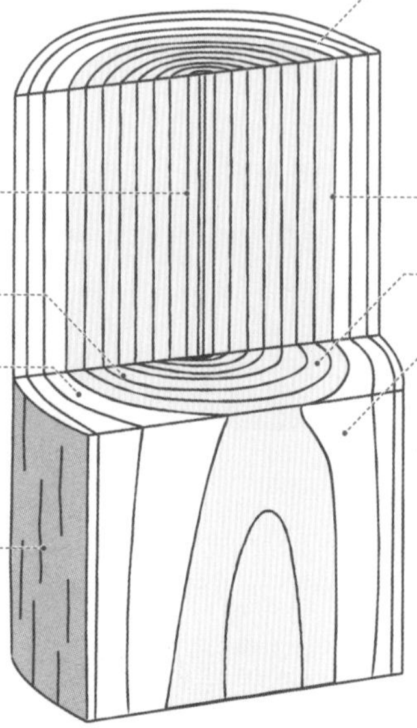

根据采伐方向的不同，木材切面可分为弦切面和径切面。其纹理性质等有所不同

弦切和径切取木料的方法

● 弦切截取

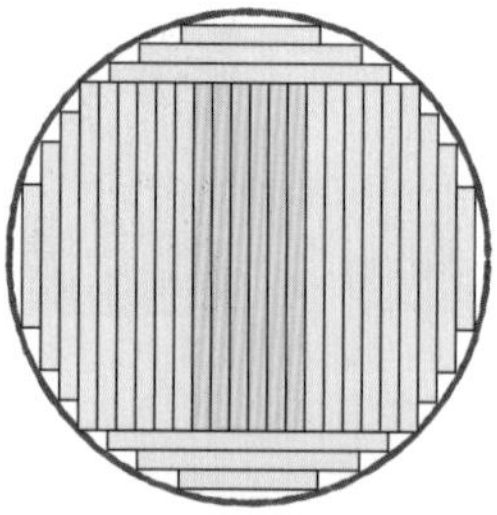

● 径切截取

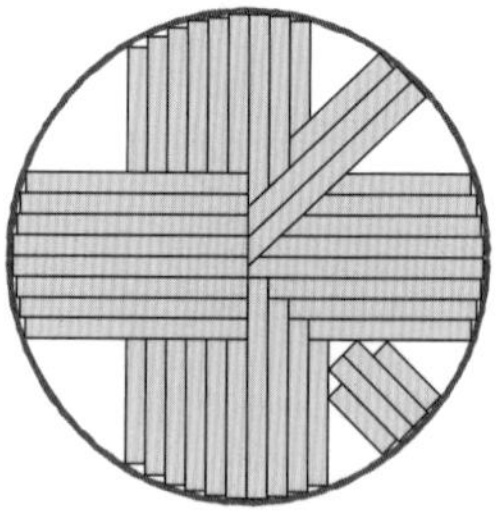

弦切材

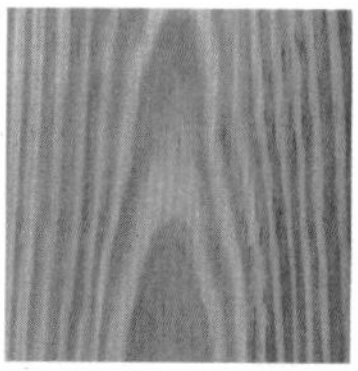

径切材

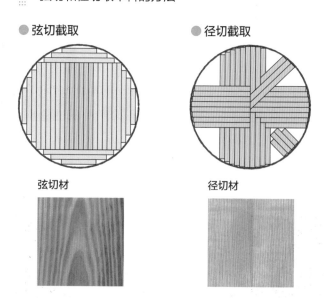

截取木料是从原木中尽可能不浪费地截取板材和木方（截面为正方形或长方形）。图中的绿色部分是弦切材，橙色部分是径切材。径切材形变较小，是很好的木材，但是可以从一块原木中截取的量很少

木表面和木里面

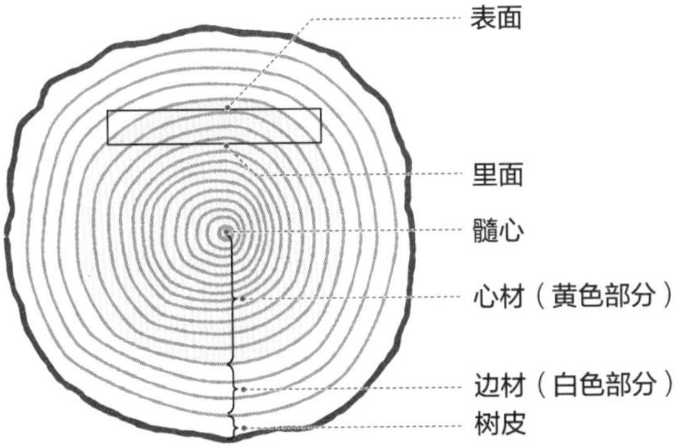

木表面的纹理比里面更美丽，更适合使用于表面材料。而为了充分发挥心材不易腐烂的特性，也有将木里面用在装饰面上的。心材水分含量少、坚硬，木质均匀。边材含水率高，干燥后易变形

干燥引起的木材变形

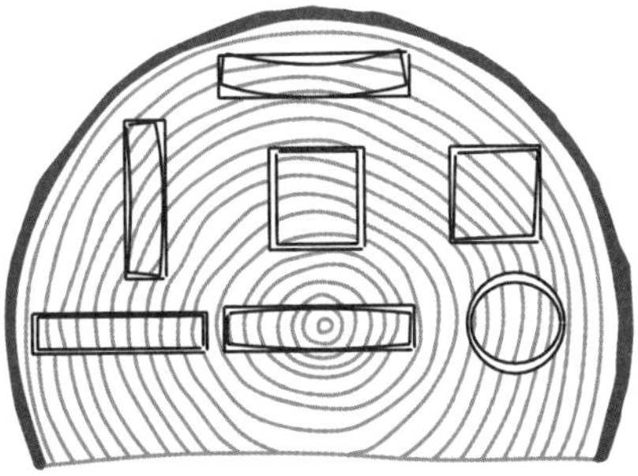

根据截取部分和截取的方法不同，木材干燥后的变形情况也不同。径切材是均一地收缩，因而形变小；弦切材的木表面一侧容易凹陷

木材面的变形

● 弯曲

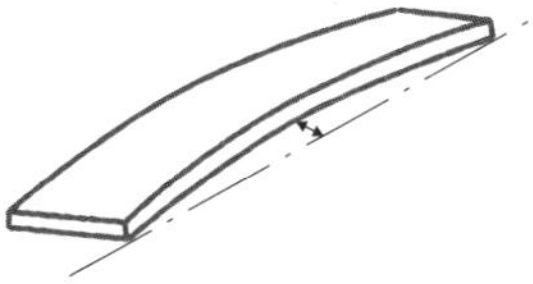

● 翘曲

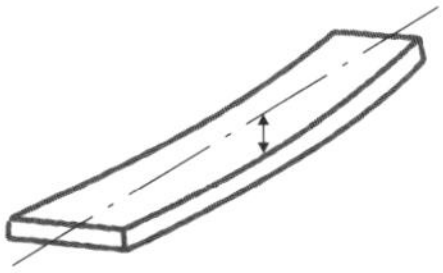

● 翘曲

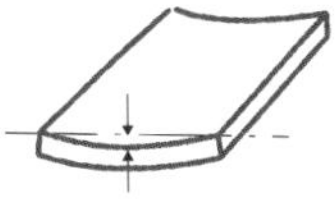

● 扭曲

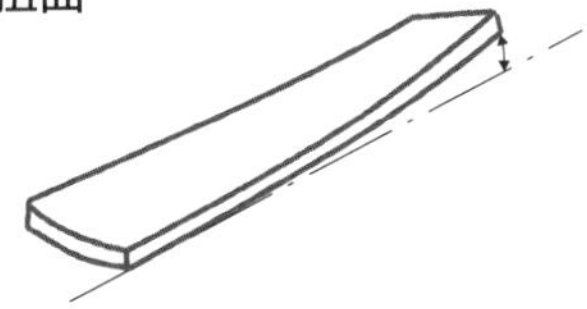

● 方块收缩

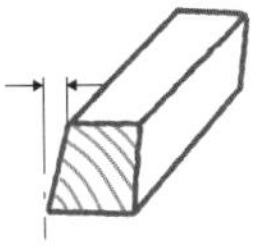

木材有干燥后会收缩的特性，因树干方向和部位的不同，收缩率也会有所不同，所以会产生各种各样的变形

防止变形的施工方法

● 连接板材

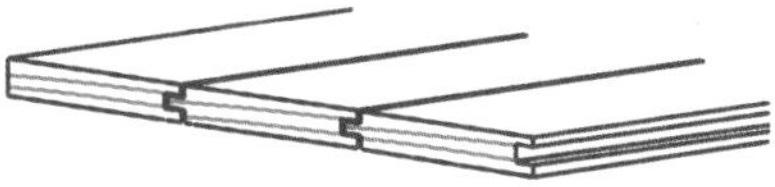

● 方向交错排列

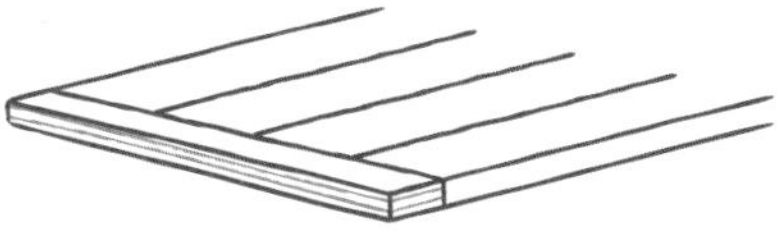

● 使用楔形防弯木条

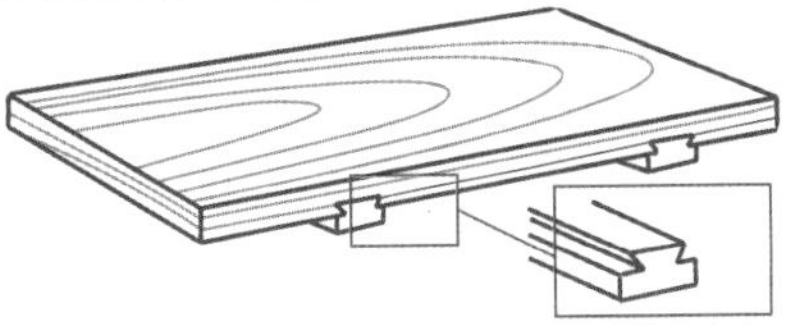

为了防止因干燥引起的变形，除了连接板材的方法，还有可防止翘曲和弯曲的方向交错排列的方法，以及使用楔形防弯木条等矫正材料的方法

2.6.3 加工木材及其种类

从一块原木中根据所需尺寸截取的木方或者板材称为“非人工合成木材”。这种木材保留了木材本来的质感和风格，干燥和吸湿会产生收缩和膨胀等变形。

另外，将薄单板、木方和木片等用胶粘剂粘在一起，胶合而成的板材叫作“加工木材”。这种板材不易变形且强度高，可以弥补非人工合成木材的缺点。

加工木材有胶合板、单板层积材（LVL）、集成木材、刨花板、纤维板等。

各种各样的加工木材

胶合板

将板材旋切成薄的切片单板，按照木质纤维方向互相直交，再用胶粘剂涂抹胶合而成的板。上图是截面

单板层积材（LVL）

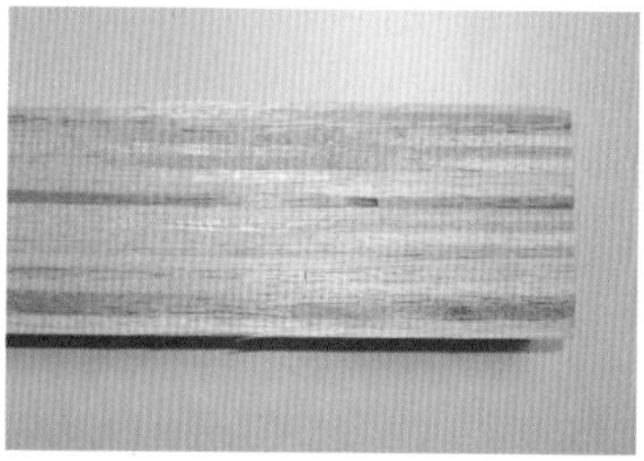

单板的纤维方向平行积层胶合，纵向的强度高。多用在家具的芯材和门框等处

集成木材

将小的木方等沿纤维方向平行排列，在长宽方向上集成胶合的木材。多使用在桌子的面板和吧台上

刨花板

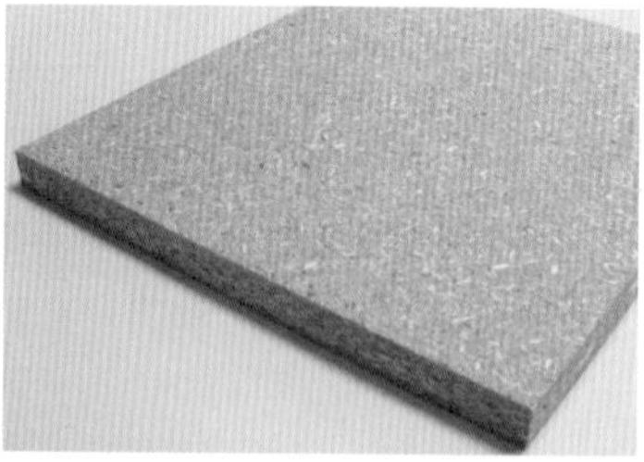

将木材粉碎成小木片，干燥后再用胶粘剂在热力和压力作用下胶合成型并研磨成板材。刨花板木质比较粗且内部含有空气，因此有良好的保温性和隔声性。除用作墙壁和地板基层以外，还可以在其表面张贴饰面板材，使用在家具等上面

纤维板

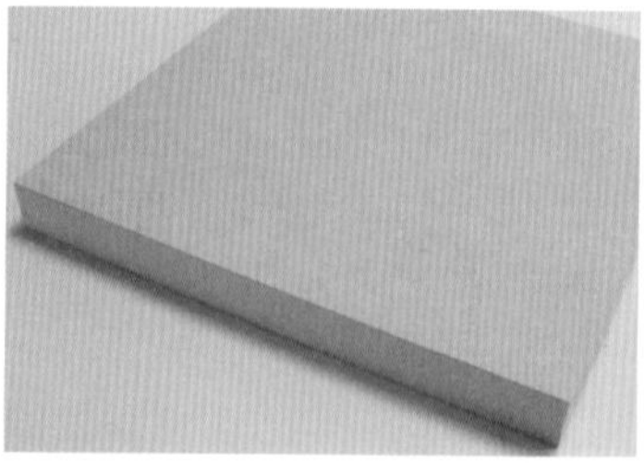

木质纤维成型的板材被称为“纤维板”。根据制造工艺及比重的不同，分为硬质纤维板、中密度纤维板、软质纤维板。比重较轻的中密度纤维板（如图）多用于制作家具

在胶合板的表面进行涂饰或贴上实木皮（薄切的天然板材），以此实施表面处理的板材叫作“贴面板材”。实木贴面板材品质均匀、形变少、无须喷涂，可以以较低成本实现天然木材的美观以及设计，因此主要使用在内装和家具的装饰材料上。

贴面板材有粘贴实木皮的实木贴面装饰板，也有张贴印有木纹理塑料的特殊加工贴面装饰板。这种加工材料会使用胶粘剂进行粘贴。胶粘剂中含有对人体有害的甲醛，在国家标准中对释放量有规定。

木质材料的甲醛释放量分为“F☆☆☆☆”至“F☆”几个等级。释放量最少的是“F☆☆☆☆”。从室内空气污染（建筑物相关因素对健康危害的总称）的角度出发，应该选择甲醛释放量少的材料。

贴面板材

贴面材料

实木贴面板材是将天然木切成薄片贴在单板等胶合板上

贴面材料的张贴方法

顺次粘贴

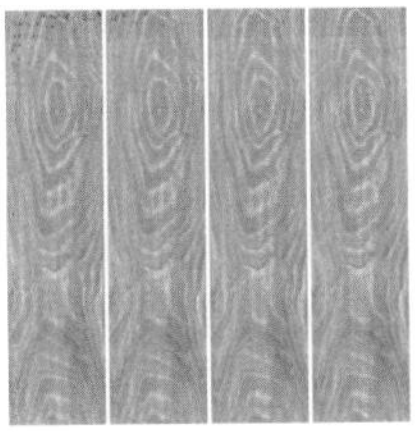

镜像粘贴

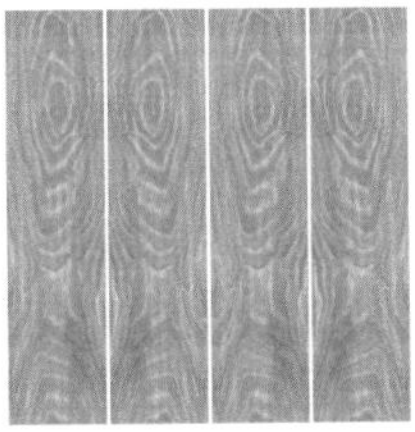

随机粘贴

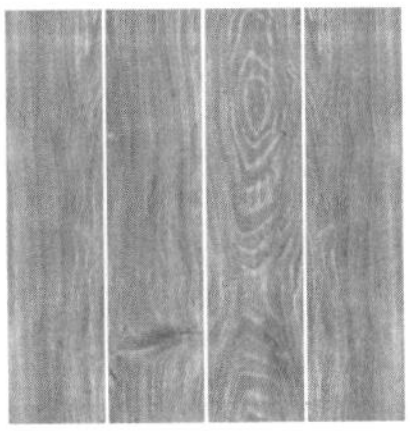

实木皮有各种各样的粘贴手法，其给人的印象各不相同。有代表性的张贴方法有顺次粘贴、镜像粘贴、随机粘贴等

特殊加工贴面板材的施工案例

吧台

展示道具

特殊加工贴面板材，是对天然木材以外的材料实施表面处理加工，用于吧台桌面和展示道具等。有将三聚氰胺和聚酯纤维树脂热压在板材表面的合成树脂贴面板材、在板材表面印刷图案或者木纹理的印刷贴面板材、使用各种涂料的彩色喷涂板材、将聚氯乙烯贴在板材上的聚氯乙烯塑料薄膜贴面板材、贴纸和布类的软质材料贴面板材等（图片提供：node）

2.6.4
金属

室内设计材料中使用的金属除了钢，还有不锈钢、铝和铜等。

金属材料一般具有强度高、弹性好、形状均一且易加工等特征。但是金属易氧化生锈，因此金属表面需要做防锈处理。

室内设计中使用的金属材料有截面为圆形或者方形的管材，也有截面为直角或者C形的长条型材，以及薄板、冲孔金属板等板材。

这些材料经过锻压加工、焊接、表面处理等工艺，可制作出内装材料和内装零件、家具及家具五金件等制品。

各种金属材料

管材

圆管

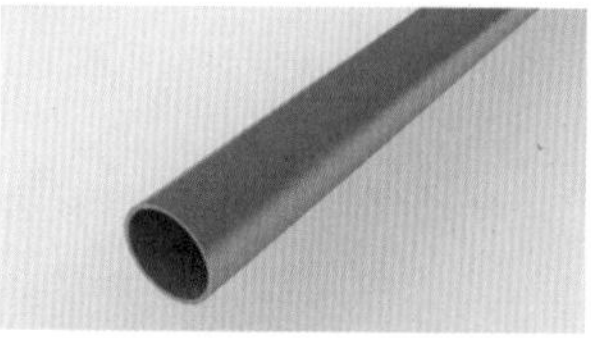

根据外形和厚度的不同，分为不同的种类。在室内设计中使用在家具和展示道具的框架、吊管架等上面

方管

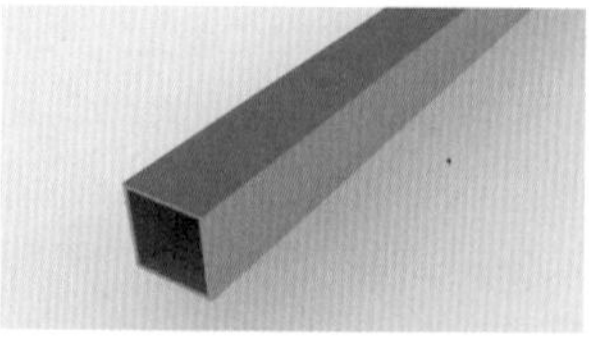

与圆管一样，使用在家具和展示道具等的框架上面

长条型材

薄板角材

没有进行弯曲加工的平板长条型材。使用于框架和分隔材料（装饰材料的接缝处使用的材料）处

角材

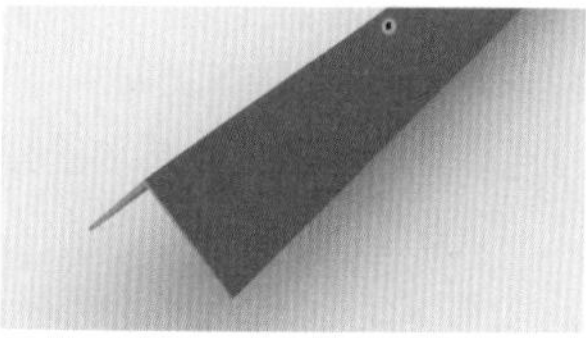

将平板型材弯曲加工成L形。除使用在框架和托架上之外，也用于转角处理、加固材料等

C形材

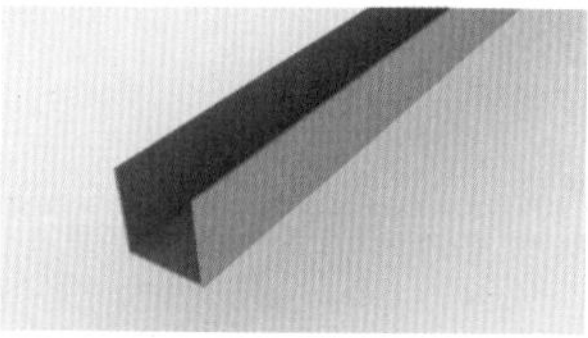

将平板型材弯曲加工成C形。使用于框架、滑轨、接缝、横切口处

板材

薄板

板状的金属。除直接张贴在表面外，也可以弯曲加工后使用

冲孔金属板

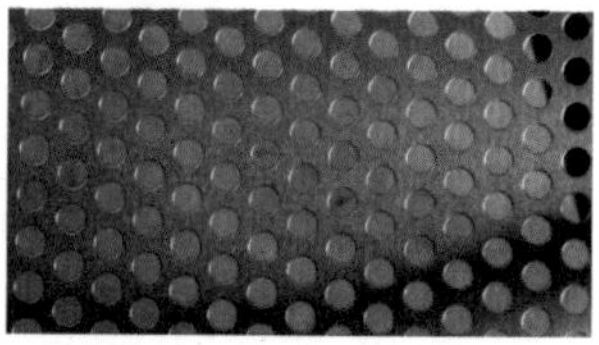

在金属板上面打孔。孔的形状、大小各式各样，具有透光和通风等特性

钢是由铁和碳构成的合金。根据含碳量不同，分为极软钢（用于表面材料等）、低碳钢（用于家具五金、构造材料）、高碳钢（用于制弹簧）等。含碳量越少，强度越低，越容易加工。

因为钢易生锈，所以表面需要进行烤蓝喷涂和电镀处理等加工。

一般烤蓝喷涂为三聚氰胺烤蓝喷涂，是将三聚氰胺树脂置于高温下使其硬化的喷涂方法，其硬度高、涂膜厚、不易产生刮痕，有良好的耐候性。

电镀处理是在表面制作金属皮膜，从而提高钢制品的耐腐蚀性和装饰性。有镀铬和镀金等不同种类。

不锈钢是在钢中添加铬和镍，具有很好的耐腐蚀性的特殊钢材。其中最具代表性的18-8不锈钢含有18%的铬和8%的镍，使用在厨房的台面、水槽和椅子的框架等地方。表面的处理方式有镜面处理、喷砂处理、直纹拉丝处理和乱纹拉丝处理等，不同方式赋予不锈钢表面不同的质感效果。

铝合金是质轻且加工性能好的合金，表面经过阳极处理可以提高其耐腐蚀性。

铝合金材料有冲压件和铸造件。冲压件是经过压延加工的材料，用于桌子的边缘及窗帘滑轨上，铸造件用在椅子的脚、扶手和桌子的底部等。

钢的表面加工

● 烤蓝喷涂

● 电镀处理

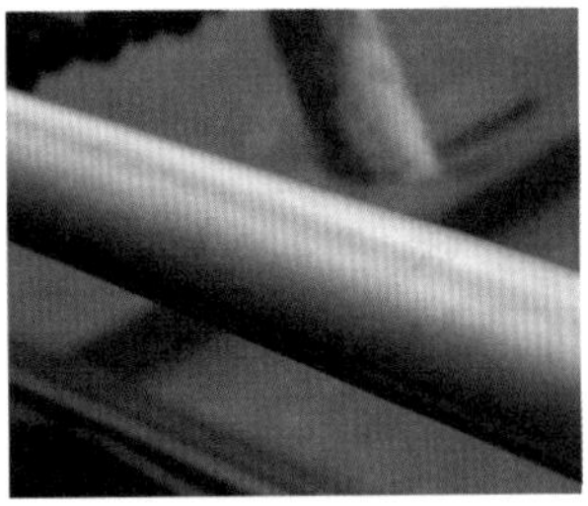

烤蓝喷涂除了可以用各种各样的颜色喷涂，还可以选择有无光泽。电镀处理具有较强的装饰性和耐腐蚀性

不锈钢的表面加工

● 镜面处理

像镜子一样平整，有光泽的表面处理。有高级感

● 直纹拉丝处理

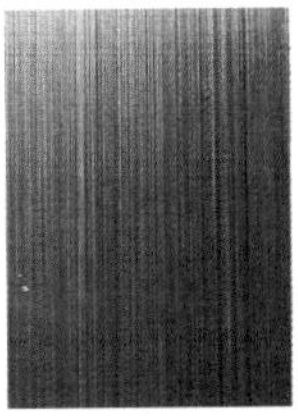

看起来像头发丝一样，研磨成长的、连续直线的表面。这是最普遍的加工方式

● 喷砂（冲击）处理

在表面喷上细小的金属和玻璃颗粒，形成有凸凹感的表面，给人以柔和的印象

● 乱纹拉丝处理

不是直线，而是向各个方向拉丝的饰面。有稳重而独特的风格

铝合金的冲压件和铸造件

● 窗框（冲压件）

● 桌子的底部（铸造件）

冲压件是对铝合金进行压延加工，可以做出复杂的截面形状。铸造件是将铝浇注到金属模具中使其凝固而成的材料

2.6.5 塑料

塑料具有轻质、结实、不导电、不漏水和卫生性良好等特点。由于具有着色性、透明性及易加工的特点，在室内设计中被广泛运用。

塑料的种类大致分为可经加热软化、冷却硬化的热塑性树脂和成型后不能再进行加热软化的热硬化性树脂。

室内设计材料中常用的热塑性树脂有聚氯乙烯树脂和聚甲基丙烯酸甲酯（亚克力）等，常用的热硬化性树脂有聚酯树脂和三聚氰胺－甲醛树脂等。

塑料制品的成型方法以注塑成型和挤压成型为主，还包括中空（吹气）成型、真空成型和压缩成型等方法。这些方法各具特色，根据制作的成品和部件的不同，采用不同的方法。

各种各样塑料的型材

热塑性树脂

聚氯乙烯树脂	俗称聚氯乙烯。价格便宜，具有耐热性、耐水性和耐磨性等特点。在室内设计中多用于沙发的合成皮革、壁纸、踢脚线和地面材料等
聚甲基丙烯酸甲酯（亚克力）	除着色性、抗老化性好以外，还具备可与玻璃相媲美的较高透明度。替代玻璃用在透镜等光学产品和照明器具上。在室内设计中除了被做成椅子、桌子等家具，也可使用在地毯纤维中
聚乙烯	碳氢合成树脂。多用于易成型的食品容器和包装用塑料膜，因此生产量较大。在家具中多用在抽屉滑轨和中空成型的椅子等
聚丙烯	与聚乙烯相比重量更轻，耐热性和防潮性也更优越。在室内设计中除了用于中空成型的椅子，也用于衣柜和地毯纤维中
ABS 树脂	除抗冲击性、耐热性、耐腐蚀性优越以外，还易加工且具光泽度，因而适合用于家具材料。常用在抽屉和椅子的构造、椅子和桌子旋转部位（连接部）的盖子、电器等
聚酰胺树脂（尼龙）	具有抗冲击性较强、耐磨性和耐腐蚀性高的特点，在润滑性方面也比较优越，因此除用在椅子腿的保护帽和小脚轮以外，也用在地毯纤维中
聚碳酸酯	耐热性高、抗冲击性强的透明树脂。作为安全玻璃的替代品常用在隔断、门窗和照明器具中

热固性树脂

聚氨酯	硬质发泡体多用于椅子的芯材和家具结构体上，而软质发泡体多用于床垫和椅子靠垫。也运用在高级家具用的涂料和合成皮革上
聚酯树脂	具有高强度、耐磨、耐热和弹性好等特征。除直接使用外，与玻璃纤维混合强化后的纤维增强复合材料，多用于浴缸、防水盘和椅子的结构体等。将贴面纸和胶合板粘在一起涂上聚酯树脂，利用胶膜覆盖使其硬化后的装饰胶合板（聚酯胶合板）常用于门和家具等
三聚氰胺－甲醛树脂	表面硬，耐热性、耐腐蚀性和防水性能优越。将印有颜色和花纹的贴面纸分别浸渍在三聚氰胺树脂、酚醛树脂中，多使用在表面装饰材料上。利用高温高压积层形成的三聚氰胺板具有很强的耐烧焦特点，因此在厨房灶台和家具中被广泛运用

着色后的亚克力板

各种加工后的聚酯树脂板

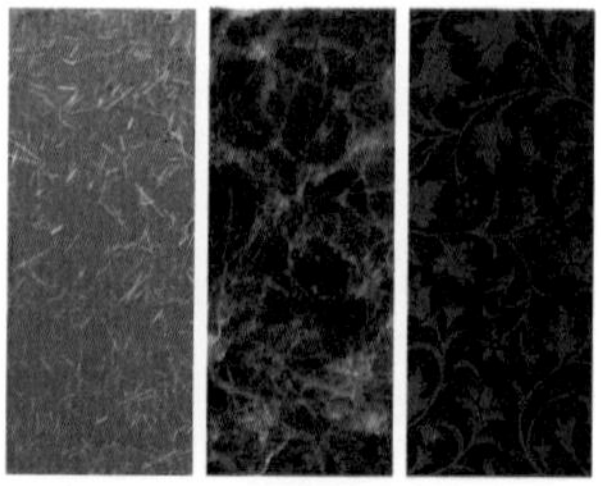
各种加工后的三聚氰胺板

塑料产品的成型方法

注塑成型

完成品实例

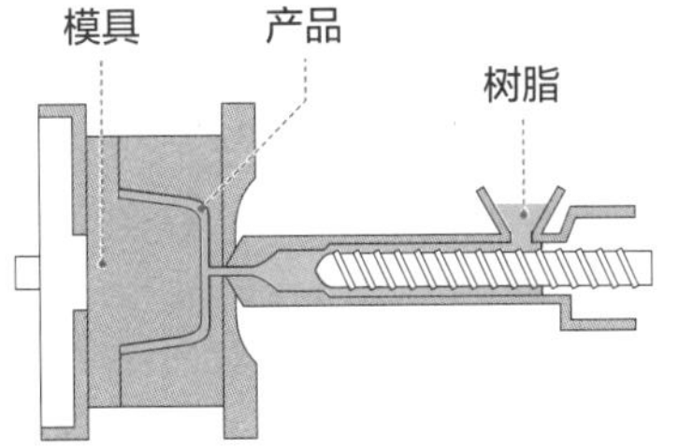

从注塑机向模具中注入熔融的树脂，将其压入成型的方法。多用于制造较小的物品

挤压成型

完成品实例

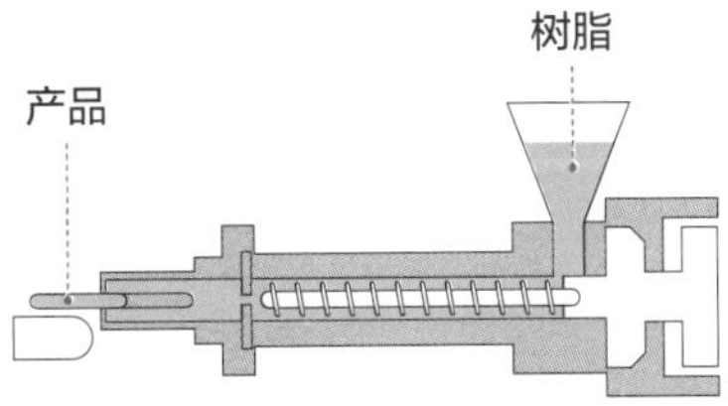

将熔融的树脂从模具连续挤出成型的方法。多用于软管和管道等的制作。一种模具只能制作出一种断面形状的产品

中空（吹气）成型

完成品实例

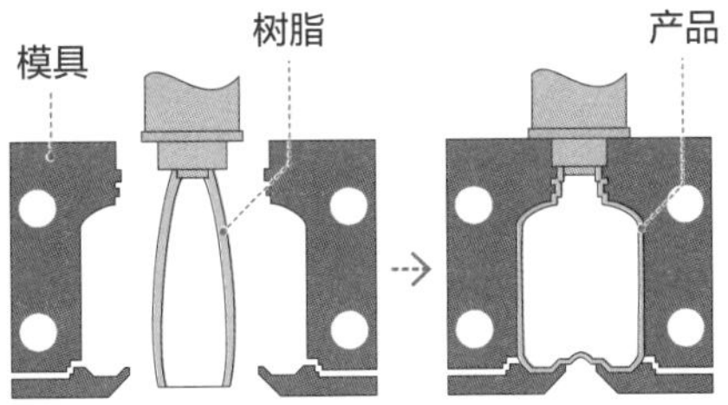

利用模具夹住，熔融的树脂从中吹入空气的成型方法。多用于椅子座面和塑料瓶的成型

真空成型

完成品实例

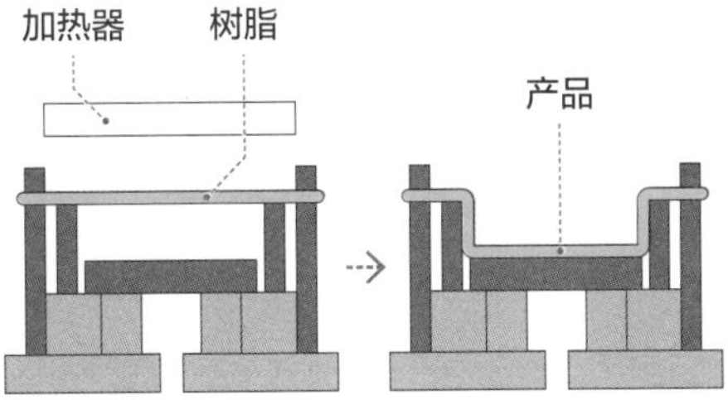

将膜状树脂加热，利用将空气抽出的方法使其吸附在模具上的成型方法。多用于照明器具的外罩和托盘等的成型

压缩成型

完成品实例

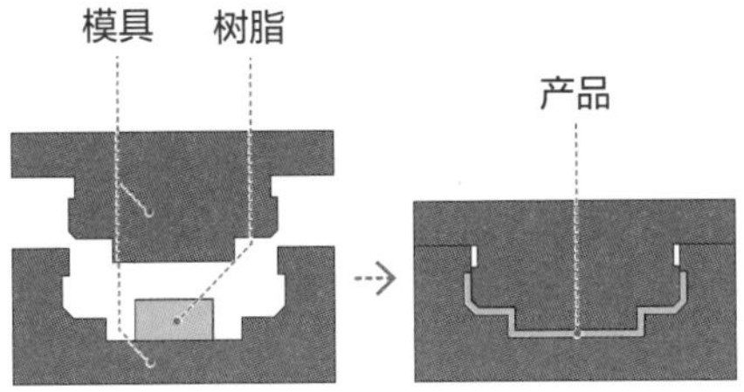

在模具中注入树脂，再加热压缩的成型方法。能够制作出立体的成型品。多用于盖子状、碗状、盘子状等产品的成型

2.6.6 玻璃

玻璃作为窗户和门等的部件而被广泛使用，同时也越来越多地作为室内设计和内部装修材料使用。

玻璃不仅有透明的样式，根据加工方法的不同，还有半透明、不透明和彩色等类别。另外，还有高强度、高保温性的玻璃，也可以制成带图案的装饰性较高的玻璃种类。

玻璃根据其形状分为平板玻璃、晶化玻璃和成型玻璃等，但在室内设计中大多使用的是平板玻璃。

平板玻璃以最常见的透明浮法玻璃为主，还有在玻璃表

各种玻璃（平板玻璃）

透明浮法玻璃

特征

普通玻璃。平面精度高、通透性好。通过两次加工赋予其多种功能和装饰性。根据厚度分为 2 mm、3 mm、4 mm、5 mm、6 mm、8 mm、10 mm、12 mm、15 mm、19 mm 等 10 个种类

用途

以窗户玻璃为主，还用于制作桌子台面、储藏架搁板、橱柜门等

压花玻璃

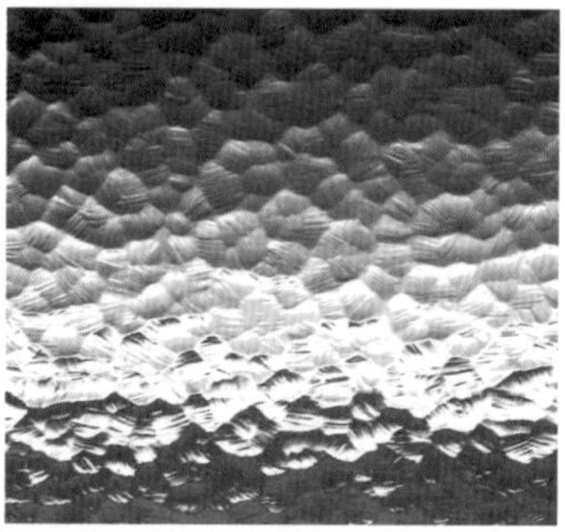

特征

表面一侧加工成不同形状的玻璃，可透光却能遮挡视线。根据厚度分为 2 mm、4 mm、6 mm 等不同种类，形状分为“香梨”（图片所示）和“银霞”等种类

用途

多用在玄关、浴室等需要遮挡视线的开口处和室内的隔墙等

夹丝玻璃

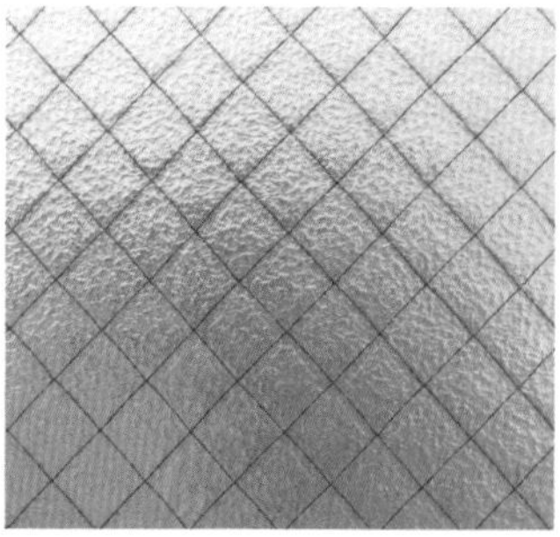

特征

为了提高强度和避免碎片散落，在玻璃中压入丝网（钢丝）的玻璃，分为透明款和压花款。丝网的图案有菱形和十字交叉形，厚度有 6.8 mm 和 10 mm 两种

用途

天窗等高处和防火门（防火设备）

红外线吸收／反射玻璃板

特征

通过吸收红外线及反射太阳光来提高室内制冷效率的玻璃。红外线吸收玻璃板是在玻璃中加入金属色来吸收红外线。红外线反射玻璃板则是在玻璃表面加入一层极薄的金属膜反射太阳光。颜色有蓝、灰、青铜色

用途

太阳光强烈或者总是有阳光射入的室内窗户等

面一侧制成图案花纹的压花玻璃和在玻璃内嵌入金属丝（钢丝）的夹丝玻璃等。

除此之外，还有在原材料的玻璃上加入金属并着色，能够吸收红外线并具有反射效果的红外线吸收 / 反射玻璃；利用两块玻璃夹住空气层来提高隔热性的双层玻璃（中空玻璃）和对玻璃板进行热处理以增加强度的具有钢化玻璃性能的玻璃。

磨砂玻璃是利用硫酸等将玻璃表面进行腐蚀制成图案，以达到装饰目的的玻璃。

双层玻璃（中空玻璃）

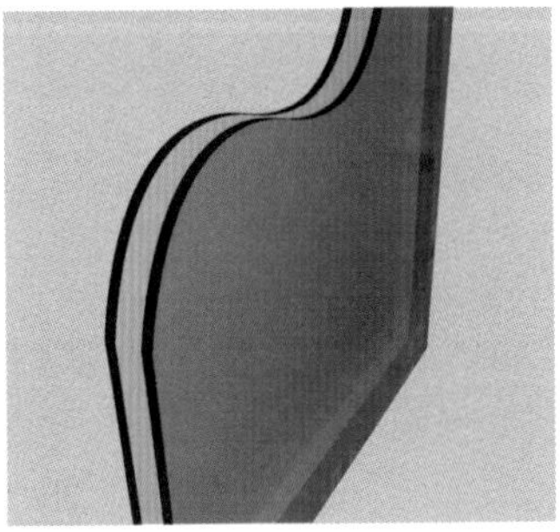

特征

利用金属部件垫片使两块玻璃之间形成薄薄的空气层，从而提高隔热性的玻璃。可以提高制冷供暖设备的效率，减少结露。还有增强隔热性、隔声性和防火性等性能的双层玻璃

用途

面向室外的室内窗户等

钢化玻璃

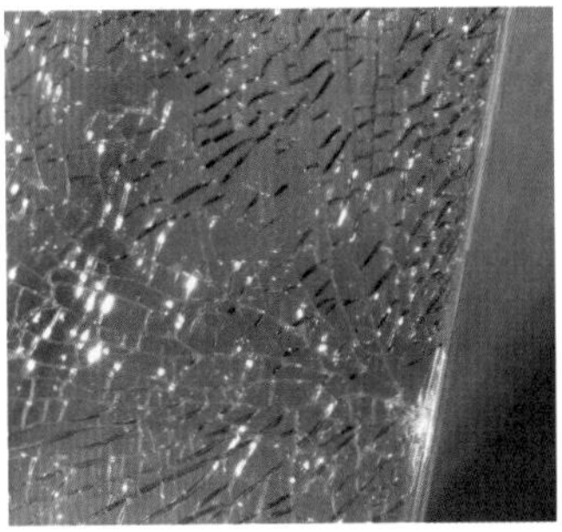

特征

将平板玻璃热处理加工后的玻璃。强度相当于相同厚度浮法玻璃的 3~5 倍。破裂后会碎成细小的玻璃碎片，因此能够减轻伤害

用途

窗户、玻璃台面、店铺的展示柜台和货架搁板等

磨砂玻璃

特征

表面带有图案的玻璃。利用硫酸等化学品将玻璃表面腐蚀形成图案。此外，还有采用在玻璃板上喷射压缩空气和研磨材料（沙子和铁粉）的侧面喷砂方法，将表面加工成浮雕状的立体雕刻形的玻璃

用途

店铺玄关的窗户等

玻璃砖

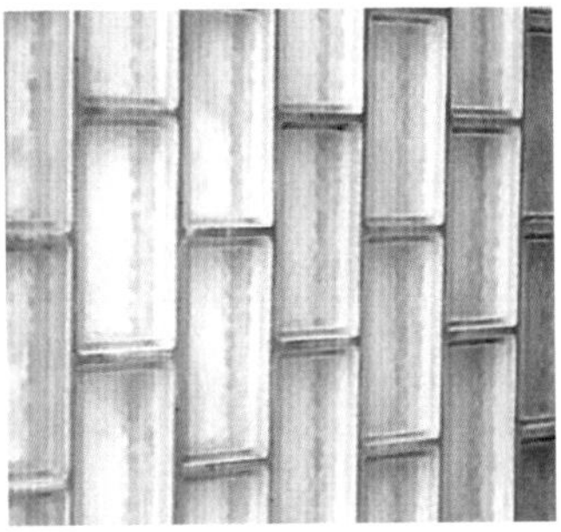

特征

由两个凹形玻璃压制成形的块状玻璃。隔声性、隔热性及防火性等较佳。用于需要采光的墙壁、顶棚及隔断等处，可以透过柔和均衡的光线

用途

地面、墙壁、顶棚等

2.6.7 瓷砖

用黏土等烧制而成的瓷砖具有耐候性、防火性、防水性及耐腐蚀性等优点，尺寸精度和品质较高，色彩和设计也比较丰富，是用途广泛的装饰材料。

使用在外部装饰、内部装饰和地面等处，由于不同瓷砖的性能和功能有所不同，因此选择与使用目的匹配的瓷砖也是非常重要的。

在住宅中，给水排水管道附近的厨房、卫生间室内大多使用瓷砖，为更好地展示空间效果，在客厅和卧室的墙壁上使用调节湿度和有除臭效果的瓷砖的情况也变得越来越多。

根据烧制温度的不同，瓷砖可分为瓷质砖、炻质砖和陶质砖等；按照烧制前表面是否涂釉还可分为有釉砖和无釉砖。

瓷砖的形状也种类繁多。室内设计中一般使用边长为100 mm的正方形瓷砖，除此之外还有100 mm×200 mm的长方形砖，以及边长分别为150 mm、200 mm和300 mm的正方形砖等类型。

一般称为“数字 + 正方形砖”的情况是包含其缝隙的尺寸。此外，根据张贴部位（平面或者转角）的不同，形状也不同。

各种瓷砖

瓷质砖

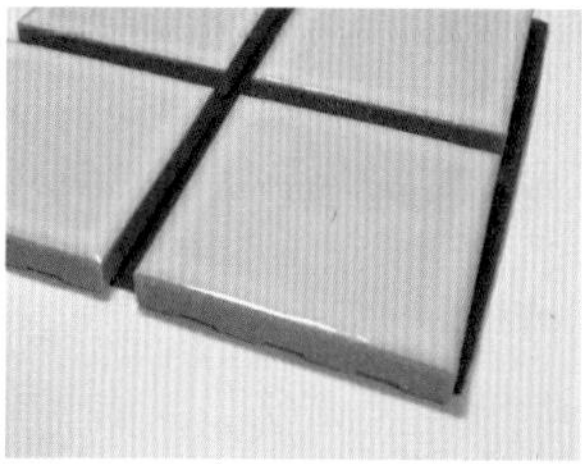

吸水率1%以下，透明、质硬，在防冻和耐磨损方面具有明显的优点。敲击后会发出金属般清脆的声音

炻质砖

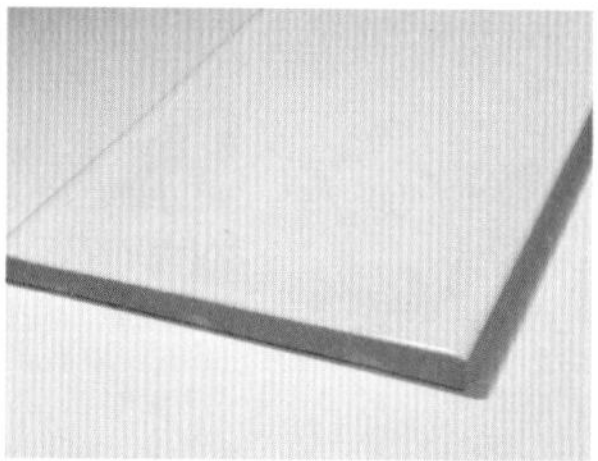

吸水率5%以下，没有瓷质砖的透明度，但在硬度上有优势（炻介于陶与瓷之间，多呈棕色、黄褐色或灰蓝色——译注）

陶质砖

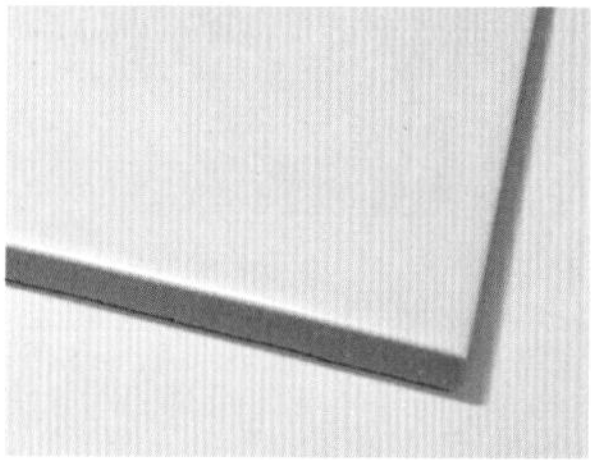

吸水率在22%以下，质地多孔，吸水率较高，比较厚重。敲击后会发出比较混沌的声音

根据张贴部位不同，瓷砖形状的区别

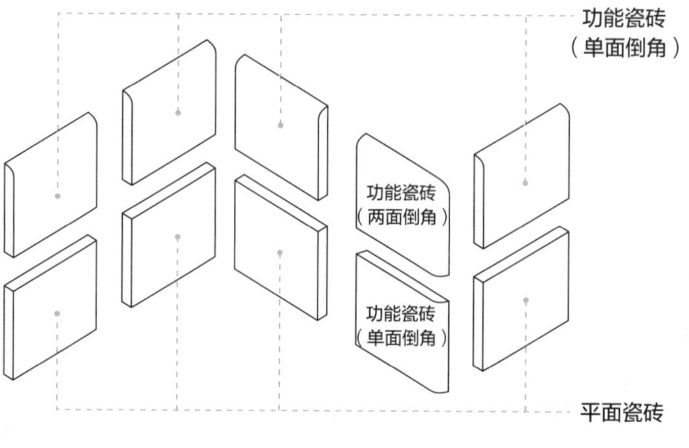

平面瓷砖是表面基本为平面的正方形或者长方形的瓷砖。主要张贴在平面的墙壁上。功能瓷砖是除平面瓷砖以外的具有特别形状的瓷砖的总称。用于开口部、角落及与其他装饰材料的衔接处。根据瓷砖倒角方法的不同，分为单面倒角和两面倒角，根据张贴部位的不同进行区分使用

瓷砖间的空隙称为缝隙，根据缝隙填充方法分类，以通缝和工字形缝为主，还有人字形缝、平缝、下沉缝及深缝等各种类别。

缝隙与填缝剂的作用是为了防止水浸入瓷砖背面，使瓷砖脱落和空鼓等。另外，还可以弥补瓷砖间细微的大小差别。

瓷砖缝隙种类（平面）

通缝

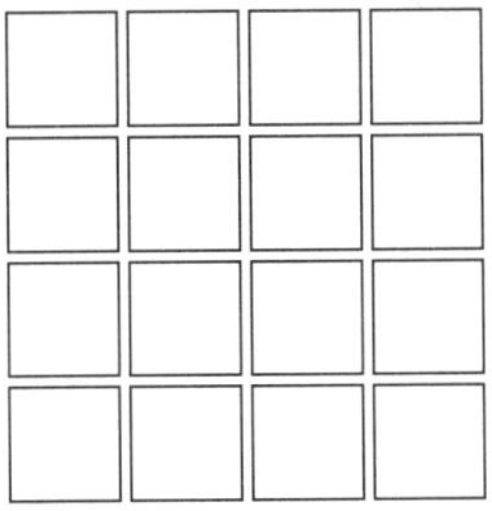

缝隙横纵相通的张贴方法。整齐排列，给人以稳定和规整感

工字形缝

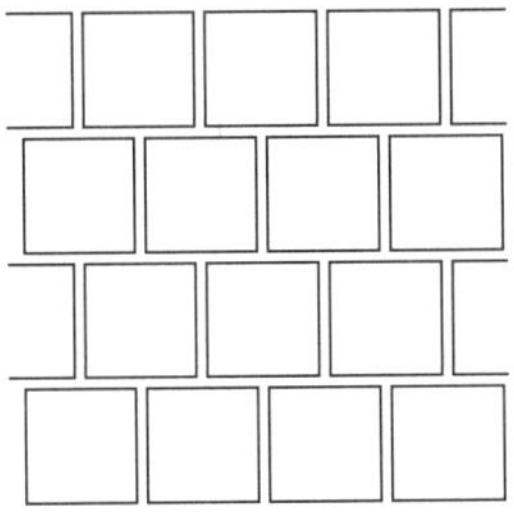

下面一行瓷砖的缝隙中心点对准上面一行瓷砖的中心点进行张贴的方法，也称马蹄缝。常用在砖块堆砌和步行街道的砖块等

人字形缝

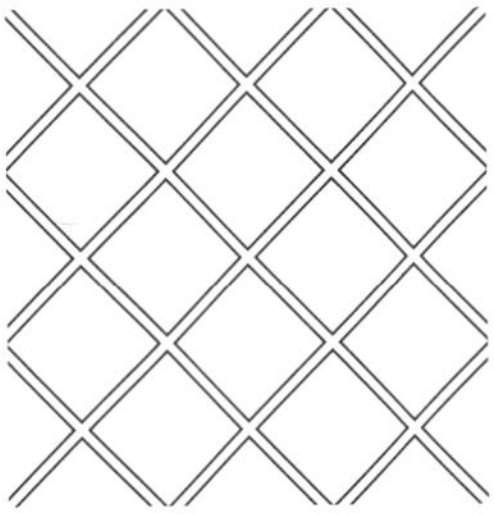

将通缝呈45° 角张贴的方法。装饰性较强，但边缘部的瓷砖需要进行切割，因此比较容易浪费材料

瓷砖缝隙种类（剖面）

平缝

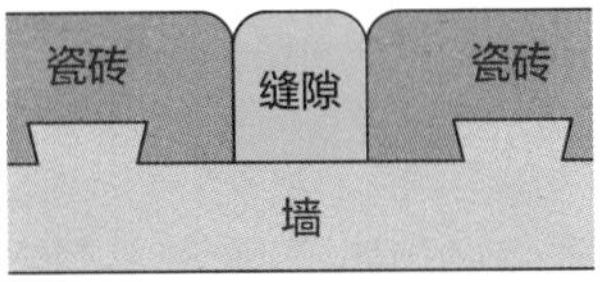

填缝的高度与瓷砖高度相同的填缝方法，是最普通的填缝方法

下沉缝

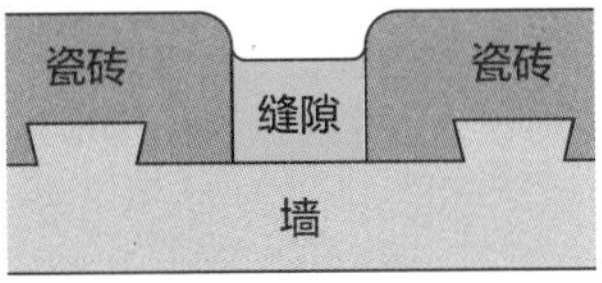

填缝的高度比瓷砖高度低的填缝方法，多用在外部装饰和地面装修上

深缝

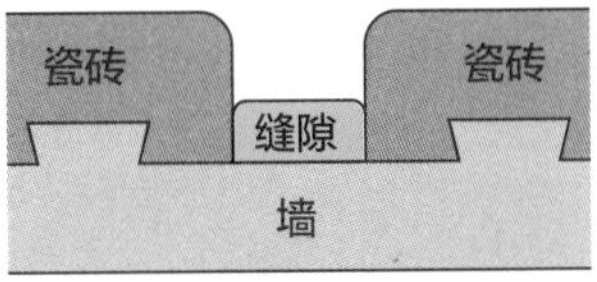

比下沉缝高度还要低的填缝方法，通过阴影使缝隙更加清晰

凸缝

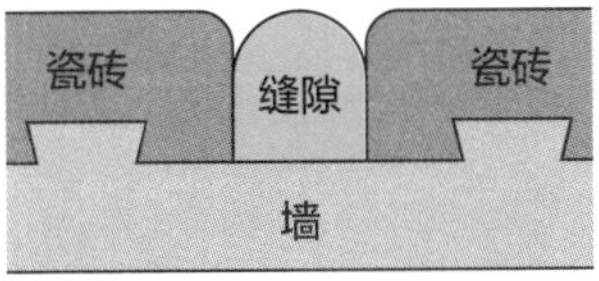

与瓷砖高度持平的圆滑膨胀鼓起的填缝方法，作为装饰性缝隙使用

凹缝

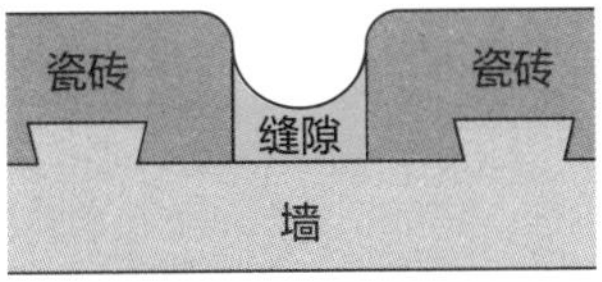

从瓷砖面向下凹陷的有弧度的填缝方法，在经常用水的空间作为隔水缝隙使用

无缝

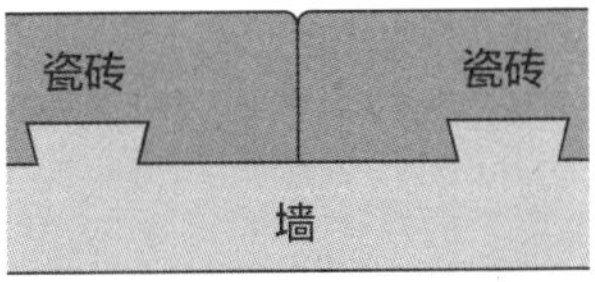

没有缝隙，使用在不展现缝隙的空间

2.6.8 石材

石材具备高级感、有格调的特点，是室内设计中能够表现出豪华感的一种材料。具有不易燃、耐久性能好等特点，在室内设计中常被用于墙材、板材、吧台、餐桌表面等。

石材分为天然石和人造石。天然石是自然形成的石头，是一种具备独特的光泽感和韵味的材料，但也有抗击性弱、沉重的特性。人造石是仿造天然石而人工打造的一种建筑材料，具有独特的质感。

天然石根据岩石的生长过程大致分为火成岩、沉积岩、变成岩，由于其物理特征、色调不同，所呈现出来的外观也各有不同。另外，通过打磨、切割等工艺形成的表面，即使是同一块石头也会呈现不一样的外观（参考第129页专栏）。

人造石分为大理石、花岗岩，以及和胶等混在一起提炼而成的水磨石、仿真石。人造石色彩及样式各异，能够表现出与天然石的外貌完全不同的质感。与天然石相比，是价格低廉且耐久性很好的材料。

在这里，为大家介绍一些具有代表性的石材。

石材种类

分类	根据形成分类		石材种类	代表石材名称	特征	用途	处理方法
天然石	火成岩	火山岩	安山岩	铁平石、小松石、白河石	细致结晶玻璃质 坚硬 色调较暗 耐磨耗性高	（板石）地面、墙、外装 （角石）围墙、基石	水磨、开裂
		深成岩	花岗岩（御影石）	稻田石、粉红麻、印度红、桃木石、津巴布韦黑	色调为白、黑、茶、红、粉色等 结晶较大 坚硬 耐磨耗性高 耐火性较低	内装和外装 通行频率高的地面、楼梯、桌面、甲板	水磨、抛光、开裂、火烧 麻面处理、平铺处理、剁斧面处理、颗粒面处理
	沉积岩		石灰岩	木纹石、西班牙米黄、皮埃特拉蓝	色调为米黄、米白等柔和性色调 柔软易加工 容易脏 对酸性较弱、不适宜室外	内装地面、墙	水磨、抛光、原剖面（刷洗面）
			砂岩	砂岩 （红砂岩、白砂岩、黄纹）	没有光泽 耐火性高、耐酸性强 易磨耗 吸水性强 容易脏	地面、墙、外装	粗磨、开裂
			凝灰岩	大谷石	软质轻量 耐火性高 耐久性低	内装的墙、炉子、仓库	麻面处理、锯齿面处理
			粘板岩	玄昌石	可剥掉层状 深灰色表面的细致波纹状肌理 吸水性差 耐候性高	屋檐、墙、地面	水磨、开裂
	变成岩		大理石	意大利卡拉拉白、秘鲁石、意大利旧米黄、西班牙珊瑚红、卢纳银灰、斑马色	丰富的颜色和样式 平滑的质感和光泽 坚硬细腻 耐久性适中 耐酸性较弱、不适宜室外	内装地面、墙 桌面、甲板	水磨、抛光
			蛇纹岩		类似于大理石 打磨后呈黑、深绿、白色样式	内装地面、墙	水磨、抛光
人造石	水磨岩		种石－大理石／花岗岩		耐久性高 易入手 耐酸性和耐热性较弱	内装地面、墙	水磨、抛光
	拟石		种石－大理石／花岗岩		造型自由度高	地面、墙	麻面处理

代表性的天然石

火成岩（岩浆冷却凝固物）

火山岩

铁平石

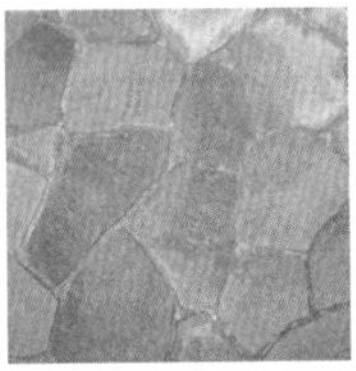

小松石

白河石

火山岩是地表附近的岩浆急速冷却的凝固物。代表石材为安山岩

深成岩

稻田岩

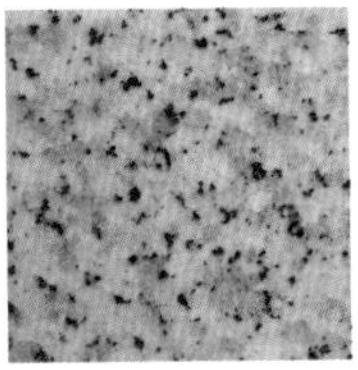

粉红麻

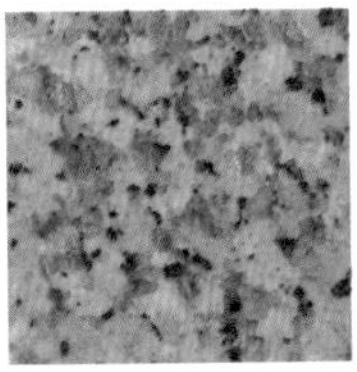

印度红

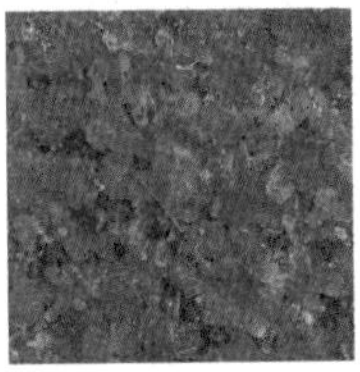

桃木石

津巴布韦黑

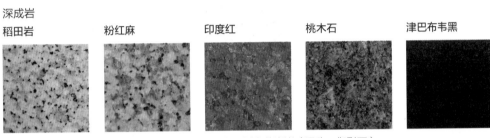

深成岩是地下深处的岩浆缓慢冷却的凝固物。代表石材为花岗岩（通称：御影石）

沉积岩（海底、湖底、地表等沉积凝固的产物，如砂石、泥、生物残骸等）

石灰岩

木纹石

西班牙米黄

皮埃特拉蓝

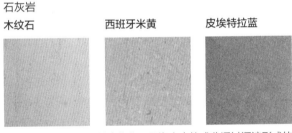

石灰岩是含有碳酸钙的生物化石及海水中的成分通过沉淀形成的

凝灰岩

大谷石

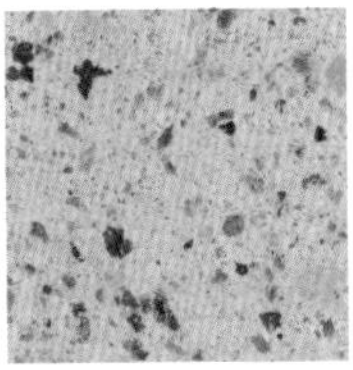

凝灰岩是火山喷发物沉积于水中或陆地后的凝固物

砂岩

红砂岩

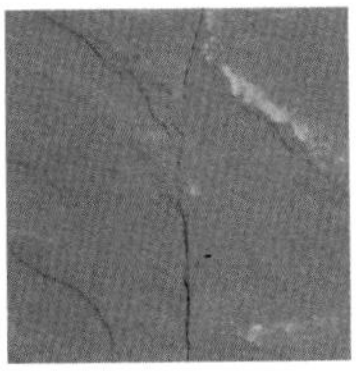

白砂岩

黄纹

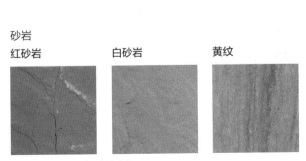

砂岩是砂砾沉积凝固的产物

粘板岩

玄昌石

粘板岩是硬质细腻的泥浆形成的层状沉积物

变成岩（火成岩、沉积岩在热或压力作用下，矿物质或组织发生变化形成的其他岩石）

大理石

意大利卡拉拉白

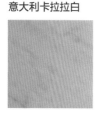

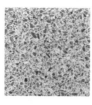

秘鲁石

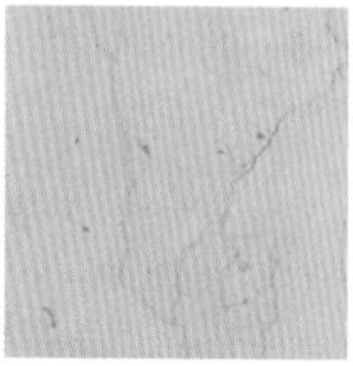

意大利旧米黄

西班牙珊瑚红

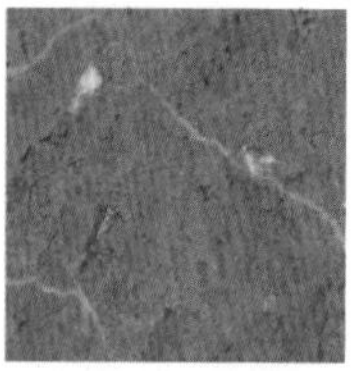

卢纳银灰

斑马色

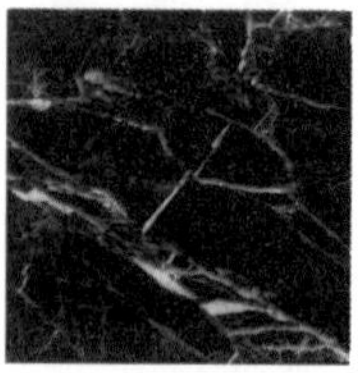

天然大理石和人造大理石的区别

天然大理石是地壳中原有的岩石经过地壳内高温高压作用形成的变质岩。属于中硬石材，主要由方解石、石灰石、蛇纹石和白云石组成。

人造大理石是用天然大理石或花岗岩的碎石为填充料，用水泥、石膏和不饱和聚酯树脂为胶凝材料，经搅拌成型、研磨和抛光后制成，所以人造大理石有许多天然大理石的特性。

蛇纹岩

蛇纹岩是由甘蓝石和辉石与水反应而形成的

典型的人造石

水磨石（将大理石和花岗岩粉碎后，用水泥或树脂固定，即水泥型人造大理石）

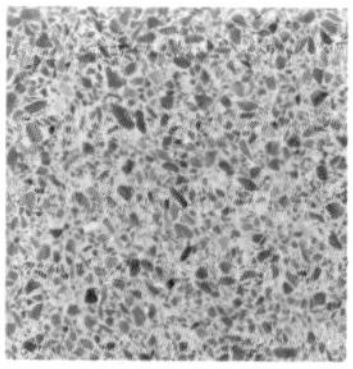

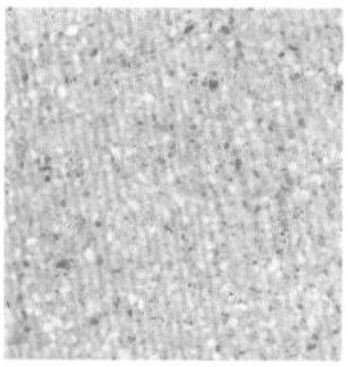
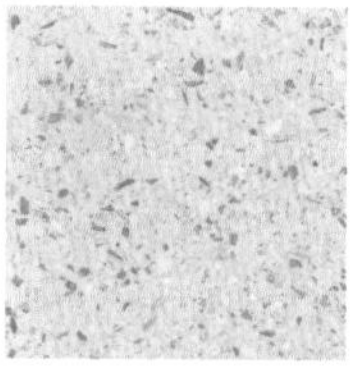

在加固用灰浆层上，将大理石或花岗岩的碎石颗粒、颜料、水泥等混合的混凝土重叠、硬化后，表面经过研磨剖光而成。水磨石瓷砖是在工厂将石板状的物材进行水磨石模块、形成规格尺寸

专栏

石材表面处理

相同石材经过磨光、附着不同的表面处理，会呈现很大变化。根据使用场所和用途的不同，可以选择不同的表面处理方法。在这里介绍具有代表性的5种处理方法（石材种类：非洲黑）和经过特殊加工的处理方法。

磨面处理

将表面粗糙的砾石逐渐研磨成细小砾石的磨面处理。根据研磨程度，按粗磨、水磨、抛光的顺序，使肌理细腻，成品具有光泽

火烧处理

在石材表面撒上冷却水后，用专用气枪喷烧，形成表面凹凸的结晶

开裂处理

使石材自然开裂的处理，特点是呈现石材的自然状态

平铺处理

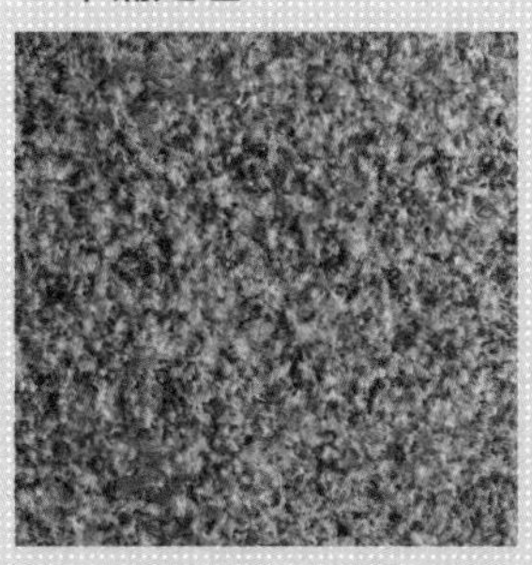

用金字塔形的刀具在平滑的表面进行敲打

磨面处理

在平铺处理的基础上，再敲出尖端、刻出细致的平行线纹理

磨砂表面处理

将石材表面粗略剥取加工，形成开裂缝。这种处理方法可使石材呈现独特鲜明的颜色，局部更加光亮

2.6.9 涂饰

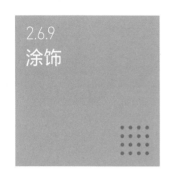

在地面、墙壁、顶棚、家具和器具等上面使用涂料装饰叫作涂饰。涂饰有两个目的，一是保护涂饰面，二是通过色彩和光泽来美化涂饰面。

涂料根据原料成分大致分为天然涂料和合成树脂涂料。

天然涂料是提取植物成分制成的无毒涂料，包括生漆、腰果树漆、柿漆和油蜡等。

合成树脂涂料是比天然涂料在耐候性、施工性上更具优势的人工涂料，包括丙烯系乳胶漆、聚氯乙烯树脂磁漆、油性着色剂、清漆和聚氨酯树脂磁漆等。

除此之外，还需根据透明、不透明、有无光泽等条件，地面、墙壁和顶棚等内部涂饰及家具和器具等涂饰使用目的的不同，木材、金属及树脂等涂饰材料的不同来选择合适的涂料。

涂料的成分

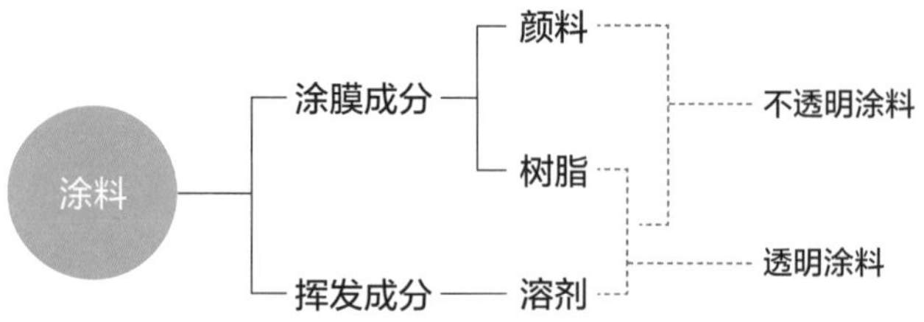

涂料是将颜料与树脂溶解在液态溶剂中，包含颜料的是不透明涂料，不包含颜料的是透明涂料

涂料的种类

天然涂料

生漆	以漆树的树液为主要成分。主要用于高级家具和美术工艺品。具有涂膜较硬、耐碱耐油、有光泽和装饰美观的优点。但是，在常温多湿环境下不易干燥，还有使用不便、耐候性较差、保养费时和容易引起皮肤炎症等缺点
腰果树漆	具有与生漆相似的性质，但比生漆使用更便利，也不会引起皮肤炎症。多用于内装和大型家具的涂饰。没有生漆的硬度和光泽，但能在短时间内干燥，因此便于施工。与生漆一样耐候性较差

合成树脂涂料

内部装饰涂饰用	**丙烯系乳胶漆（AEP）**	耐候性、保色性及耐水性较好，色调丰富，适合用于浴室和厨房
	水性乳胶涂料（EP）	与丙烯系乳胶漆相比耐水性和耐碱性稍弱，但不含有机溶剂，因此是安全无毒的涂料。价格便宜，种类繁多，常用于室内墙壁和顶棚等
	聚氯乙烯树脂磁漆（VE）	耐水性、防霉性较好，用于浴室、厨房、地下室的墙壁及顶棚等。耐碱性较强，也适用于砂浆基层等的墙壁和顶棚
透明涂料	**油性着色剂（OS）**	作为可以还原木材原有颜色及纹理的装饰材料使用。用石蜡或者清漆做表面处理完成涂饰，但耐水、耐污性不佳，且容易产生斑点
	抛光油剂（OF）	能够还原木材原有的自然柔和特征，涂饰层较薄，是没有光泽的装饰材料
	聚氨酯清漆（UC）	涂膜较硬，耐水、耐磨损性较强，耐候性较好，不易变色。使用在木质地板、书架和柜台上，也能作为木材保护上色涂料和油性着色剂的面漆来使用
	清漆（LC）	耐热性、耐腐蚀性较差，呈透明状，能充分还原木材原有的颜色和纹理。适用于实木家具和木质材料的涂饰

↓接下页

不透明涂料	油性涂料（OP）	一般也称油漆，操作便利且能够较厚涂饰。耐候性较好，却有不易干燥（需24小时以上）、有黏性、有气味残留的缺点。室内外均可使用，主要用于室外涂饰
	合成树脂调和涂料（SOP）	一般称为喷漆。是比油性材料更易干、具有光泽的涂料。干燥后涂膜较硬，不能随木材伸缩，经过一段时间后会发生裂纹和剥落。价格便宜，但使用周期短
	亮面漆（LE）	涂抹较薄、饰面柔和的涂料。与其他涂料相比，具有速干的优点，便于施工，但耐磨损性、耐腐蚀性、耐候性较差。能溶于信那水（稀释剂），使用时要注意
	聚氨酯树脂磁漆（UE）	具有耐候性、耐水性、耐碱性强等优点，能够在外墙、内墙、木材和金属等各种区域和材质上使用。还有相应的防藻、防霉的类型

在涂饰工程中按照施工工序分为底漆（密封胶和底漆）、中间层漆和面漆。按照施工工法分为笔刷涂饰、滚刷涂饰、喷涂和电泳涂漆等。按照装饰性分为透明漆、装饰漆、抛光漆和防腐漆等，根据表现手法的不同而区分使用。

对实木的涂饰分为突显木纹和遮盖木纹的涂饰方法。即使木纹材料相同，不同的涂饰方法也会展现出不同的风格。

在涂饰方法上还有透明漆、染色漆和亮面漆等。

不同的涂饰方法呈现的装饰效果

涂饰前的木材

涂饰前的木纹理

● 抛光涂饰

亚光的装饰。利用透明的涂料来强调木纹，营造温和的装饰风格

● 染色漆涂饰

渗透到木质内部的着色涂料，能够使木纹更加生动。完成后要涂饰清漆

● 亮面漆涂饰

能够展现美丽的光泽和涂膜性能的涂饰方法，可以反复涂饰。不会出现原有板材的木纹

第2章

2.7 室内设计的相关法规

室内设计的相关法规，以建筑物的构造和安全性为主，有与住宅和室内设计产品等的品质、安全性相关的，还有与销售、合同相关的各种法规。进行室内设计时必须严格遵守这些法规。随着原有法规不断地修正、修订以及新法规的制定，也要掌握最新的法规内容。

2.7.1 建筑基准法

日本《建筑基准法》以确保建筑物的安全性为目的，是关于建筑物基地、构造、设备及用途等必须遵守的最低限度的法律。

《建筑基准法》中的技术标准分为日本全国范围内适用的单体建筑规定和根据城市规划法所制定的仅适用于该城市规划区域的整体规定，室内设计的相关法规相当于独立规定。

在《建筑基准法》中，与室内设计最相关的是内装限制。通过提高内装的防火性，以实现建造防止火灾发生、防

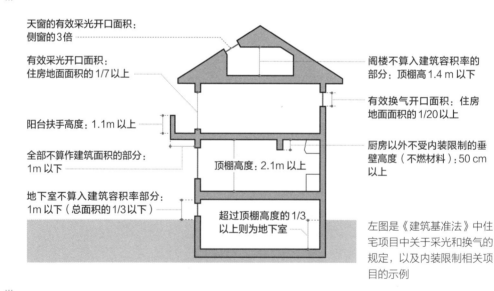

《建筑基准法》规定项目示例

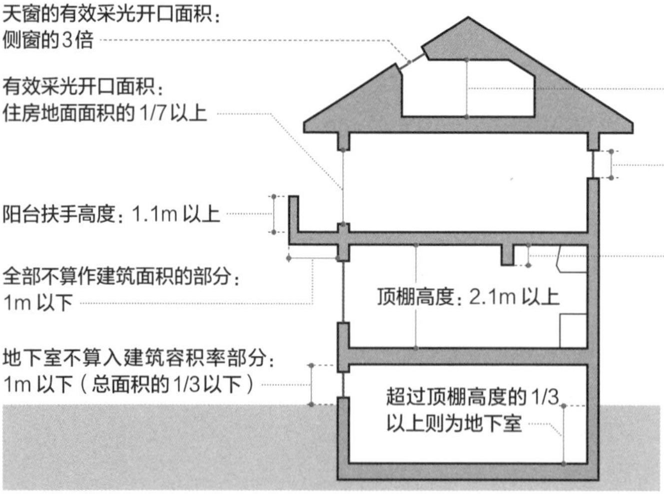

左图是《建筑基准法》中住宅项目中关于采光和换气的规定，以及内装限制相关项目的示例

《建筑基准法》中的单体建筑规定和整体规定

单体建筑规定	关于建筑物安全及卫生的规定。有关基地的安全、卫生，建筑物的构造、耐力、防灾、防火，居室的采光、换气、顶棚高度、楼梯、建筑设备等的规定
整体规定	关于市区的居住和产业活动的规定。有关环境保护、提高便利性、从确保火灾安全角度出发的功能区域、防火区域、限高、建筑容积率、建筑密度、道路与基地的关系等的规定

止火势蔓延及防止有害烟雾扩散等能够安全避难的建筑物的目的。

内装限制在建筑物的用途、规模、构造及其他方面也有详细的规定，住宅和商业设施对以上相关限制的要求也不同。

要达到内装限制的要求，需在墙壁和顶棚部分采用不易燃的内装材料。

规定使用的内部装饰材料，按照其燃烧性能等级分为不燃材料、半不燃材料、难燃材料。这些材料在发生一般火灾的情况下，在一定时间内不会燃烧，不会因形变发生损伤，不会产生有毒气体，是日本国土交通省指定或受到厚生劳动省认定的材料。

独栋住宅中，有内装限制的是需要用火的厨房的墙壁和顶棚。同时，在半耐火结构的钢结构建筑或者木造建筑中，使用火的房间要设置在顶层以外的楼层。

例如，厨房的墙壁和顶棚需要使用半不燃材料进行装饰。另外，如果厨房与餐厅、客厅相连，那么这些连续的空间都要成为内装限制对象。

当然，这些规定也有可商量的余地，如果在用火房间与其他房间中间设有垂壁，那么内装限制的对象就只是用火的房间了。同时，在独栋住宅中，火源炉灶周围的设施如果满足限制条件的话，也可以作为内装限制的缓和对象。

室内设计限制——餐厅、厨房示例

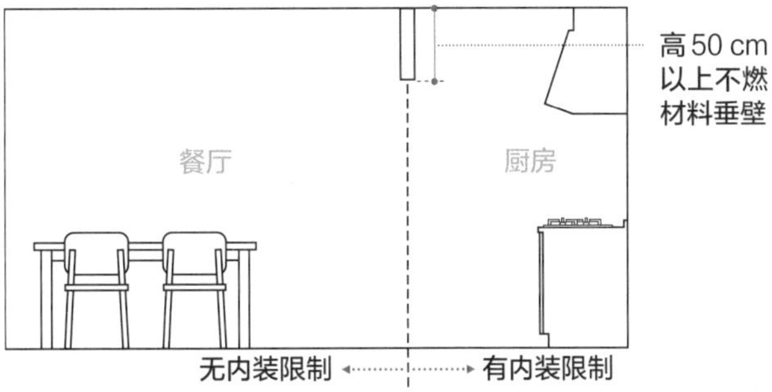

如果没有设置不燃材料的垂壁，那么餐厅厨房整体将全部成为内装限制对象。在独栋住宅中也有部分缓和的规定

不燃材料、半不燃材料和难燃材料

分类	耐久时间规定	材料
不燃材料	加热开始后20分钟内不会燃烧	混凝土、砖、瓦、陶瓷质瓷砖、石棉瓦、纤维强化水泥板、玻璃纤维水泥板（厚度3 mm以上）、纤维硅酸钙木板（厚度5 mm以上）、钢铁、铝合金、金属板、玻璃、水泥砂浆、石头、石英板（厚度12 mm以上）、石棉、玻璃棉等
半不燃材料	加热开始后10分钟内不会燃烧	石膏板（厚度9 mm以上）、木丝水泥板（厚度15 mm以上）、硬质碎木水泥板（厚度9 mm以上，容积比重0.9以上）、碎木水泥板（厚度30 mm以上，容积比重0.5以上）等~
难燃材料	加热开始后5分钟内不会燃烧	半不燃材料与难燃胶合板（厚度5.5 mm以上）、石膏板（厚度7 mm以上）等

独栋住宅用火房间的内装限制缓和情况

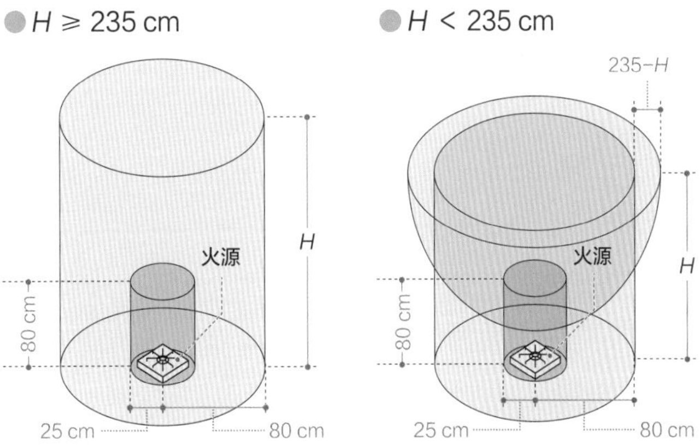

H 是炉灶加热部位中心点到顶棚的距离。炉灶火源只限于使用1个4.2kW以下烹饪专用炉灶。深橙色部位的内装和基层都需要使用不燃材料。浅橙色部分的内装和基层都需要使用特定的半不燃材料或者符合标准的不燃材料

2.7.2 消防法

防火规定和防火物品

窗帘和地毯等日用器具类，防火规定中要求使用超过所定标准的防火物品。防火物品上需有防火标识

日本《消防法》是为了预防、警戒、扑灭火灾，保护生命财产和人身安全，减轻地震等灾害带来的损害为目的所制定的法律。

与室内设计相关的规定有：对窗帘和地毯等防灾对象进行规范，在卧室、儿童房和楼梯上必须安装火灾警报器，以及厨房等空间内的用火设备、防火设备和灭火设备的使用、设置等。

还有关于商业设施需要设置排烟设备、自动喷淋灭火设备和应急照明灯等方面的规定。

用火设备的位置和设置的规定示例

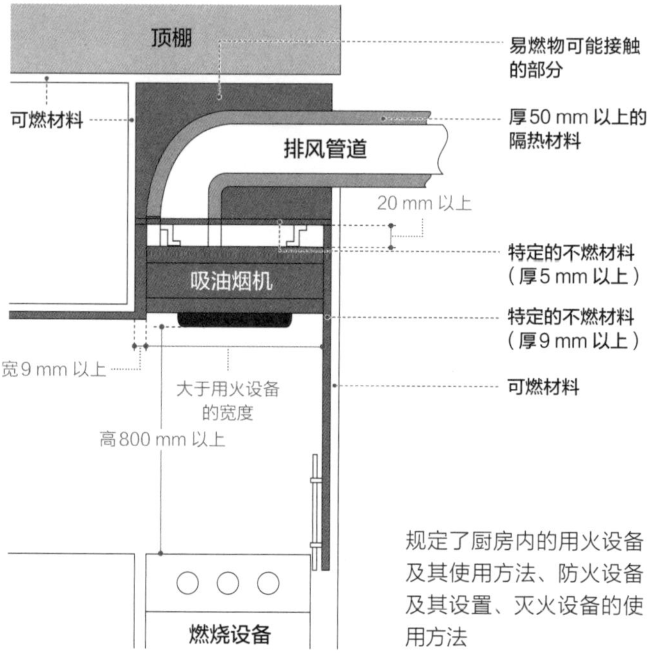

规定了厨房内的用火设备及其使用方法、防火设备及其设置、灭火设备的使用方法

商业空间中必须安装的防火设备

排烟设备	将建筑发生火灾时产生的烟强制排出的设备。有自然排烟和机械排烟两种类型。机械排烟由排气阀、排烟管道和排烟口构成。根据排烟对象的面积大小，在顶棚设置高50cm以上的垂壁（防烟垂壁）划分防烟区
自动喷淋灭火设备	给水加压以飞沫的形式从喷嘴洒出的装置。在防火对象的顶棚里面设置网格状的配管，按规定间隔设置自动喷淋灭火设备的喷头。发生火灾的时候可以自动喷水灭火

除上述设备以外，还需要设置自动火灾报警设备、应急照明设备、避难引导灯设备、紧急用广播设备等。大型商业空间中，排烟设备和自动喷淋灭火设备的喷头设置完成后，各商铺在进行店铺施工、设置陈列架和隔墙等室内装修时，可能发生妨碍防烟和洒水的情况，因此在设计阶段就要考虑完善

在商业空间中，日本《建筑基准法》除规定商业空间相关内装限制之外，还规定了防火分区。

防火分区指的是建筑物内部发生火灾时，为了将火灾有效地控制在一定范围内，防止火势扩大，利用地面和墙、防火设施（防火门）进行分区。

其中除了按一定面积分区的“面积分区”，还有按挑空、楼梯、电梯、自动扶梯、管道井等对建筑物的垂直方向进行分区的“垂直防火分区”，以及按照建筑物内不同功能分区的“功能用途分区”。

除此之外，还有排烟设备和依据消防法规设置的喷淋设备、紧急用设备（紧急照明、避难路线）等。

防火门和防烟垂壁等形成的分区可在火灾时阻隔烟的扩散，排烟设备指的是在各分区内设置的设备。自动喷淋灭火设备是从自动喷淋设备中洒水以自动灭火的设备，按照一定的间隔设置。

在进行室内设计时，要注意不能妨碍各个设备的功能。

商业空间的排烟设备设置示例

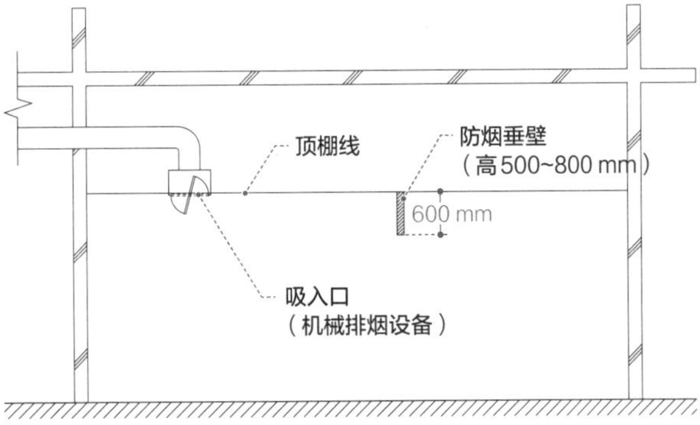

排烟设备设置在防火门和防烟垂壁划分的各分区内

商业空间的自动喷淋设备设置示例

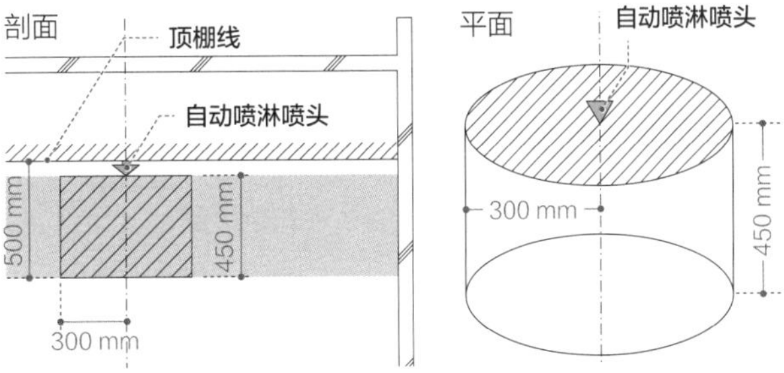

为了防止自动喷淋设备洒水受阻，对禁止设置物体的范围进行了规定。剖面中的灰色部分代表在此范围内不可以设置和摆放任何物体。斜线部分表示在法规上不可以设置和摆放任何物体的范围。平面中的斜线部分指的是不可以在自动喷淋喷头周边设置或者摆放任何物体

商业空间内部避难路线示例

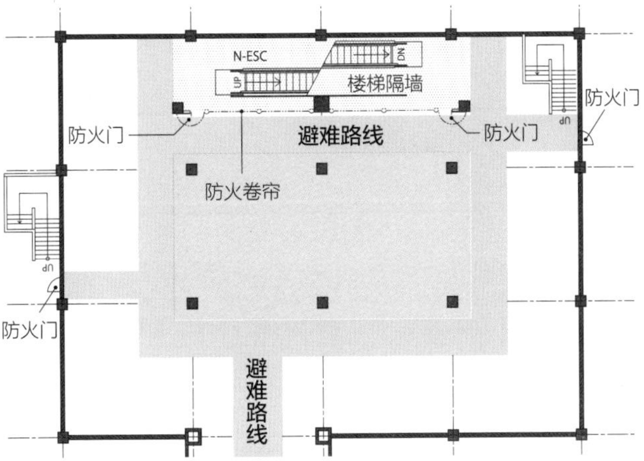

为了不阻碍避难路线，商场内的卖场和商品必须合理布局

2.7.3 消费者相关法规

消费者与经营者之间的信息获取能力和交涉能力有差别，消费者相关法规是以保护消费者为目的的各种法规。

日本消费者基本法是以对消费者权利的尊重和独立援助为基本理念而制定的关于消费者政策基本事项的法律。

日本消费者基本法有《消费生活制品安全法》《制造物责任法》（PL 法）等。

除此之外，还有规定了工业制品的规格和品质合理化的工业标准化法、家庭用品品质表示法，以及合同合理化相关的冷却期制度、分期付款销售法等。

还有保证室内设计用品品质和性能的选定制度和认定制度。接受选定和认定的制品会被授予各种规定的标识和标签。

室内设计用品被授予的标识和标签

● PSC 标识

由日本经济产业省管辖、以消费生活用品制品安全法规为依据的标识

● SG 标识

一般财团法人制品安全协会认定的标识

● JAS 标识

日本农林水产省管辖的、以农林物资法（JAS 法）为依据的标识

● JIS 标识

日本贸易产业省管辖的、以工业标准化法（JIS 法）为依据的标识

● ISM 标识

一般财团法人日本壁装协会所管辖的标识

● BL 标识

一般财团法人 Better Living 认定的标识

● 节能性标识

表示能源消耗设备的节能性标识

● 环保标识

根据公益财团法人日本环境协会运营的环保标识事业规定的标识

● C 标识

日本农林水产省管辖的、以农林物资法（JAC 法）为依据的标识

专栏 其他法规

建筑师法	规定建筑设计和工程监理等行业的技术人员的资格认证的法律
电气工程师法	规定电气工程工作人员的资格和义务，以及预防电气工程的缺陷引发灾害的法律
关爱建筑法	推进建设让高龄者和身体有障碍的人员方便使用的特定建筑物的法规
品质保障法	以完善住宅市场和使其灵活化为目的的法律，是保障住宅品质等相关法律的略称
废弃物处理法	是通过减少排放和规范处理废弃物，实现保护生活环境和提高公众卫生目的的法律

第3章

室内设计必备的表现技术

在本章中，我们来学习室内设计相关的表现技术。表现手法以图纸和效果图为主，还包括展示板等。我们将对制作这些表现技术的要点和软件进行讲解。

第3章

3.1 室内设计的图纸

室内设计与建筑设计一样需要制作图纸。除客户和施工人员等需要使用之外，提案展示方案和施工时也需要这些图纸。根据设计的阶段和时间，图纸的种类和表现方法也不同。

3.1.1 室内设计的图纸和种类

图纸是设计师为了向客户和施工人员传达设计内容而制作的，因此制图需要简单准确。室内设计图和建筑设计图基本上是相同的，与此同时，室内设计要素的表现也很重要。

室内设计图根据阅读对象和使用目的不同而不同。比如，设计师交给施工人员的工程用图，优先考虑的是正确性；而设计师将设计理念传达给客户或参加设计比赛时提出的图纸，更注重概念的简单易懂。

各种室内设计图纸

● 住宅展开图

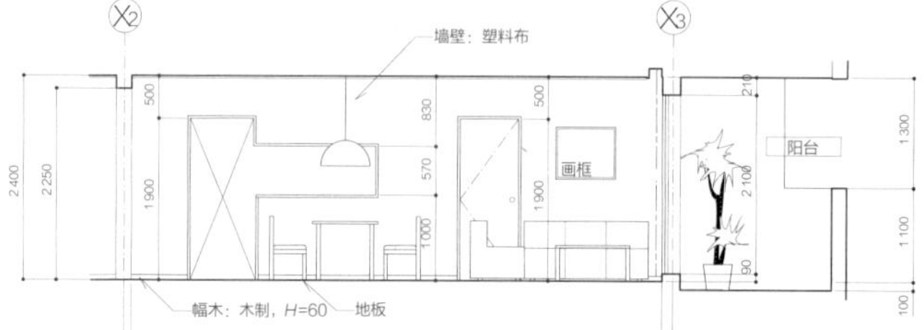

A展开图

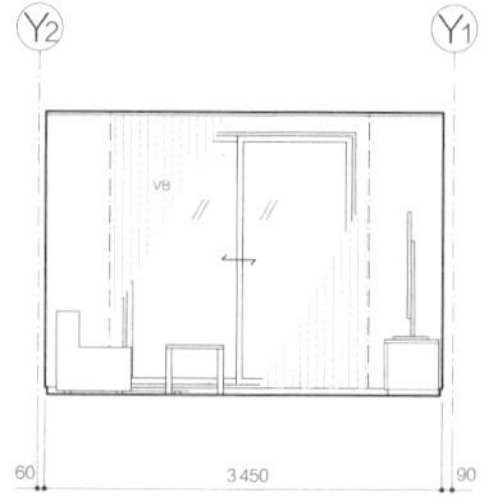

B展开图

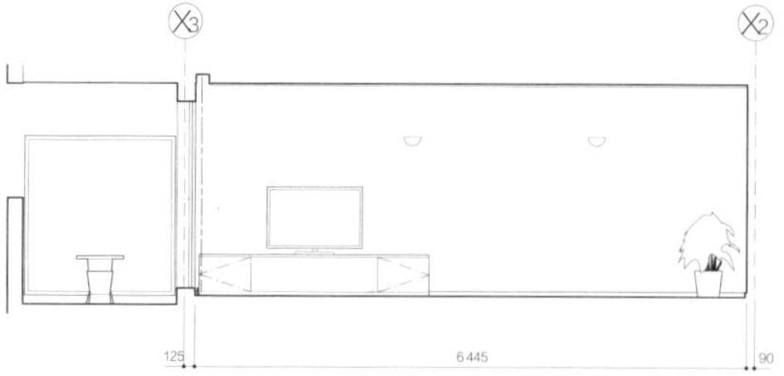

C展开图

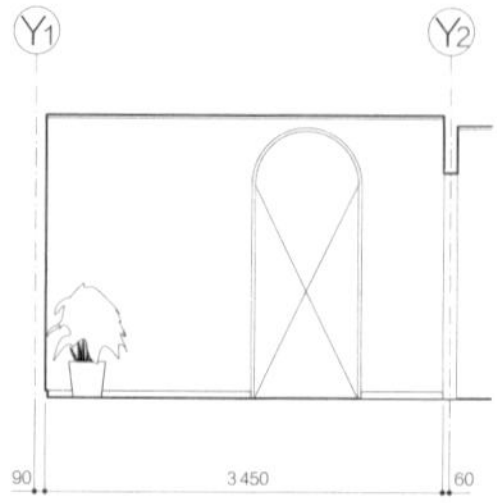

D展开图

从房间的内部向外部看，制作距墙壁 1 m 的各个方向的展开图。背面展开图和正面展开图是左右对称的。除了需要标注开口部的宽度和高度，窗饰、家具和墙壁饰面的种类和尺寸也需要标注

住宅平面图

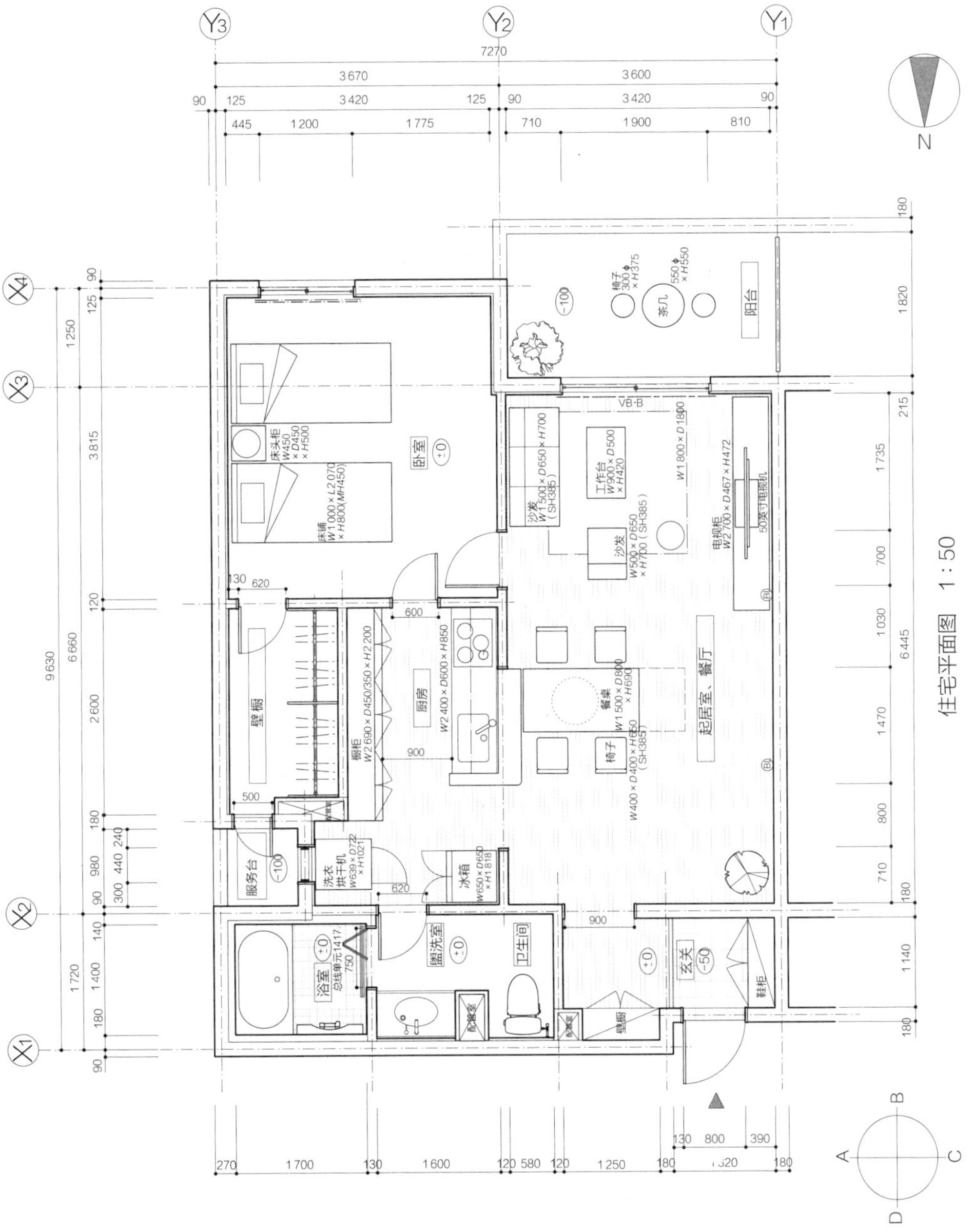

住宅平面图是最基本的图纸。在建筑物距地面 1 m 高处水平切断，表现出剖面和下部。以 1：50 的比例尺为标准，根据规模和表现内容也可以使用 1：100 和 1：200 的比例尺。墙壁的饰面用粗线；家具和家电等外形用中线，并标注名称和尺寸。储藏类家具的开合角度是 30° ，门窗的开合角度是 90° 。为了确保活动空间尺寸，椅子要离开桌子加以表现。为了区别家具和室内设计固定展示道具，家具需离开墙面进行绘制。为了确保物体和人可以移动，需要标注门窗的有效开口宽度。除此之外，窗饰和地板饰面（地毯、地板）的种类和尺寸也需要标注

顶棚俯视住宅图

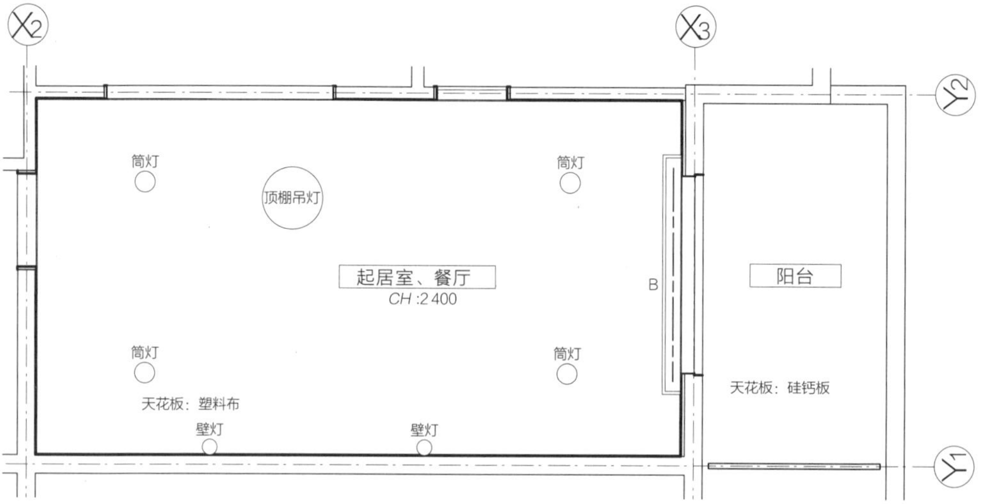

此平面图表现的是从一定的高度向下看的样子，与此相对的顶棚仰视图表现的是向上看时的样子，并且表现时需要左右翻转。在顶棚仰视图中需要标注顶棚饰面和顶棚上设置的照明灯具

店铺立面图

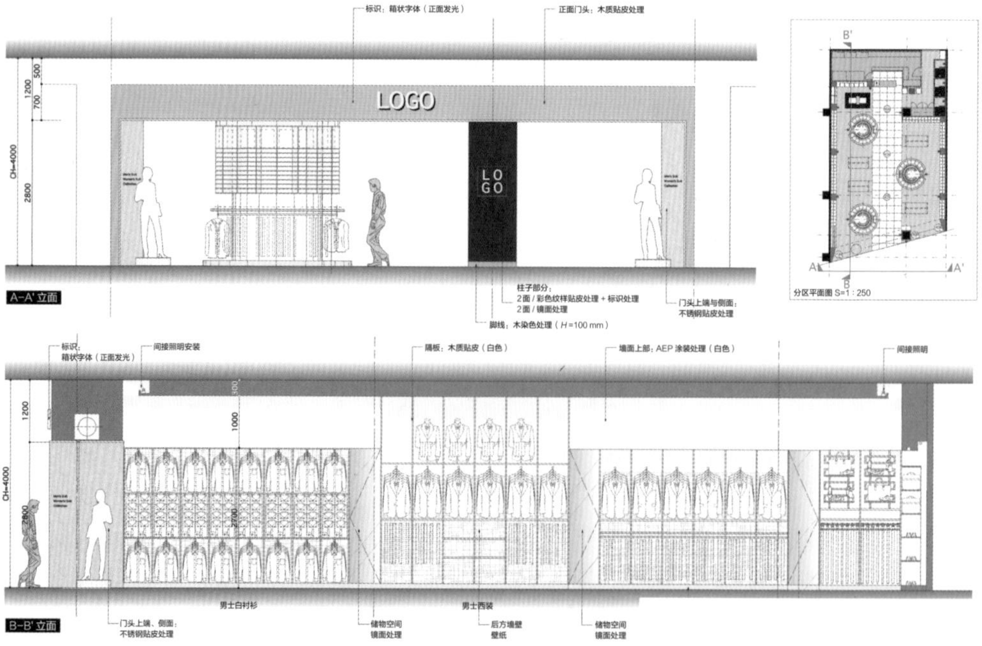

立面图表现的内容同展开图一样。表现如图所示的店铺时，会表现出正立面（正面外观）

店铺柜台家具图

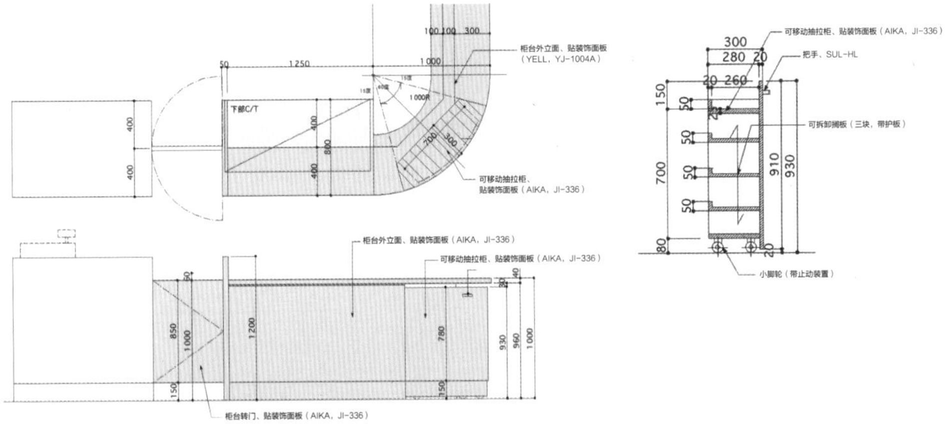

只有室内设计才有的图纸类型。需要细致地表现家具的尺寸和物品的种类等（图纸提供：groove）

店铺内客人座位周边详图

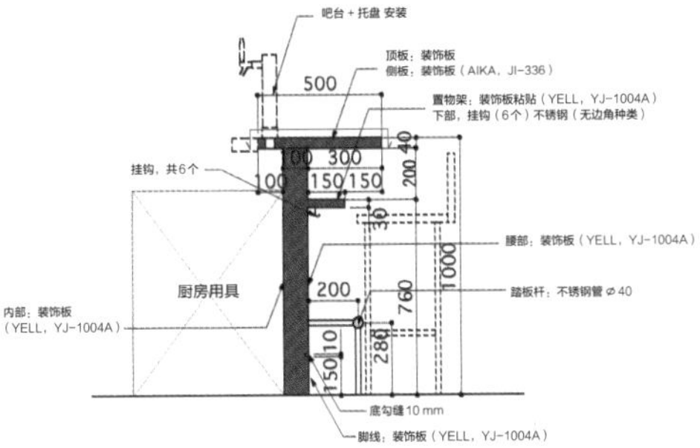

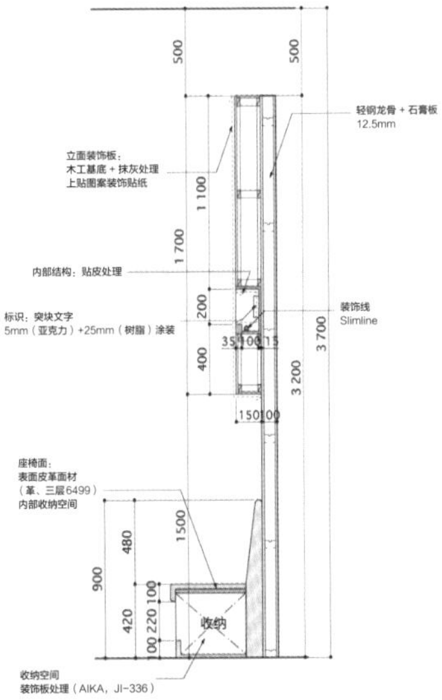

详图可以将其他图纸无法表现的细节部分更好地展现出来

专栏

带有色彩和阴影的展示图

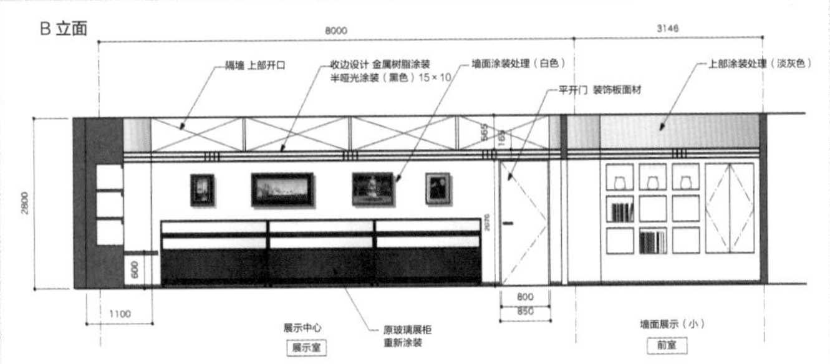

展示图是简单易懂的一种图纸，是在通常的平面图中添加色彩、阴影和绘画元素的图纸。左图是添加颜色和阴影的展示图

3.1.2 室内设计的制图规则

图纸是将具体的设计传达给施工人员和客户的重要工具。如果不能把设计意图正确地传达给施工人员，室内设计就无法完成。因此，根据规则制作图纸非常重要。

以前室内设计相关的制图规则没有明确的定义，表现方法和标注方式也因人而异。为了改善这些现象，日本室内设计学会将室内设计制图规则汇编整理成了《室内设计制图通则》(参照第152页)。

在本节，我们依据《室内设计制图通则》来解说与制图相关的规则。

图纸（用纸）尺寸（单位：mm）

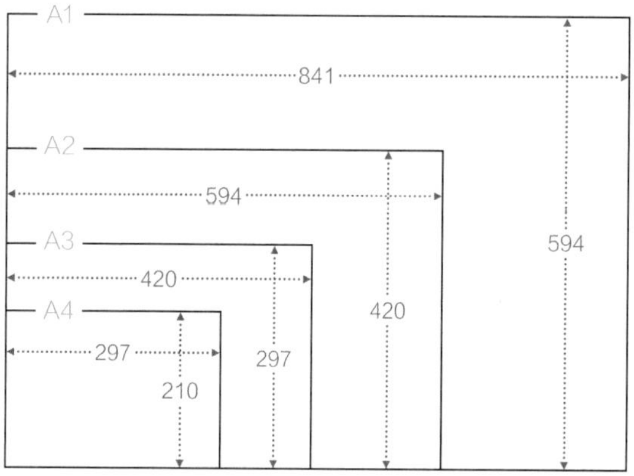

图纸（用纸）尺寸	尺寸（长×宽）
A1	594×841
A2	420×594
A3	297×420
A4	210×297

图纸用纸尺寸可以从A1~A4这4个种类中选择。A2和A3使用较多。图纸标题栏（记录文件名、图纸名称、比例尺等项）的位置应在图纸折叠时也可以看到的右下角

比例尺

比例尺	概要
1:1	使用在细节的研讨上，如施工图、家具图等与原尺寸相同的比例尺
1:2	使用在细节的研讨上，如部分详图
1:5	
1:10	
1:20	1:50无法清晰表现，但需要详细表现的时候使用，如平面图和展开图等
1:50	最标准的比例尺，用于平面图和展开图等
1:100	使用在比起表现细节更注重展现空间连续方法的平面图上
1:200	适用于大规模设施的平面图

根据建筑规模及表现内容，比例尺可以从1:1、1:2、1:5、1:10、1:20、1:50、1:100和1:200这8种中选择。1:50是使用最多的。以前也使用1:30，但其表现内容可以通过CAD 1:50比例尺充分表现出来，所以其必要性就不大了

线

线的种类		按用途分类的名称	用途
实线	**粗线**	外轮廓线	表现对象物体可见部分的形状
			剖面图中表现物体可见部分的外轮廓线
	中线	外轮廓线	表现家具等的外轮廓线
	细线	棱线	表现家具等的棱线
		尺寸线	标注尺寸
		尺寸辅助线	为标注尺寸，从图形中引出的线
		引出线	为标注文字和符号，从图形中引出的线
		剖面线	表现剖面图切口
		箭头线	表现楼梯、坡道和倾斜区域
		对角线	表现开口、竖井和孔低洼处
虚线	**细线**	隐藏线	表现隐藏部分的外轮廓线
单点画线	**中线**	外轮廓线	表现窗帘、百叶窗和地毯等
	细线	剖面线	表现剖面图对应的剖面位置
		中心线	表现图形的中心
		基准线	表示图形等的位置基准
		开门方向指示线	表现开门方向等
双点画线	**细线**	假想线	表现物体等加工前的形状和可移动部分的位置
Z 形线	**细线**	折断线	表现对象物体的一部分折断或者是断开的位置

实线

粗线

中线

细线

虚线

细线

单点画线

中线

细线

双点画线

细线

Z 形线

细线

通常，图面中使用的线的粗细，有细线、中线和粗线三种。粗线使用在如墙壁饰面等需要明显强调的部分，中线使用在如家具等的外轮廓部分，细线使用在尺寸标注、中心线和细节部分的表现上。为方便肉眼辨识，粗、中、细线的比例应为1∶2∶4。可根据图面的种类、大小和比例尺，组合使用0.13 mm、0.18 mm、0.25 mm、0.35 mm、0.5 mm、0.7 mm 的线宽

线的使用示例：墙

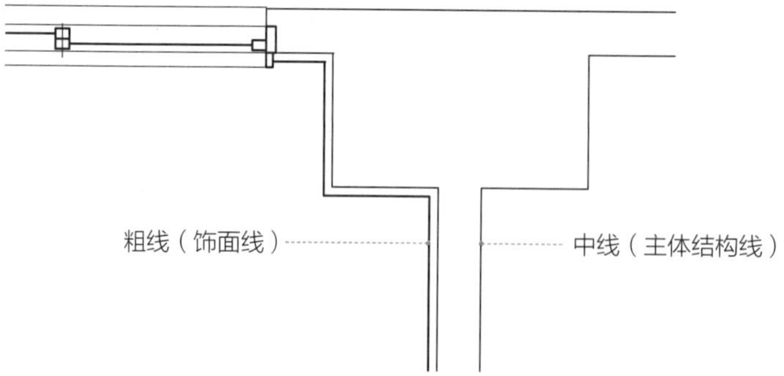

用粗线表示墙的饰面线可以强调室内设计空间。1：50比例尺为标准比例尺，也可以根据比例尺改变承重墙和隔墙的表现方式（基层的表现和框架的有无等）。墙的开口部分外框、窗框和门框等，根据比例尺不同，表现的细节也有所不同

线的使用示例：开口部

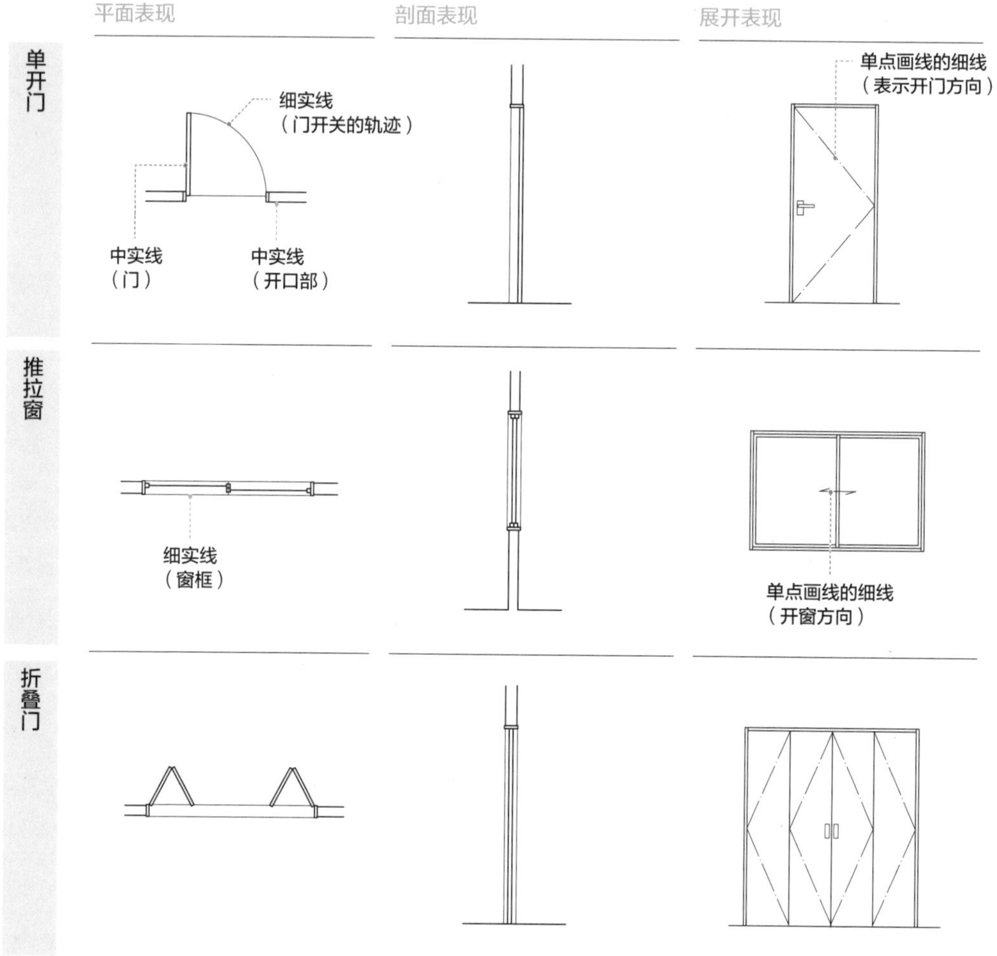

开口部，在平面图和展开图中表现开关方向，在展开图和剖面图中表现门窗高度。门窗用中实线，门窗开关轨迹和门槛等使用细实线来表现。开门方向用单点画线表现，但是如果把手和拉手可以表示开门方向的话，可以省略单点画线

线的使用示例：家具

全部家具的外轮廓线都是用中实线来表现。家具的尺寸需要标注 *W*（宽）×*D*（深度）×*H*（高度），椅子还需标注 *SH*（座面高度）。床需要标注 *L*（长度）和 *MH*（床垫高度）来代替 *D*（深度）

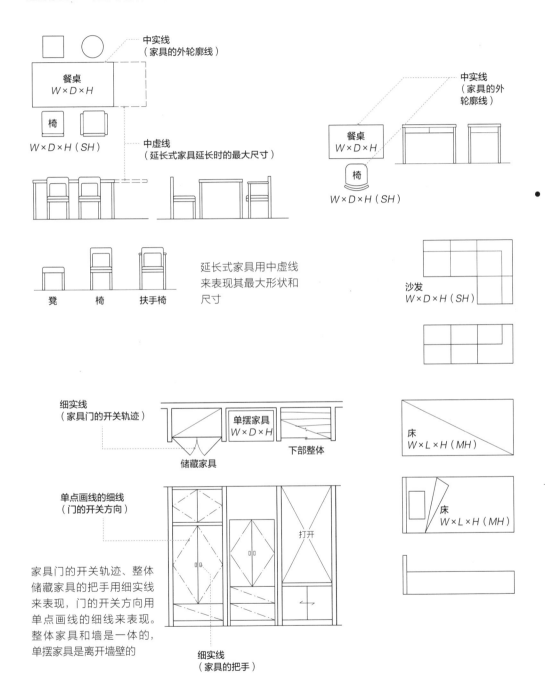

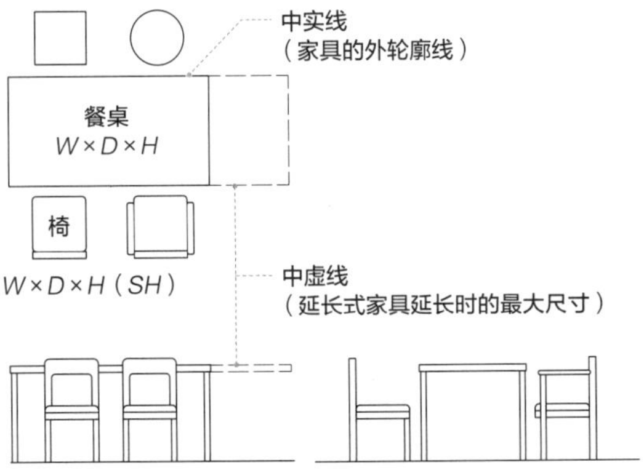

延长式家具用中虚线来表现其最大形状和尺寸

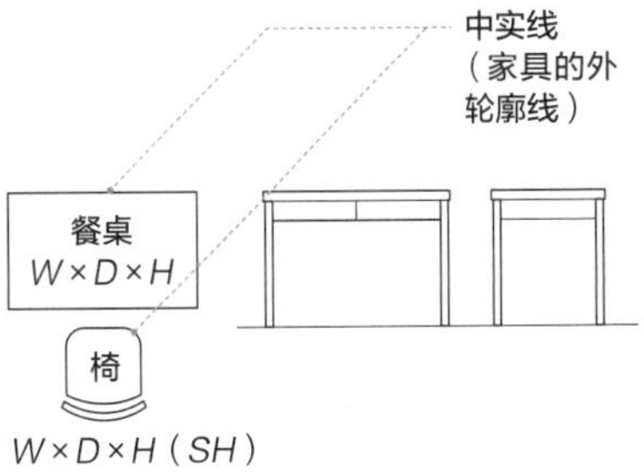

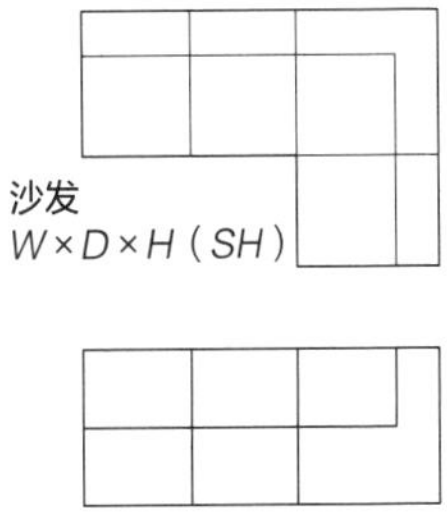

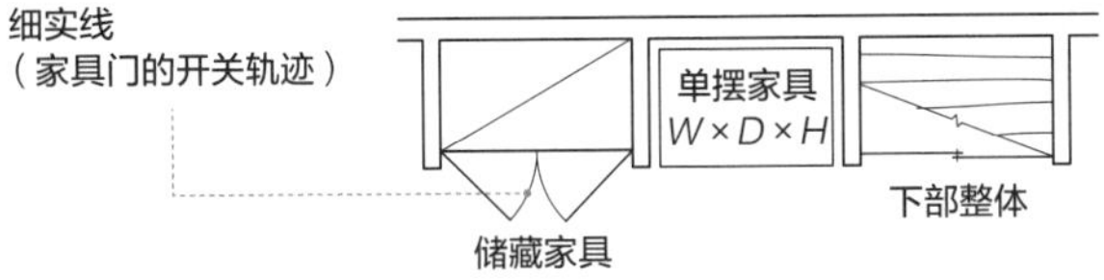

单点画线的细线
（门的开关方向）

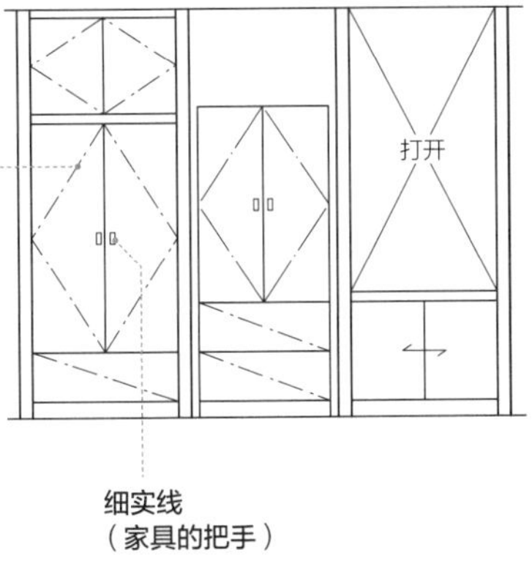

家具门的开关轨迹、整体储藏家具的把手用细实线来表现，门的开关方向用单点画线的细线来表现。整体家具和墙是一体的，单摆家具是离开墙壁的

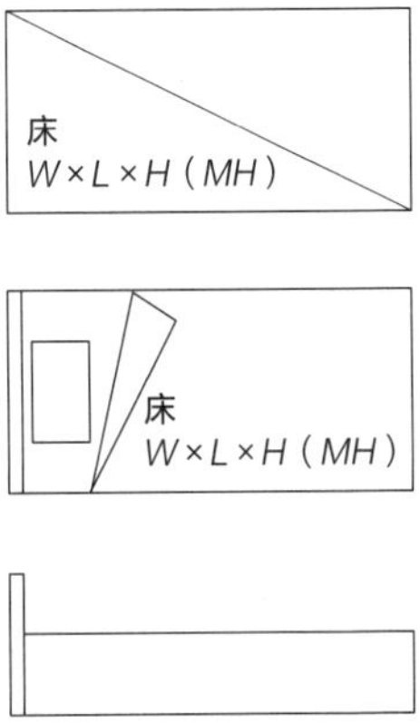

● 线的使用示例：设备机器

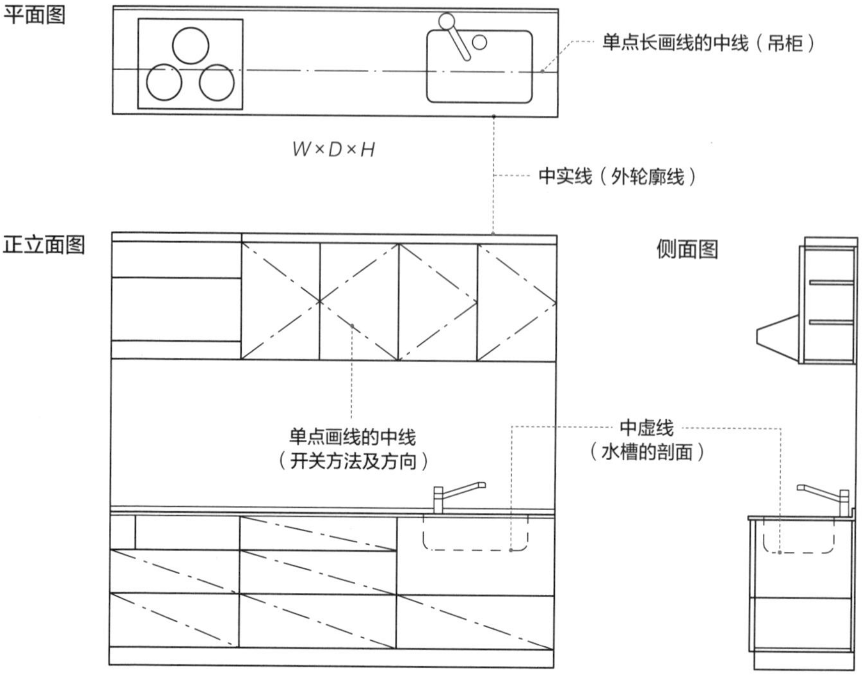

厨房器具用中实线表示外轮廓线。水槽、加热器具、水洗五金件和吊柜等用中实线表现。在平面图中，操作台上部的吊柜用单点画线的中线来表现。在正立面图中，开关方法和开关方向用单点画线的中线表示。在侧面图中，外轮廓线或者剖面用中实线表现，水槽的剖面用中虚线表现。除了线，还需要标注尺寸 *W*（宽）× *D*（深度）× *H*（全体操作台高度）

● 线的使用示例：家电设备

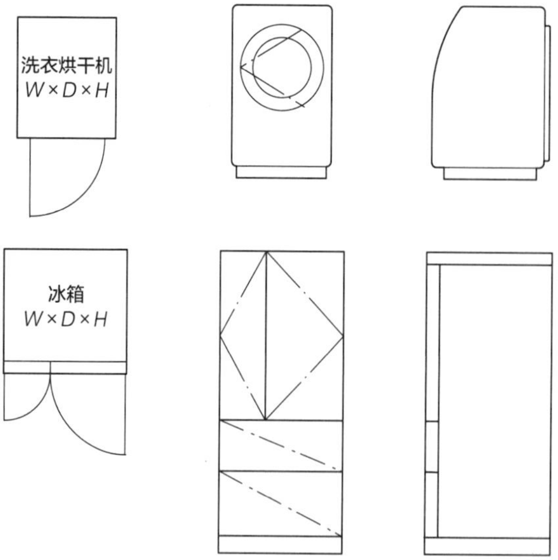

家电设备的外轮廓线用中实线。门和门的开关轨迹用细实线，开关方法和方向用单点画线的细线表现。除了线，还需标注尺寸 *W*（宽）× *D*（深度）× *H*（高度）以及表示家电种类的英文符号或文字

文字

1.8 mm 室内设计 123 ABC

3.5 mm 室内设计 123 ABC

10 mm 室内设计 123 ABC

文字与图面的比例尺无关，文字高度的标准值应从 1.8 mm、2.5 mm、3.5 mm、5 mm、7 mm、10 mm、14 mm、20 mm 中选择。如果使用大小固定的艺术字时，应该选择接近标准值的大小

尺寸

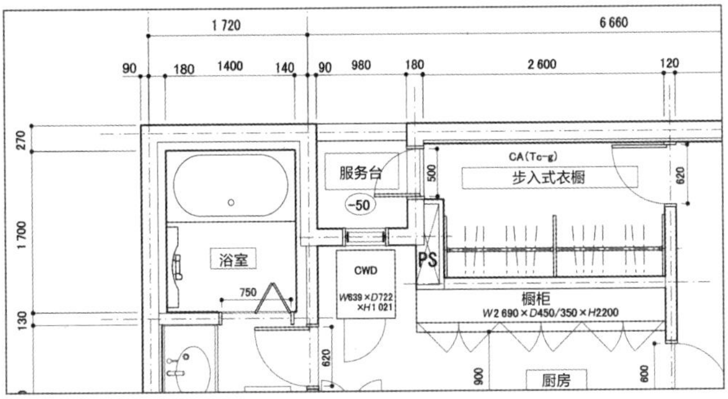

长度的尺寸单位通常为（mm），标注时不需要加单位记号。室内设计通常是在主体结构完成后开始施工，根据现场实测绘制图纸，标注墙和墙之间实测的内部尺寸

文字、表示符号

文字、表示符号的使用示例：地毯

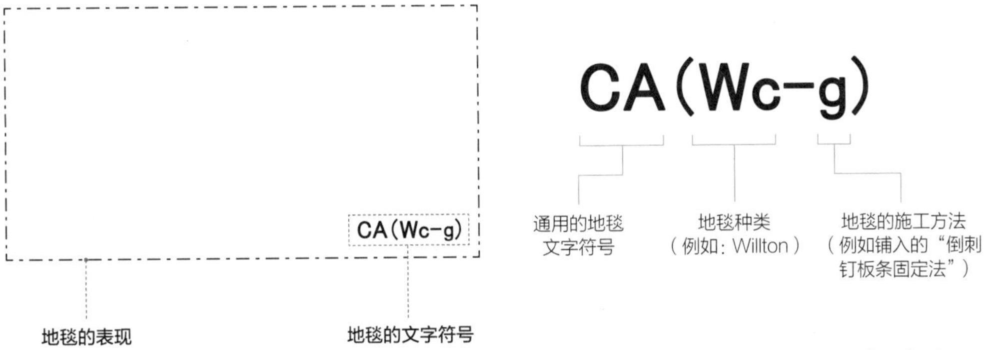

地毯的种类	文字符号
威尔顿地毯	Wc
簇绒地毯	Tc
针刺地毯	Nc

地毯的施工方法		文字符号
固定式	倒刺钉板条固定法	-g
	粘贴固定法	-a
非固定式		（无）

地毯用“CA”表示。用单点画线的细线表示铺地毯的区域，在图纸中标注左侧表中的地毯种类和施工方法。表示材质时，与一般名称一起标注

文字、表示符号的使用示例：窗饰

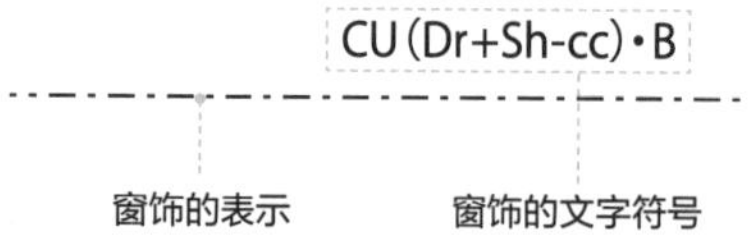

窗饰用单点画线的细线或者实线的波浪细线来表现。在图纸中标注如下表所示的种类和施工方法的文字符号。通用窗帘和罗马帘的施工方法（样式）也用文字符号等备注

双层窗帘的文字记号示例

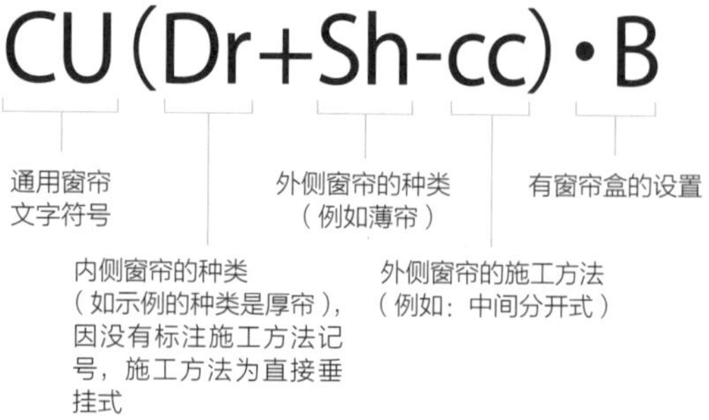

			文字符号
水平开关	通用窗帘		CU
	种类	厚帘	Dr
		薄帘	Sh
	施工方法	直接垂挂式	（无）
		中间分开式	cc
		重叠交叉式	cr
		高卜摆式	hg
		贝壳状弧形	sk
		分段式	sp
	竖向卷帘		VB
	屏风帘		PS

			文字符号
垂直开关	罗马帘		RM
	施工方法	柔式	pl
		板式	sh
		气球式	bl
		奥地利式	as
		慕斯式	ms
		孔雀式	pc
		折叠式	p
	卷帘		RS
	百褶布帘		PL
	百叶卷帘		VN
固定	咖啡厅式窗帘		Cf

注：设置窗帘盒的形式，末尾用“·B”表示

文字、表示符号的使用示例：喷涂

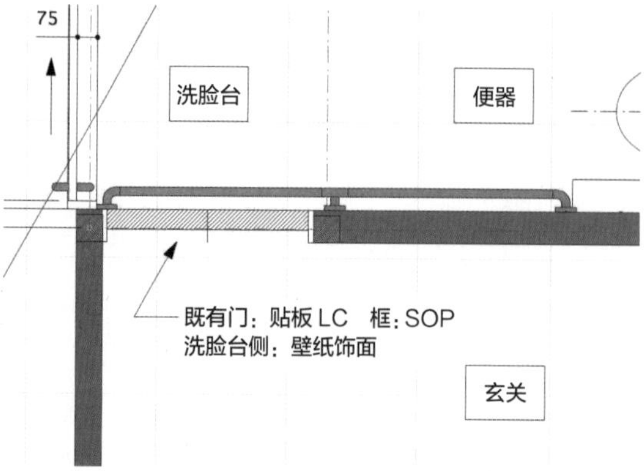

涂饰用文字符号表示。表现颜色时，使用孟塞尔色系记号（第061页）或者用颜色样本的编号等标注

名称	文字符号	规格
合成树脂调和涂料	SOP	JIS K 5516
苯二甲酸树脂漆	FE	JIS K 5572
氯化乙烯树脂漆	VE	JIS K 5582
透明漆	LC	JIS K 5531
磁漆	LE	JIS K 5531
合成树脂乳化漆	EP	JIS K 5563
有光泽合成树脂乳化漆	EP-G	JIS K 5560
多彩模样涂料	EP-M	JIS K 5567
染色剂	OS	
木材保护涂料	WP	

文字、表示符号的使用示例：家电设备

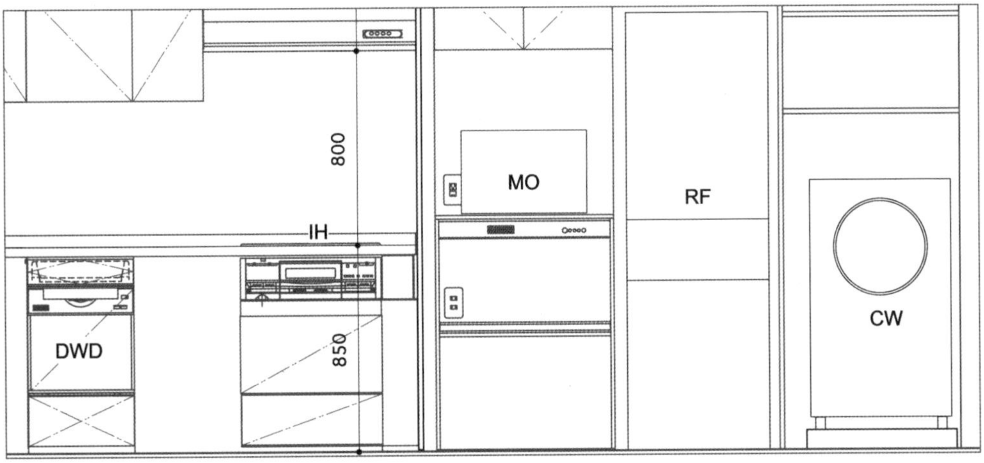

图纸的厨房周边位置可以标注家电名称的空间有限，所以使用记号会更便利。在图纸上附上图例与说明的话，会更加容易理解

家电设备		文字符号	家电设备	文字符号	家电设备	文字符号
空调		RC 或 AC	电视机	TV	燃气炉	GO
设置方法	室内机 · 立式	-F	扬声器	SP	洗碗干燥机	DWD
	· 挂壁式	-W	台式电脑	PC	电磁炉	IH
	· 顶棚预装式	-C	冰箱	RF	洗衣机	CW
	室外机 · 立式	-OF	微波炉	MO	洗衣烘干机	CWD

文字、表示符号的使用示例：供水、热水设备

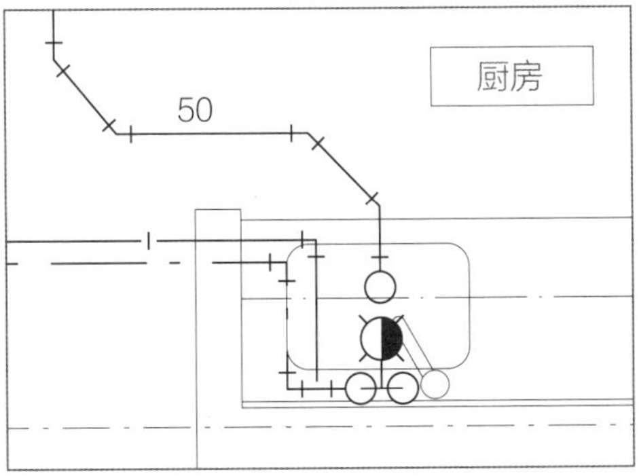

名称	文字符号	表示符号	名称	文字符号	表示符号
供水表	WM	(WM)	冷热水混合水栓	（无）	
燃气表	GM	(GM)	电热水器	EWH	(EWH)
供水栓	（无）		燃气热水器	GWH	[GWH]

文字、表示符号的使用示例：电气设备

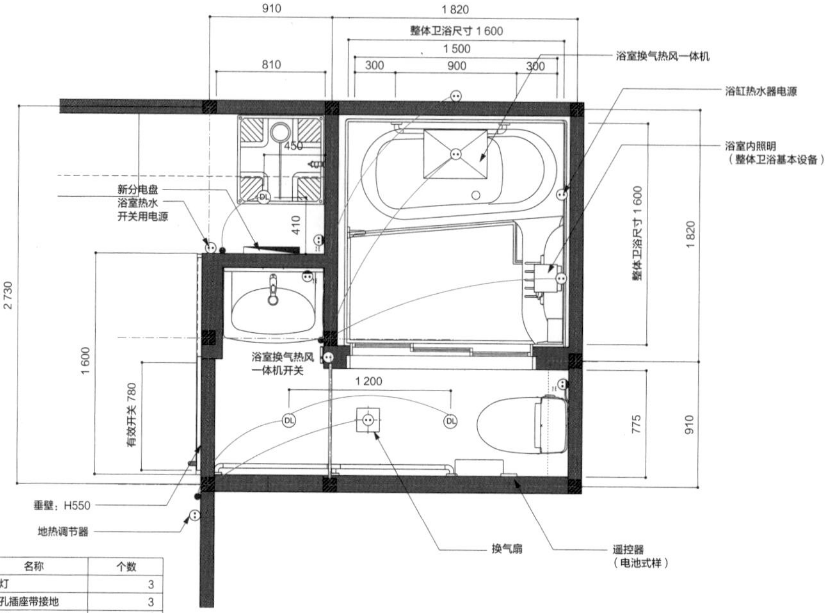

符号	名称	个数
DL	简灯	3
⦿11	双孔插座带接地	3
●	开关	3
⊙	其他电源	7

住宅的给水排水周边电气设备图例。应在顶棚仰视图中标注电气设备，为明确表示位置，机器设备的位置用浅灰色表现。上图的比例尺是1：20，换气扇通常使用符号来表示，详细图中也会标注形状

名称	文字符号	表示符号
电表	Wh	Wh（圆形） Wh（方形）
分电盘	（无）	◪
开关	（无）	● ●3 三联开关 ●P 拉绳开关
插座（壁式）	（无）	2 2孔；E 带接地；WP 防水型
电话接口	（无）	壁式；t 内线电话机（主机）；t 内线电话机（分机）

名称	文字符号	表示符号
门铃	（无）	按钮（壁式）；音乐门铃（壁式）
电视机	TV	TV 电视机；TV 电视天线接口
换气扇	（无）	∞
空调	RC	RC-W 室内机（壁式）；RC-OF 室外机（立式）

文字、表示符号的使用示例：照明灯具、配线

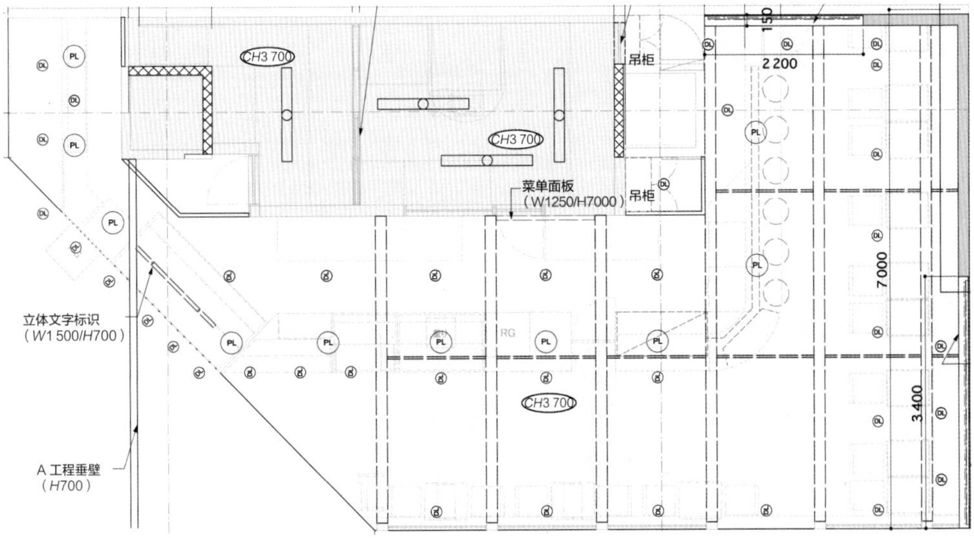

设置在顶棚的照明灯具、开关和配线路径要在顶棚布置图上表现（图片提供：groove）

名称	文字符号	表示符号
一般照明	（无）	○
顶棚埋入式（筒灯）	DL	(DL)
顶棚直装式（吸顶灯）	CL	(CL)
顶棚吊灯	PL	(PL)
欧式水晶吊灯	CH	(CH)

名称		文字符号	表示符号
壁灯		BL	(BL) ◐
立式灯	台式灯	TS	(TS)
	落地灯	FS	(FS)
顶棚灯线盒		（无）	(（）)

专栏

室内设计制图通则

为使室内设计制图规则统一，日本室内设计学会制作了《室内设计制图通则》。日本室内设计的制图是以此通则为基础制作的各种图纸。

室内设计制图通则

1. 适用范围

此通则规定了室内设计空间或者其构成物品、构件、要素的策划、调研、规划、设计、制作、施工和维持管理的室内设计制图相关的、共通的基本事项。

2. 引用规定

下表引用的规定构成本通则的一部分。这些引入的规定适用于本通则最新版（包含追加补充）。

JIS Z 8311	制图 -制图用纸张尺寸以及图纸样式
JIS Z 8312	制图 -表示的一般原则 -线的基本原则
JIS Z 8313-0	制图 -文字 -第 0 部：通则
JIS Z 8313-1	制图 -文字 -第 1 部：罗马字、数字以及记号
JIS Z 8313-2	制图 -文字 -第 2 部：拉丁文字
JIS Z 8313-5	制图 -文字 -第 5 部：CAD 用文字、数字以及记号
JIS Z 8313-10	制图 -文字 -第 10 部：平假名、片假名以及汉字
JIS Z 8314	制图 -标准
JIS Z 8317	制图 -尺寸标注方法 -一般原则、定义、标注方法及特殊的指示方法

3. 图纸

3.1 图纸除遵照 JIS Z 8311 外，还应遵照下述规定。

3.2 纸张的尺寸按照 JIS Z 8311 规定的 A 列尺寸（第 1 优先）从表 1 中选择。

表 1　纸张的尺寸

名称	尺寸
A1	594 × 841
A2	420 × 594
A3	297 × 420
A4	210 × 297

单位：mm

3.3 不论纸张是横向使用还是纵向使用，标题栏的位置都应在图纸范围内的右下角。

4. 标准

4.1 标注除遵照 JIS Z 8314 外，还应遵照下述规定。

4.2 制图中推荐的比例尺如下：
原尺寸 1:1，比例尺 1:2、1:5、1:10、1:20、1：50、1:100、1:200。

5. 线

5.1 线的种类及用途如表 2 所示。适用示例见附图。

5.2 通常使用的线按粗细分为细线、中线和粗线。
线的粗细比为 1:2:4，
根据图纸的种类、大小和比例尺，组合使用 0.13 mm、0.18 mm、0.25 mm、0.35 mm、0.5 mm、0.7 mm 的线宽。

5.3 线的使用除上述规定外，还应参照 JIS Z 8312。

6. 文字

6.1 文字除参照 JIS Z 8313-0、1、2、5、10 外，还应参照下述规定。

6.2 文字的大小，参照下述规定：
a) 文字的大小由可容纳文字外轮廓的基准框高度 *h* 来表示。
b) 高度 *h* 的标准值如下：1.8 mm、2.5 mm、3.5 mm、5 mm、7 mm、10 mm、14 mm、20 mm。如果使用大小固定的艺术字时，应该选择接近标准值大小的。

7. 尺寸标注方法

7.1 尺寸标注方法，除参照 JIS Z 8317 外，还应参照下述规定。

7.2 长度的尺寸单位通常为毫米（mm），标注时不需要加单位符号。

8. 作图通用

8.1 图中使用的文字符号见附表 1。
附表 1　文字符号

8.2 图中使用的表示符号见附表 2。
附表 2　表示符号

8.3 图例参见附图。

表 2　线的种类和用途

线的种类		按用途分类的名称	线的用途
实线	粗线	外轮廓线	表现对象物体可见部分的形状
			剖面图中表现物体可见部分的外轮廓线
	中线	外轮廓线	表现家具等的外轮廓线
	细线	棱线	表现家具等的棱线
		尺寸线	标注尺寸
		尺寸辅助线	为标注尺寸，从图形中引出的线
		引出线	为标注文字和符号，从图形中引出的线
		剖面线	表现剖面图切口
		箭头线	表现楼梯、坡道和倾斜区域
		对角线	表现开口、竖井和孔低洼处
虚线	细线	隐藏线	表现隐藏部分的外轮廓
单点画线	中线	外轮廓线	表现窗帘、百叶窗和地毯等
	细线	剖面线	表现剖面图对应的剖面位置
		中心线	表现图形的中心
		基准线	表示图形等的位置基准
		开门方向指示线	表现开门方向等
双点画线	细线	假想线	表现物体等加工前的形状和可移动部分的位置
Z 字形线	细线	折断线	表现对象物体的一部分折断或者是断开的位置

附图　线的使用示例

1. 墙

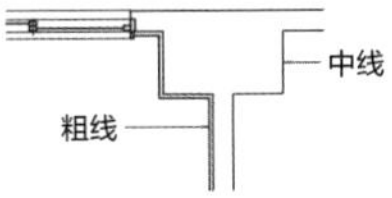

图1　墙

用粗线表示墙的饰面线可以强调室内设计空间。1：50 比例尺为标准比例尺，也可以根据比例尺改变承重墙和隔墙的表现方式（基层的表现和框架的有无等）。墙的开口部分外框、窗框和门框等，根据不同比例尺，表现的细节也有所不同。

2. 开口部

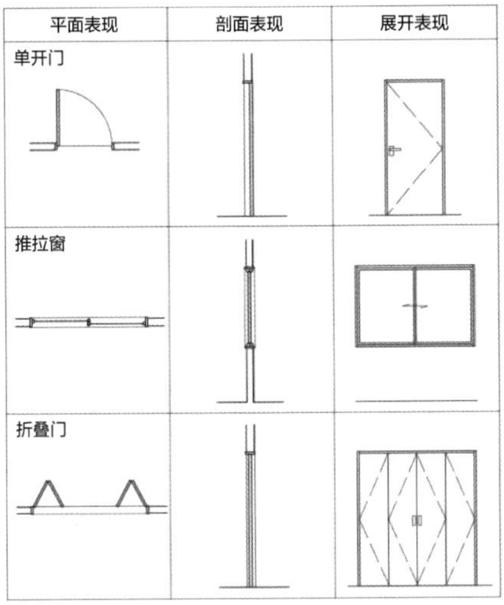

图2　开口部

在平面和展开图中表现开关方向，在展开图和剖面图中表现门窗高度。开关方向用单点画线表现，但是如果把手和拉手可以表示开门方向的话，可以省略单点画线。

3. 家具

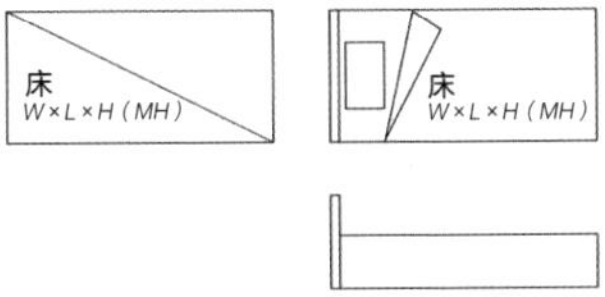

图3-1　床

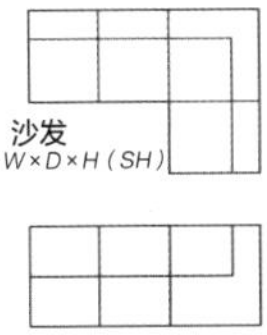

图3-2　沙发

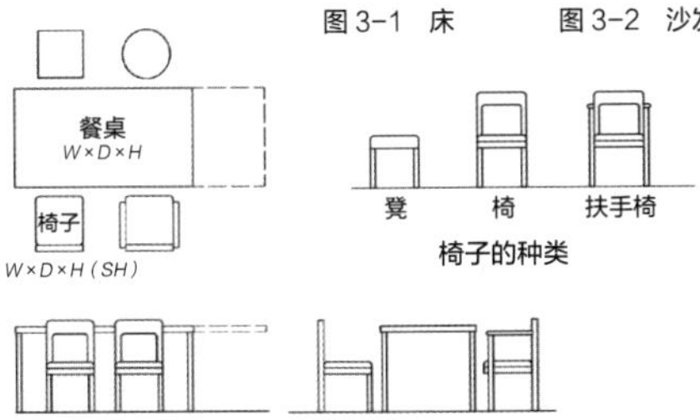

图3-3　餐桌、椅子

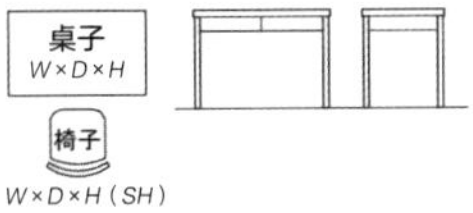

图3-4　桌子、椅子

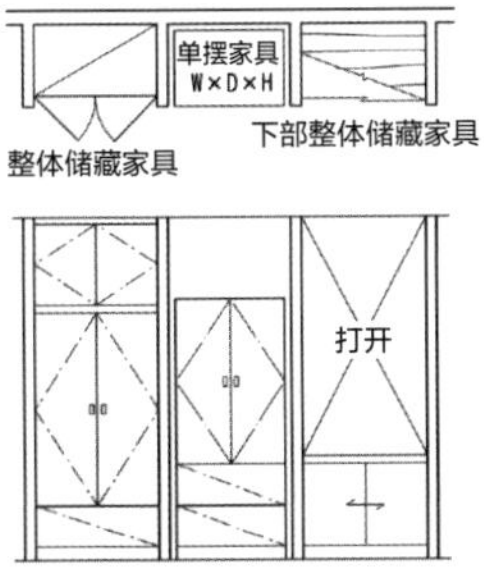

图3-5　储藏类家具

家具的尺寸需要标注 *W*（宽）×*D*（深度）×*H*（高度），椅子还需标注 *SH*（座面高度）。床应标注 *L*（长度）和 *MH*（床垫高度）。

椅子是以从桌子拉出来的状态绘图。延长式家具用中虚线来表现其最大形状和尺寸。整体储藏类家具应表示把手和开关方向。

4. 设备机器

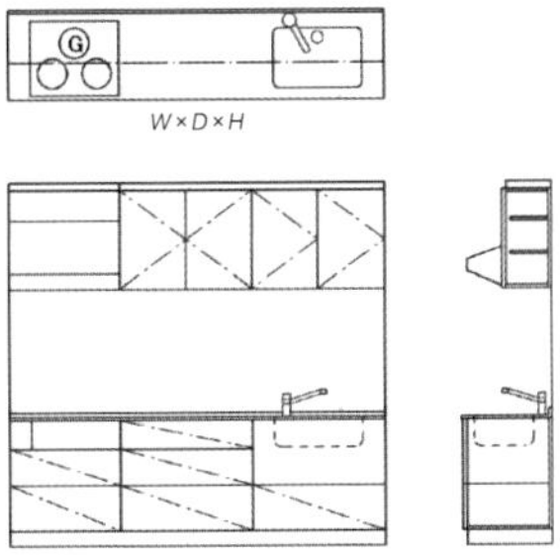

图4　厨房

厨房设备需要绘制开关方向、尺寸 *W*（宽度）×*D*（深度）×*H*（整体高度 / 柜台高度）、水槽与加热机器的位置、水洗五金、吊柜等。在平面图中，操作台上部的吊柜用单点画线表现。在正面图中，开关方法和开关方向用单点画线表示。侧面图绘制外观或者剖面。

5. 家电设备

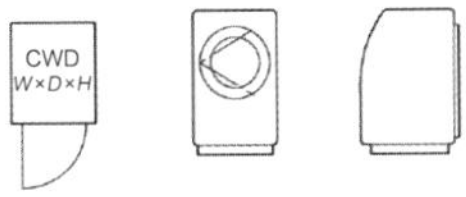

图5-1　洗涤烘干机

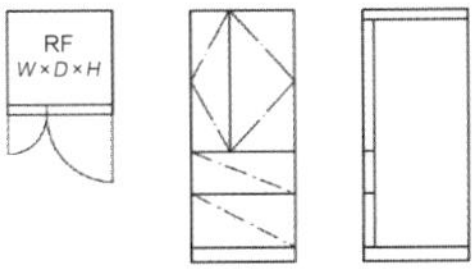

图5-2　冰箱

绘制家电形状时，需要标注尺寸 *W*（宽度）×*D*（深度）×*H*（高度），其种类用英文符号或者文字标注，并标示开关方向。

附表 1　文字符号

1. 地毯

附表 1-1　地毯

名称			记号
地毯			CA
种类	威尔顿地毯		Wc
	簇绒地毯		Tc
	针刺地毯		Nc
施工方法	固定式	倒刺钉板条固定法	-g
		粘贴固定法	-a
	非固定式		（无）

地毯用 CA 表示。用单点画线的细线表示铺地毯的区域，在图纸中标注上表中的地毯种类和施工方法。表示材质时，与一般名称一起标注。

地毯的文字符号示例

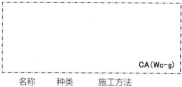

名称　　种类　　施工方法

地毯：威尔顿地毯 -倒刺钉板条固定法 -固定式

2. 窗饰

附表 1-2　窗饰

名称			文字符号
水平开关	窗帘		cu
	种类	厚帘	Dr
		薄帘	Sh
	施工方法（类型）	直接垂挂式	（无）
		中间分开式	cc
		重叠交叉式	cr
		高下摆式	hg
		贝壳状弧形	sk
		分段式	sp
	竖向卷帘		VB
	屏风帘		PS
垂直开关	罗马帘		RM
	施工方法（类型）	柔式	pl
		板式	sh
		气球式	bl
		奥地利式	as
		慕斯式	ms
		孔雀式	pc
		折叠式	pr
	卷帘		RS
	百褶布帘		PL
	百叶卷帘		VN
固定	咖啡厅式窗帘		cf

备注：设置窗帘盒的，末尾用“ · B”表示。

窗饰用单点画线的细线或者实线的波浪细线来表现。在图纸中标注种类和施工方法的文字符号。通用窗帘和罗马帘的施工方法（类型）也用文字符号等备注。

窗帘的文字符号示例

CU　窗帘

CU(Dr+Sh-cc)·B　双层窗帘
名称　施工方法（样式 -有无窗帘盒）
内侧　厚帘 -直接垂挂式 -有窗帘盒
外侧　薄帘 -中间分开式

CU(Dr-cr)+RM-pc·B
名称　施工方法（样式 -有无窗帘盒）
内侧　窗帘 -厚帘 -重叠交叉式 -有窗帘盒
外侧　罗马帘 -孔雀式

3. 喷涂

附表 1-3　喷涂

名称	文字符号	规格
合成树脂调和涂料	SOP	JIS K 5516
苯二甲酸树脂漆	FE	JIS K 5572
氯化乙烯树脂漆	VE	JIS K 5582
透明漆	LC	JIS K 5531
磁漆	LE	JIS K 5531
合成树脂乳化漆	EP	JIS K 5663
有光泽合成树脂乳化漆	EP-G	JIS K 5660
多彩模样涂料	EP-M	JIS K 5667
染色剂	OS	—
木材保护涂料	WP	—

涂饰用文字符号中的省略号表示。表示色彩时，使用孟塞尔色系符号或者色卡等。

4. 家电设备

附表 1-4　家电设备

名称		文字符号
空调		RC 或 AC
设置方法	室内机 · 立式	-F
	· 挂壁式	-W
	· 顶棚预装式	-C
	室外机 · 立式	-OF
电视机		TV
扬声器		SP
台式电脑		PC
冰箱		RF
微波炉		MO
燃气炉		GO
洗碗干燥机		DWD
电磁炉		IH
洗衣机		CW
洗衣烘干机		CWD

附表 2　表示符号

1. 水、热水设备等

附表 2–1　供热水设备（JIS C 0303）

名称	文字符号	表示符号
供水表	WM	WM
燃气表	GM	GM
供水栓	（无）	
冷热水混合水栓	（无）	
电热水器	EWH	EWH
燃气热水器	GWH	GWH

2. 电气设备

附表 2–2　电气设备（JIS C 0303）

名称	文字符号	表示符号
电表	Wh	Wh　Wh
分电盘	（无）	
开关	（无）	3 三联开关　P 拉绳开关
插座（壁式）	（无）	2 2 孔　E 带接地　WP 防水型
电话接口	（无）	壁式　t 内线电话机（主机）　t 内线电话机（分机）
门铃	（无）	按钮（壁式）　音乐门铃（壁式）
电视机	TV	TV 电视机　TV 电视天线接口
换气扇	（无）	
空调	RC	RC-W 室内机（壁式）　RC-OF 室外机（立式）

3. 照明、配线

附表 2–3　照明、配线符号（JIS C 0303）

名称		文字符号	表示符号
一般照明		（无）	
顶棚埋入灯（筒灯）		DL	DL
顶棚直装式（吸顶灯）		CL	CL
顶棚吊灯		PL	PL
欧式水晶吊灯		CH	CH
壁灯		BL	BL
立式灯	台式灯	TS	TS
	落地灯	FS	FS
顶棚灯线盒		（无）	( )

第3章

3.2 室内设计的效果图

建筑设计和室内设计中用到的效果图，是在二维平面上描绘出三维空间和建筑物等的立体形态的表现手段。效果图能够让人从视觉上更容易理解建筑物和室内设计，通常用作构想图和设计图来使用。

3.2.1 什么是效果图

效果图是以图纸为基础的立体形象描绘。过去设计师普遍使用水彩颜料进行手绘，近来一般使用三维 CAD 和三维 CG 等软件在电脑上制作数字效果图。

数字效果图可以像照片一样真实地呈现效果，但有时使用手绘和手绘风格的效果图更合适。另外，数字效果图也可以通过软件制作成手绘风格的效果图。

使用三维CAD和三维CG软件制作效果图与手绘不同，软件能够从一个3D数据模型中做成多种角度（构图）的效果图。

除此之外，使用相同的室内设计方案，也能够通过改变颜色、材质以及时间等来细致地探究设计的多种方向性和风格。

数字效果图和手绘效果图

利用三维 CAD 软件做成的数字效果图（上）和铅笔手绘效果图（素描效果图）（下）的对比。现在一般采用数字效果图，但在设计的初期阶段，传达整体设计印象和氛围非常重要，因此素描效果图和手绘风格效果图会更令人满意（图片提供：node）

各种角度的效果图

使用三维 CAD 和三维 CG 软件就可以从一个数据模型中制作出多种角度的效果图。如上图所示，在做成展示板（第 162 页）时可以有效利用这些不同角度的效果图

采用效果图的室内设计案例比较

同一个室内设计空间呈现出的白天（左图）和夜晚（右图）的对比效果图。三维 CAD 和三维 CG 软件可以轻松改变设定条件，简单地变换多种风格，因此能够有效进行设计的比较、研讨以及共享图纸和概念（图片提供：groove）

3.2.2 效果图的种类

效果图是将立体的建筑物和室内设计呈现在平面上，因此需要采用三维投影法使表现的效果更自然。根据这些投影方法的不同，分为透视图、等角图等不同的种类。

根据平行线延伸的消失点（又称灭点）数量，分为一点透视、两点透视和三点透视三种。

一点透视和两点透视是从特定的视点来表现由地面、墙壁、顶棚所构成的室内设计空间的主要构架。水平设定视线（视点与观测对象的连接线）使实际室内空间中垂直的立柱也能垂直表现在效果图中。但是在表现抬头仰望、低头俯视的“挑空”等空间，无法水平设置视线的情况下，就要使用三点透视法。

视点高出顶棚的透视图，为了与其他透视图区分，被称为鸟瞰图。在需要呈现房间之间相连接的状态和空间整体形象时使用。

等角图是轴测投影的一种，将实际空间的直角用120°角表现。无法表现出远近感，但是具有可以在透视图上确认尺寸的优点。

透视图

一点透视（平行透视）

一点透视（平行透视）是对从垂直方向看主要墙壁面的状态

1 H.L. 为视平线即平行于画者眼睛的水平线。

两点透视（成角透视）

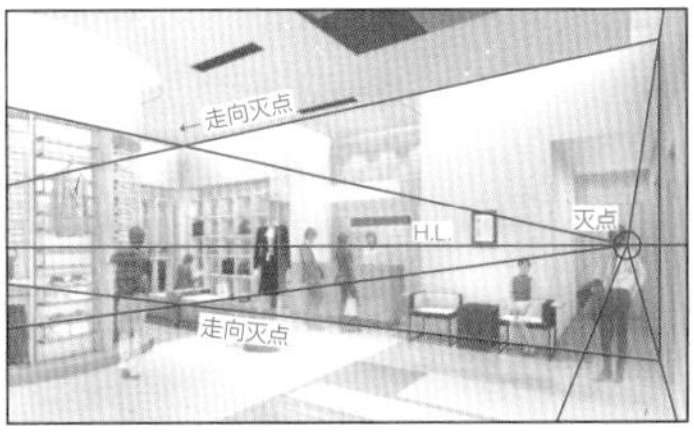

两点透视（成角透视）是从斜向看主要墙壁面的状态。根据灭点位置的不同，能够呈现室内的三个壁面（图片提供：Node）

三点透视

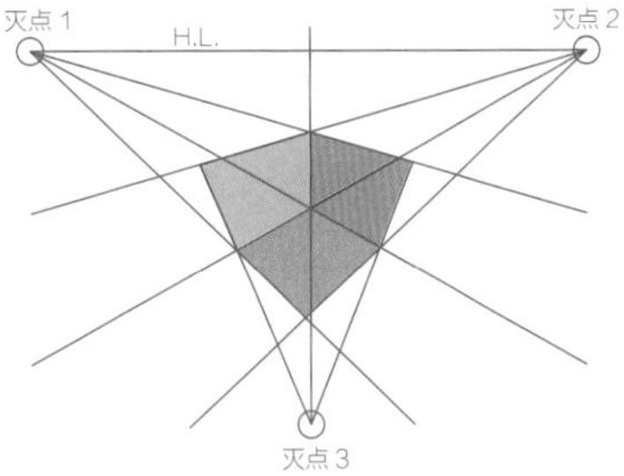

三点透视在室内设计中不常用。但会特别使用在挑高空间的俯视图、仰视图和鸟瞰图等场合（图片提供：Node）

鸟瞰图

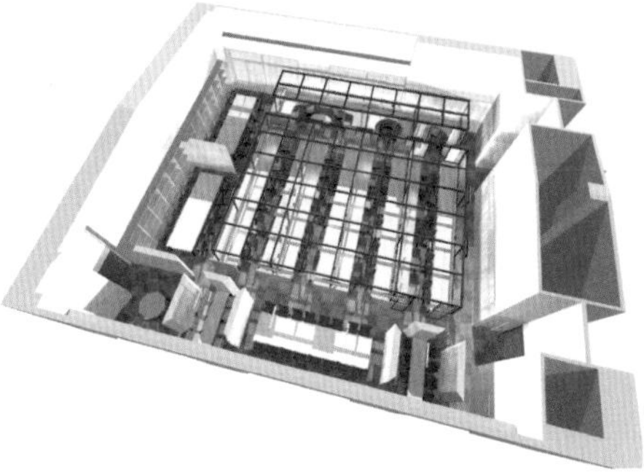

表现视点高于顶棚时看到的效果。适用于表现多个空间连接和大规模空间等的整体效果

等角图

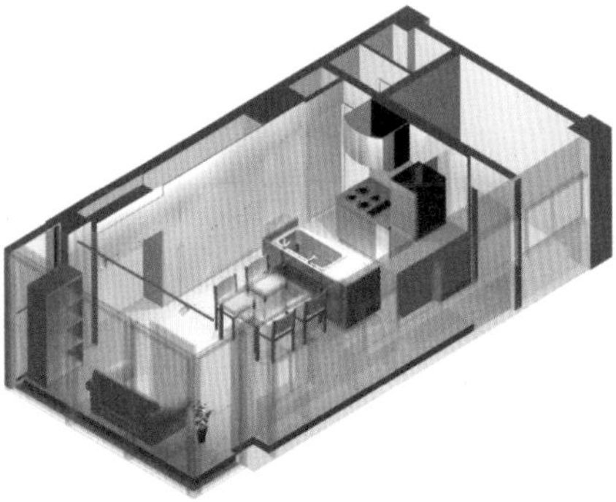

适用于把握空间、门窗、设备和家具等的关联性，也能呈现透过空间前面墙壁看到的状态

3.2.3 效果图的构图和配景表现

制作效果图时有多个要点，其中构图尤为重要。

例如，在制作主要呈现动态印象的效果图时，要采用可以看到室内空间的正面和两个侧面墙壁的三面构图。此时，比起表现力略微生硬的一点透视，采用可以呈现变化的两点透视效果更好。

此外，要避免视线高度处于画面中心。展示地板和家具布局时，视线的高度要设定在顶棚高度的三分之二位置。展示顶棚需要呈现稳重效果时，视线高度宜设定在顶棚高度的三分之一位置。

通过这样的构图，效果图的表现范围也会变大。

为了提高效果图的表现力，另一个要素就是配景表现。

配景除可以表现空间规模尺寸和强调远近外，还能很好地传达只用空间表现难以理解的部分并强调概念印象。

使用配景时，需要注意配置位置、大小及形状等几个要点。任何场合都要以室内空间作为主角来表现。

三面构图效果图

三面构图效果图能够生动地呈现画面。使用两点透视图，平视位置设定略高于中央位置

各种配景的表现

空间规模感的表现

配置配景人物，根据人物的尺寸能够大概推算出展示道具的高度、顶棚的高度及空间大小等（图片提供：node）

远近感的表现

将距离近的配景尺寸放大，越往后面配景尺寸越小，通过这样的方式来表现远近感的效果图（图片提供：node）

介绍空间的表现

通过追加配景人物来说明空间内各部分的用途（图片提供：node）

配景使用的要点

配景人物的视线高度

将视线（配景人物的视线）高度设定在通常人眼高度（1.5 m）的话，那么无论远景还是近景，站立的人的头部高度就会统一在相同高度。通过这样的方式能够自然地呈现空间。将人物作为配景配置时的要点，是通过降低饱和度、模糊白化等方式令人物不太突兀（图片提供：node）

通过配景配置强调远近感

将配景交错配置，更能强调远近感。另外，要避免在画面四角配置变形明显的立方体状配景（图片提供：node）

第 3 章

3.3 演示用展板

在进行室内设计的过程中，需要将设计的方向性、风格以及室内设计具体的内容等展示给客户。这时就需要将效果图、照片及素材样本等进行版面设计，制作出传达视觉效果的演示用展板。

3.3.1 演示用展板的用途和种类

室内设计筹划的不同阶段会使用不同种类的演示用展板。在设计的最初阶段，使用能够传达大致风格和概念的概念板和印象板。随着设计的不断推进，还需要制作能够说明室内设计颜色和素材的彩色方案板，以及能够说明窗饰和照明器具的装饰元素板等，从而更加具体地展示详细内容。

需要印刷时，演示用展板一般采用 A4 纸张，展示时一般使用 A1、A2 尺寸。

过去是将剪下的效果图和照片等粘贴到板材和厚纸板上进行版面设计，但是近来大多在电脑上使用数字效果图和数字照片进行版面设计后，再打印出来作为演示用展板使用。

各种演示用展板

概念板

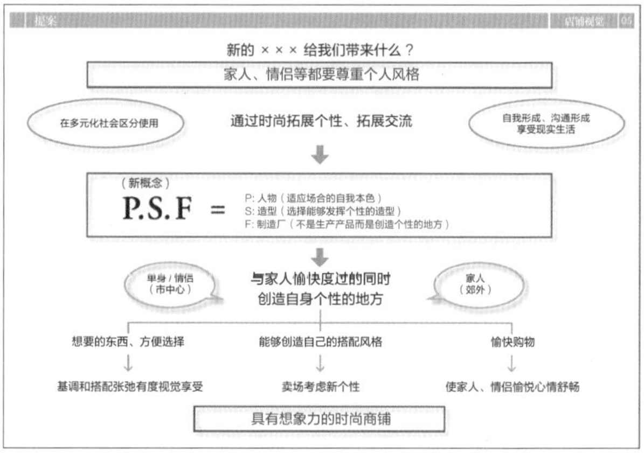

需要在室内设计的初期阶段做成。表现室内设计的主题、方向性和目的。对于对象是谁、要做什么、具有哪些优势和效果，配以简洁的文字进行说明

印象板

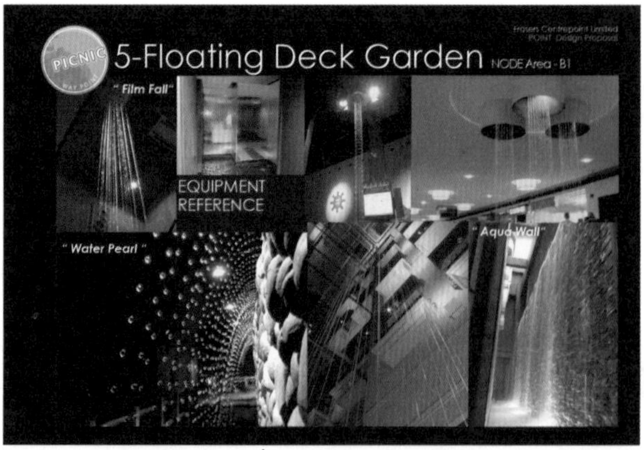

在与客户共享室内设计印象风格的初期阶段制作。利用现成的照片、插图和语言（关键字）等素材设计版面

彩色方案板

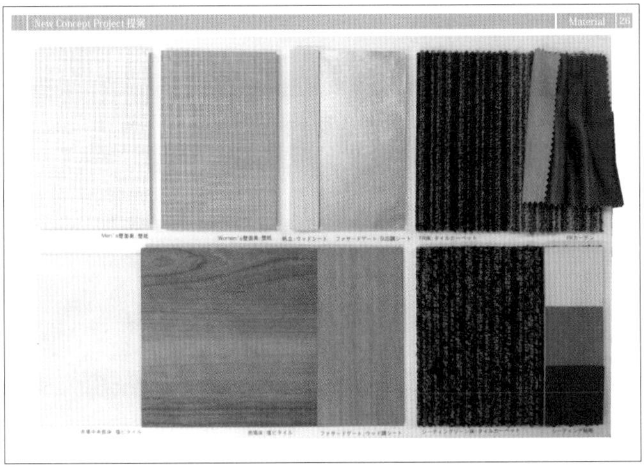

在室内设计的实施设计阶段制作。利用实物样品将每个房间各部分所用的素材和颜色进行总结，用于向客户展示整体装饰风格。由于要使用实物样品，因此不能使用电脑，要进行手工制作

装饰元素板

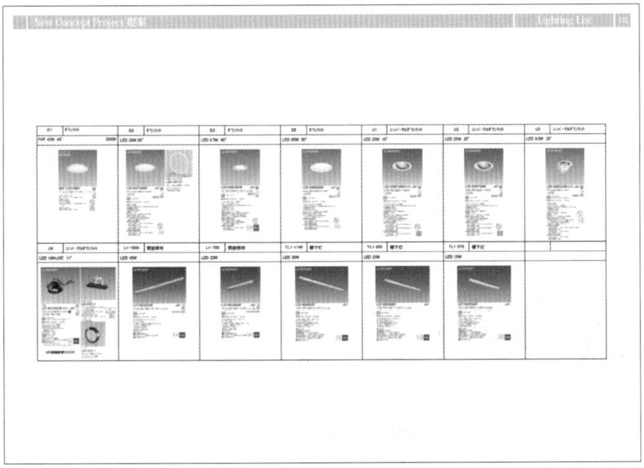

在室内设计的实施设计阶段制作。将窗饰、照明器具、设备机器及家具等元素进行汇总。使用各元素的制造商的产品照片等记载尺寸、颜色及产品型号等

3.3.2 制作演示用展板的基本点

演示用展板主要向客户展示室内设计的整体风格，使客户更容易理解室内设计的具体内容，并得到认可。因此，要抓住风格的统一、网格、文字、留白与比例、说明方法等基本要点进行制作。

在室内设计过程中，常常需要制作多个演示用展板，即使每个演示用展板上表现的内容不同，但在整体的理念、颜色、字体及设计上需要统一。

在演示用展板上设定网格（方格），根据网格将效果图、照片及说明文字等整齐地排版。

说明文字与演示用展板的标题等要采用与室内设计风格相匹配的书写体（字体）。

另外，一张演示用展板上不要过多地填入图片和文字，应当适当地留有空白。

在制作演示用展板时，要始终牢记其功能是以更加容易理解的方式向客户传达室内设计。

制作演示用展板的基本点

风格的统一

如图所示，由于室内设计采用茶色和白色系的自然素材，因此演示用展板上也要使用茶色以及体现自然风格的主题，使整体风格得到统一

说明文字

尽量使用相同的文字书写体（字体），同时还要确认字号大小是否合适

留白

不要过度填充图片和文字，要留有一定的空白，这样更容易读取信息

以网格为基础的版面设计

在画面上设定网格，以此为基础对图片和文字进行排版。可通过对图片大小和边框位置的调整，形成井然有序的画面结构

与室内设计风格相匹配的演示用展板字体示例

由于此方案是日式室内设计，因此在演示用展板上也使用日文字体来统一整体风格

使用留白效果示例

此图是与白色基调的室内设计相匹配、留白较多的实例。使用图片的大小也要适度

简单易懂的说明方法

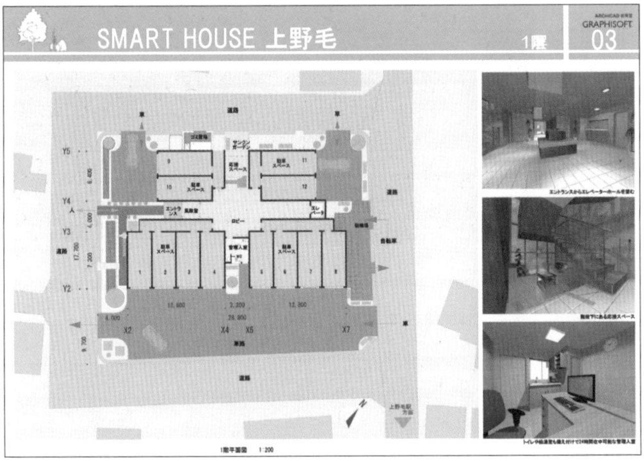

使用多个效果图时，要将表现整体风格的效果图与说明细节功能的效果图区分排版。此时，必须在效果图的下方等处加上文字说明

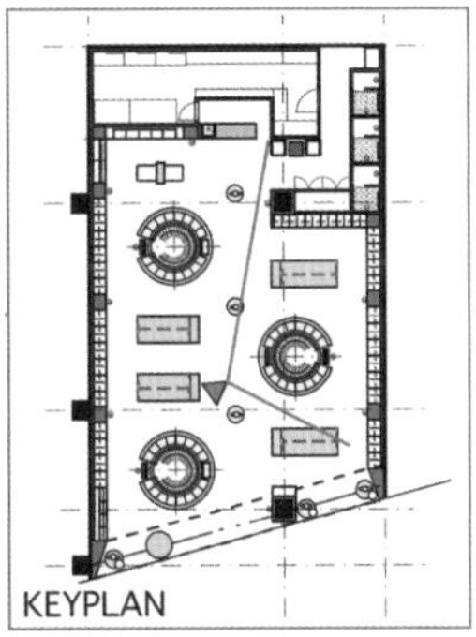

平面布置图

使用表现局部室内设计的效果图时，要说明这个效果图是从哪个视点表现的整体中的哪个部分，因此要添加平面布置图（展示室内设计整体各位置的简略平面图）。通过在平面布置图中利用箭头等符号标出局部效果图的位置和视点，可使人更加容易理解（图片提供：node）

第3章

3.4 室内设计使用的软件

近来，数字机器和信息技术飞速发展，除了主要用于工作和学习，也成为我们日常生活不可或缺的一部分。在室内设计中也要用到计算机及 CAD、CG 等不可或缺的各种软件。

现在，室内设计要使用各种软件。其中 CAD（Computer Aided Design）和 CG（Computer Graphics）软件是在电脑上进行室内设计必不可少的软件。

室内设计所使用的 CAD 软件分为二维平面设计使用的二维 CAD（2D CAD）和兼备二维平面设计与三维演示功能的三维 CAD（3D CAD）。还有能够利用三维模型进行模拟环境和设施管理的建筑信息模型（Building Information Modeling，缩写为 BIM）软件。

CG 软件分为能加工照片、图片做成插图的二维 CG 和能够做出立体造型及效果图的三维 CG。

除了 CAD 和 CG 等室内设计的基础软件，还有以研究平面布局等住宅系列的模拟软件为主，在电脑上研究人物活动、热和风的动向、照明器具及明亮度的模拟软件。

除了软件，数字相机、智能手机及平板电脑等也能够提高室内设计业务的效率。理解这些工具的功能，将其运用到业务中非常重要。

CAD软件的种类

二维 CAD

制作二维图纸时使用。实现将过去手绘的制图在电脑上制作的软件。主要有 JW CAD 和 AutoCAD LT

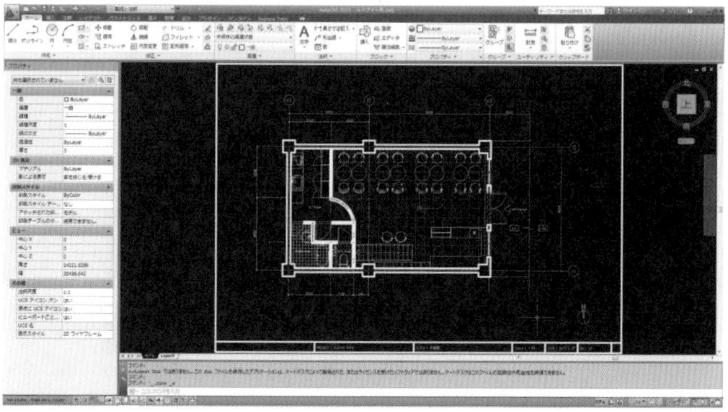

AutoCAD LT 软件的操作画面

三维 CAD

除了能够做出二维图纸，也能制作三维模型、策划方案等的 CAD 软件。根据类型的不同，也有具备制作三维 CG、演示用展板及动画功能的三维 CAD 软件。主要有 Vectorworks、AutoCAD 等

Vectorworks 软件的操作画面

伴随技术的发展，能够做出立体效果的3D打印机和全景照相机、虚拟现实（Virtual Reality，缩写为VR）等新型技术也在不断得到开发。因此有必要了解这些新技术的动向。

BIM

由三维 CAD 发展而来的3D 设计工具，具有模型属性，可以提取二维图纸、尺寸、材料的种类及数量等数据。提取的数据可以灵活使用在设计日程的制作、模型及管理等业务，从而提高整体的业务效率。主要软件有 ArchiCAD、Autodesk Revits、Vectorworks 等

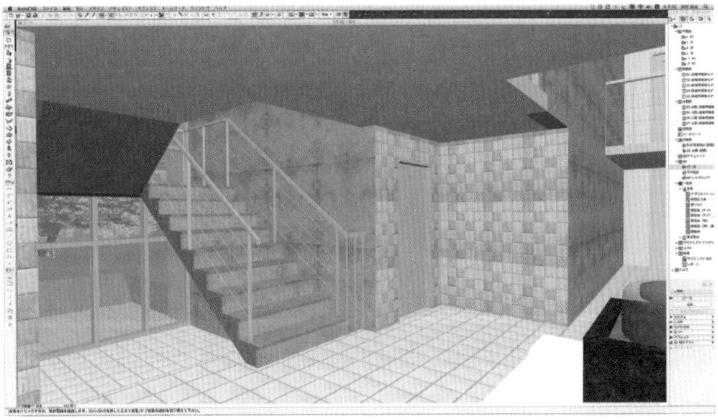

ArchiCAD 软件的操作画面

CG软件的种类

二维 CG

加工数字图片和制作插图等时使用。可以对图片和文本进行排版，制作演示用展板。主要软件有 Adobe Illustrator 和 Adobe Photoshop 等

Adobe Illustrator 软件的操作画面

三维 CG

能够制作自由形状的3D 模型和效果图。主要制作逼真照片（写实），还有手绘素描等各种风格的效果图。根据软件的不同，还可以制作动画和立体模型（立体照片）。主要软件有 Autodesk 3ds max、SketchUp、Shade、Rhinoceros 等

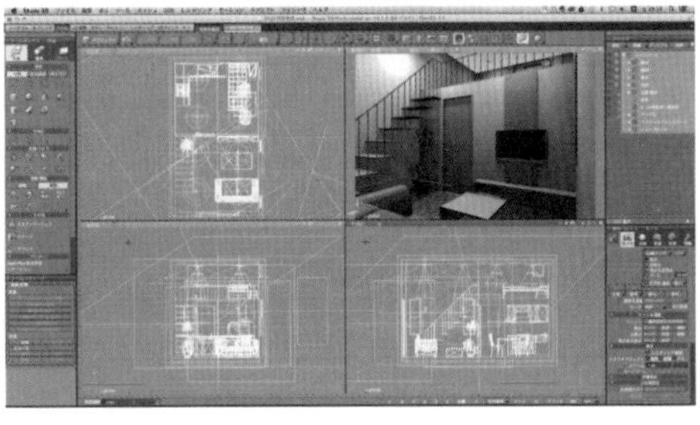

Shade 软件的操作画面

模拟软件的种类

住宅模拟

在布局平面图和立体模型以及研讨平面布局和效果图时使用。虽然不能制作详细图纸，但操作非常简单。也有专门面向室内设计的产品。主要软件有 3D 软装设计师、室内设计师 Neo 等

室内设计师 Neo 软件的操作画面

解析模拟

能够模拟建筑物内部的照明亮度、温度分布、通风及采光等。一般在读取 BIM 数据后使用。主要软件有 DIALux（照明模拟）等

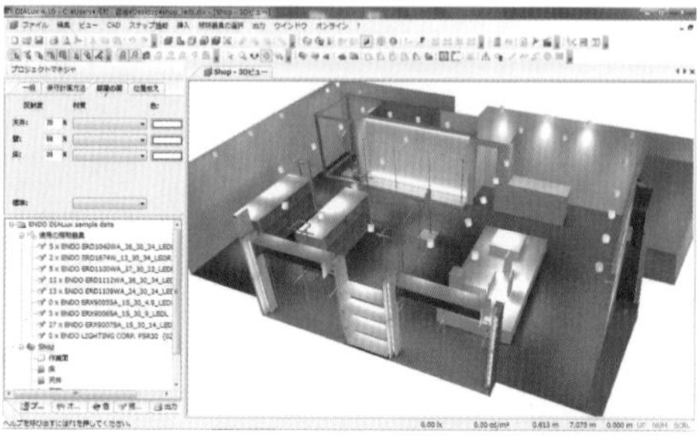

DIALux 软件的操作画面（图片提供：远藤照明）

各种新技术

3D 打印机

读取计算机数据，利用石膏及树脂等素材制作成实物模型。与价格较贵的打印机相比，是个人也可以购买的价格便宜的机型，虽然精密度欠佳，但可以用于制作家具和室内设计元素等的简易模型

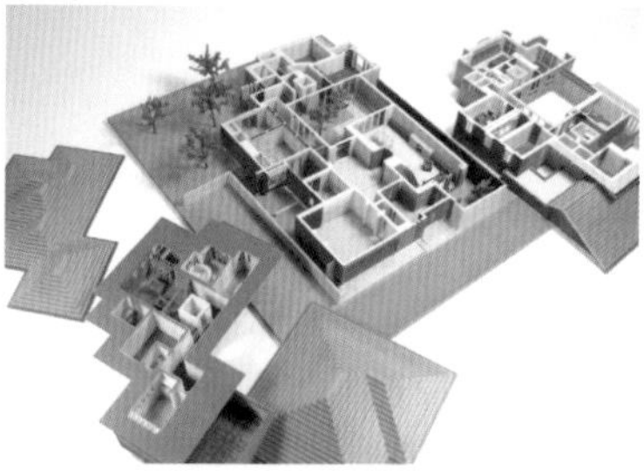

利用 3D 打印机做成的住宅模型
（图片提供：I-Jet）

全景照相机

机身前后均设有镜头，能一次拍摄以摄影者为中心周围 360° 的整体照片。例如，可以用来分析所在环境中颜色和素材的分布比例

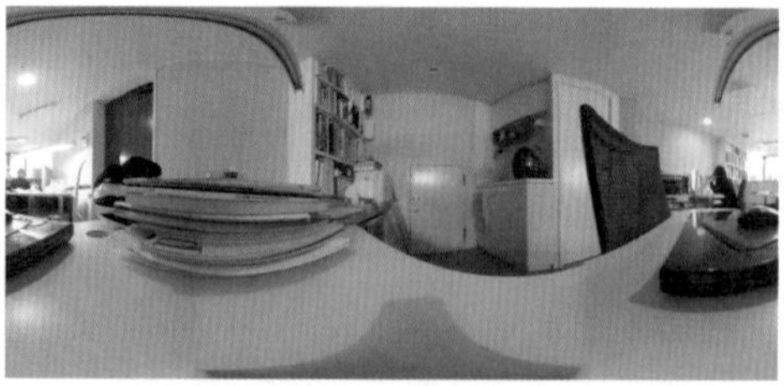

利用全景照相机 THETA 拍摄的 360° 全景照片

VR

VR是通过佩戴专用工具将计算机做成的空间模型在人的周围虚拟呈现的系统。通常必须使用大规模设备和计算机，但用于电脑游戏的Oculus VR只需个人电脑和专用眼罩状装置便可体验虚拟空间。与全天球照相机配合使用，未来会在更多领域发挥作用

立体映射技术

在平面等单纯形状的建筑物墙壁、道路及空间内进行投影图像和影像来构筑虚拟空间的系统。能够通过在主体结构空间和墙壁上投影内装和外装，从视觉上传达设计风格

第 4 章

一起体验室内设计吧

在我们已经学习的内容的基础上，一起来模拟体验下室内设计的业务吧。从接受客户委托开始，经过听取客户需求、方案策划，到提出方案、仔细研究。一般室内设计师是按怎样的程序来思考、怎样设计的，让我们来体验一下吧。

第 4 章

4.1 模拟设计开始之前

在模拟室内设计之前，我们先来了解一下模拟设计需要做的事情及大概的流程和相关课题。

4.1.1 模拟设计的内容和流程

室内设计的业务在第 1 章中已经解说了，在接受客户委托后，需经过听取客户需求、确定主题和策划方案，到提案展示，再到基本设计、实施设计和设计监理等业务。

在本节中，会对上面所说的从听取客户需求到提案展示阶段进行模拟。

各项业务都有其目的，与项目的规模无关，都是完成设计不可缺少的环节。在这里我们来重新确认下各业务的内容和要点吧。

模拟的内容和流程

业务的种类	目的	内容
 **听取客户需求** ↓	发现课题	■ 听取客户需求、梳理条件并整理 ■ 调查分析建筑的位置和条件 ■ 掌握预算和时间节点
 **确定主题** ↓	决定设计主题	■ 决定设计方向，确定设计理念 ■ 用视觉图像和关键字整理方案和概念
 **方案构思** ↓	方案具体化	■ 以概念为基础，制作立面、楼层和照明方案等 ■ 将设计和室内搭配具体化
 **提案展示**	提案	■ 使用策划书和演示用展板等演示资料，简单明了地向客户进行说明

4.1.2 模拟设计的课题

室内设计的业务是从接受客户委托开始的。需要做什么、在什么地方、想如何做等需要在理解和整理客户需求和委托内容后进行室内设计。

我们现在模拟接到客户A公司展厅室内设计的委托。理解和整理委托内容后再进行听取客户需求、确定主题、方案构思和提案展示等工作。

客户A公司的委托内容（课题）

这次想做**展厅**的室内设计。主要是设计**立面**（**入口**）及展厅内部空间。

展厅展示的是以“**20世纪中叶设计**”为主题的**家具**和**相关物品**。展厅内不进行销售。希望可以打造**信息量大**和**充满个性**的空间。

希望在与主题相符的商品**展示空间**中，设置实际**可以触摸**商品的体验区和展示椅子等家具**搭配方案**的展区。

展厅位于**商业大楼的一楼**，因此在面向大路的位置设置**入口**会比较好。还有，位置可以**自由选择**。

A公司委托内容（课题）的整理

设计对象	■ 展厅的立面及室内空间
设计条件	■ 包含信息量大且有个性的设计 ■ 设置符合主题的展示区、体验区和搭配方案区
展示商品	■ 20世纪中叶设计风格的家具和相关物品
位置选择	■ 自由选择地域和场地。但必须是面向大路的商业空间的一楼
建筑概况	■ 钢筋混凝土造。面积：98 m^2；顶棚高度：3 000 mm

在实际业务中，需要具体决定涉及的商品、运营方法、目标客户群和开店地址等，然后根据这些条件推进室内设计。在此次模拟中，可以根据这些条件自行设定

课题建筑物的空间印象

平面图

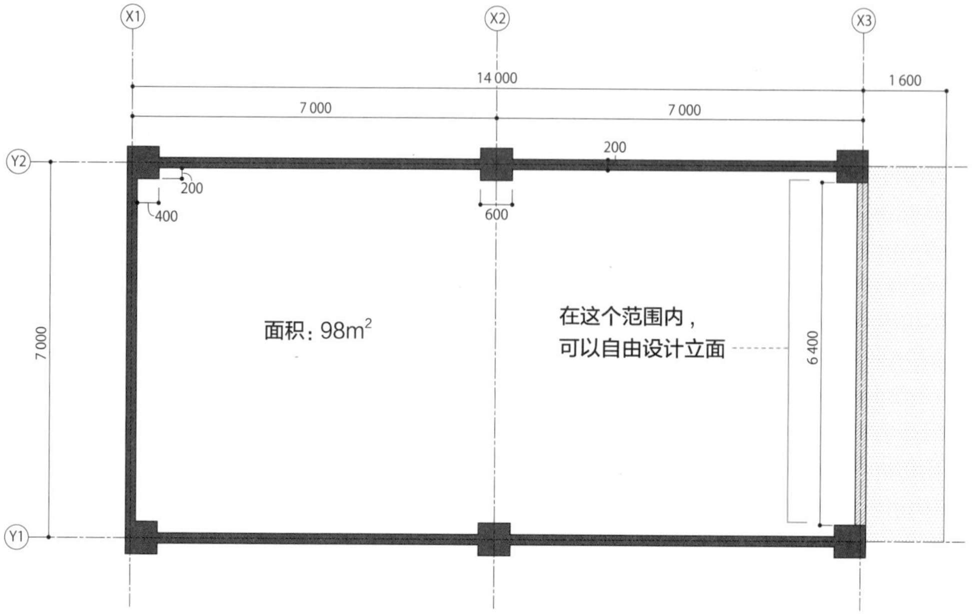

展开图

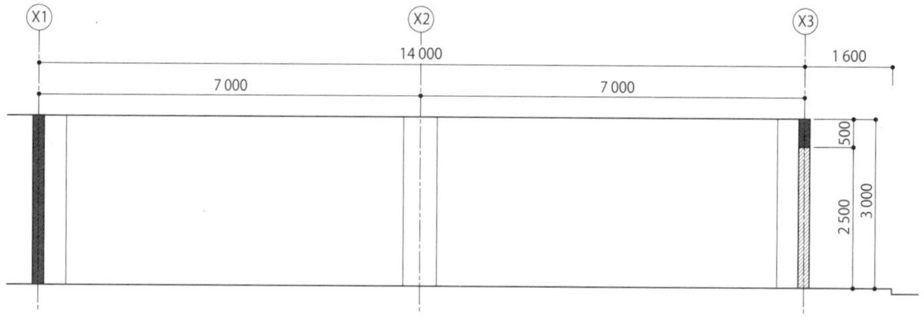

鸟瞰图

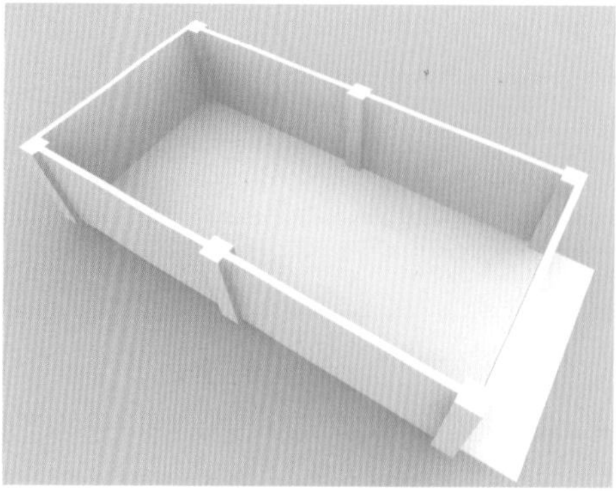

效果图

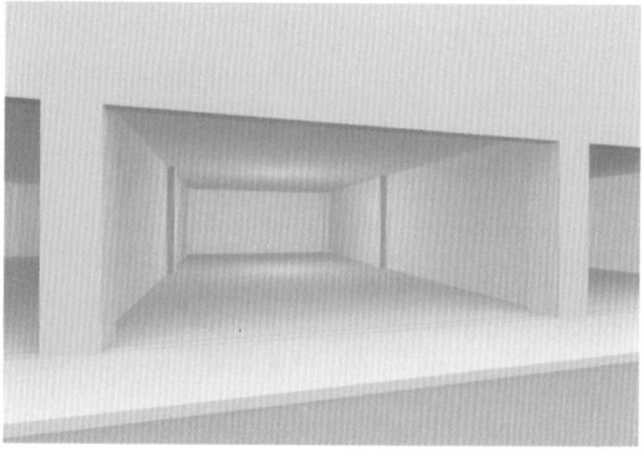

4.1 模拟设计开始之前

第4章

4.2 听取客户需求及确定主题

整理好客户的委托内容后，设想一下需要向客户询问什么。另外，还需要探讨要做怎样的调研，然后再付诸实践。

4.2.1 通过听取意见和调研，进一步明确要求和条件

好的设计不仅要外表美观，还要实现功能和富有寓意。要想实现好的设计，倾听和调研是必不可少的。为了切实掌握客户的要求，可以通过与客户沟通，了解更详细的委托内容和条件，明确客户喜好等。另外，用语言不容易表达的东西可以用手绘素描图等确认印象感觉。

使用网络的话，可以在办公室搜集各种信息，但是关于选址和建筑本身，实际前往现场是很重要的。实地调研建筑物和选地布局，除记下特征和环境氛围等条件之外，留下照片和素描图等来记录也是很重要的。

需要听取A公司意见的项目

设计师

开设该展厅的目的是什么？

商品计划是什么？

目标客户群是谁？

到展厅开业前的日程是如何安排的？

A公司有哪些竞争对手？

为什么选择所涉及的商品？

展厅设计的预算是多少？

定位的设计风格或者喜好什么风格？

客户

听取客户需求时，从多种不同的角度深入地了解客户很重要。以此为基础明确项目的背景，再进行整理

调研项目

关于展示商品

20世纪中叶的设计具有怎样的特征和风格？

注：在本次模拟中，可以自由选择具体展品。

关于建筑

建筑的规模（面积、顶棚高度等）？
什么构造？
什么形状？
什么样的环境氛围？

有关展厅的选地布局

①先选址，然后选择与之匹配的商品。
②先选择商品，然后选择与之匹配的地址。

注：由于在本次模拟中可以自由选址，可用以上两种方法中的一种来考虑。

根据听取到的客户需求、调研收集到的资料和以往的经验，综合整理条件，找到课题和设计主题要素

调研示例

● 建筑选址调研示例

列举出适合作为展厅的多个地点，调研各选址的风格印象、文化因素、环境和便捷性等。最好从调研时便开始考虑可以表现该地点的关键词

● 商品调研示例

对展厅所展示的"20世纪中叶设计"风格相关的调研案例。将风格形成过程、风格的特征、代表设计师和家具等相关调研结果用照片和插图以交叉的形式呈现

专栏

实际业务中进行听证和调研的基本项目

客户需求	住宅	年代、家庭组成、生活方式、兴趣爱好等
	商业设施	企业概况、公司战略、销售计划、商品计划等
	日程安排、预算及其他要求	
选址特征	选址的印象感觉、传统文化、环境、交通及便捷性等	
建筑特征	构造、形状、规模、位置、尺度感及氛围等	
其他	商业设施	竞争设施和店铺、目标消费群体等

在实际业务中，根据客户、地点和建筑的不同，听取和调研的项目也各不相同。一般左侧表中的项目是通过听取意见和调研时应该明确的项目

4.2.2 在确定设计主题阶段将设计方向具体化

我们在第1章中也讲解过，确定设计主题是指通过语言和视觉呈现（照片和草图）等来表现室内设计的基本想法和方向。向客户和相关人员简单明了地传达和共享设计意向是必不可少的。

在确定主题阶段，使用语言（关键词、短语和宣传标语）、手绘和概念照片等将与课题相关的想法具体呈现出来。首先需要提出多种想法，向着更好的设计方向优化方案，确定主题。然后，将这个想法用语言和视觉手段表现出来。

确定主题的示例

例1　风靡世界的20世纪中叶设计

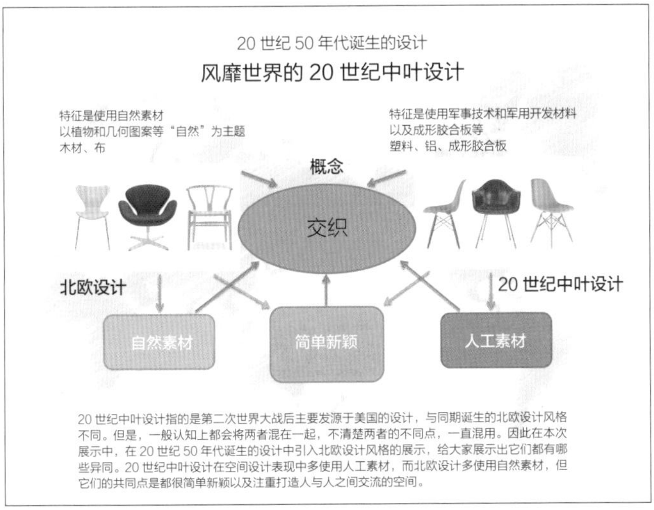

经常在同一范畴内讨论的20世纪中叶设计和北欧设计，实际上诞生地点和设计风格不同。示例中的提案以“交织”为主题，对20世纪50年代诞生的设计按地区展示不同的设计风格

例2　婴儿潮与20世纪中叶设计

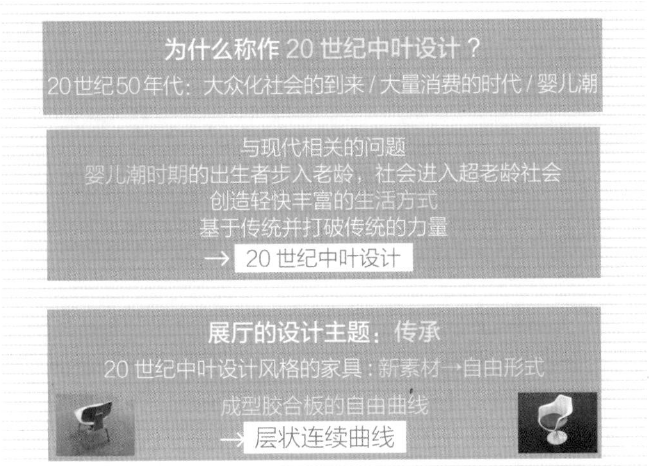

“婴儿潮一代”是指在20世纪中叶出生，现在已经步入老龄的一代人。无论是人还是设计都见证着一个时代，展示可以以历史背景与老年人的新生活方式为主题

第4章

4.3 方案构思

方案构思是根据概念考虑具体室内设计。方案构思指的是应该如何使用和规划整体空间，将其具体化的过程。因此，需要考虑建筑的限制、相关法规和成本等条件。开始，先按照功能将空间进行大“分区”，之后再推进平面方案、立面方案和照明方案等室内设计细节。

4.3.1 考虑分区

分区指的是根据功能及用途，整理、分析和高效配置空间。

分区有同层多个分区、同层为一个分区的平面分区，以及上下多层为一个分区的垂直分区。无论哪种情况，分割空间时都要考虑功能的连续性和效率等，这是非常重要的。

在本次模拟中，我们根据客户的要求，将空间分为主题相关商品展示区、触摸商品体验区和搭配方案区。根据前面章节确定的不同设计主题，需要注意的是分区也会发生变化。

分区示例

例 1　将空间分为两个区域的分区

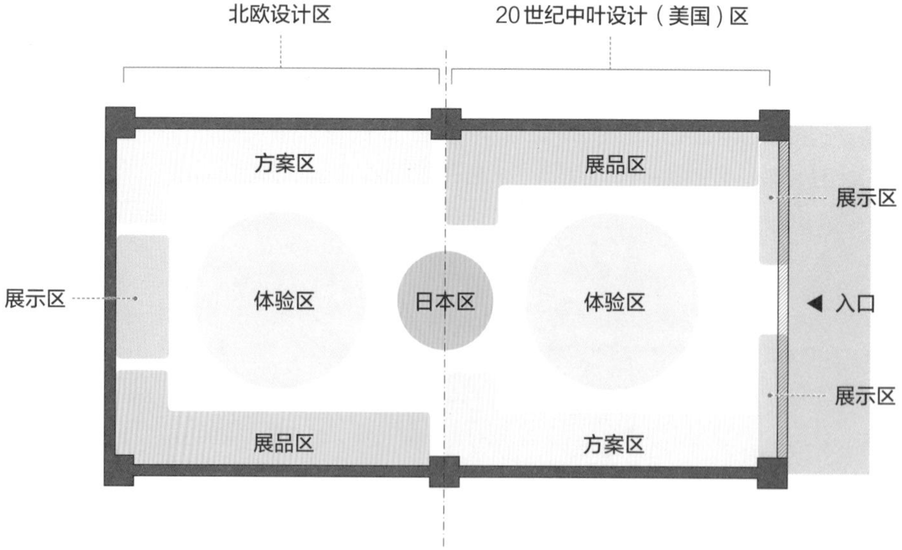

此分区方案是以前面第4.2.2节中确定的设计主题为基础的分区。将空间大体分为“20世纪中叶设计（美国）”和“北欧设计”两个区域，中央设置“日本区”。这是考虑了实际地理位置的分区。展示物品固定在墙面上，展厅中央规划为人与人自由交流和走动的空间。在展厅入口处将美国和北欧的设计左右分开展示，在展厅深处将两种设计风格交叉展示，体现出设计的“交织”

例 2　控制人流的分区

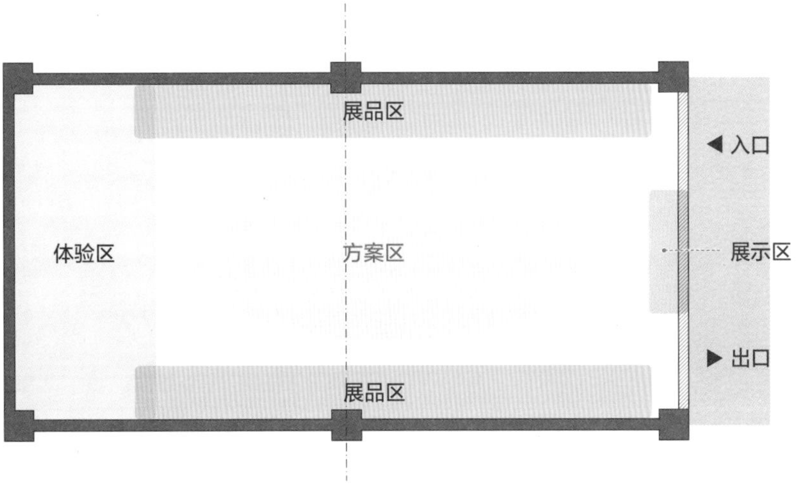

为将入口和出口明确分开，让来客按照时间顺序参观展厅和控制人流方向的分区方式。中央设置大的“岛”来控制人流走向，里面设置人群可以停留的体验区，这样看展览的人群和体验的人群不会混在一起

4.3.2 考虑平面布局

根据分区考虑平面布局。平面布局指的是加入功能的平面方案，根据展品的展示方式，合理地排列展台和过道。需要在了解行为动作和实现功能所需尺寸的基础上，设定过道宽度和展台尺寸。这时不仅需要考虑平面尺寸，还应该立体地考虑空间的通透感、人们的观赏方式和如何吸引注意力等。另外，展厅不仅要具备功能性，还要考虑如何让展示带给大家愉悦美好的视觉感受。

一边思考立体空间，一边构思方案

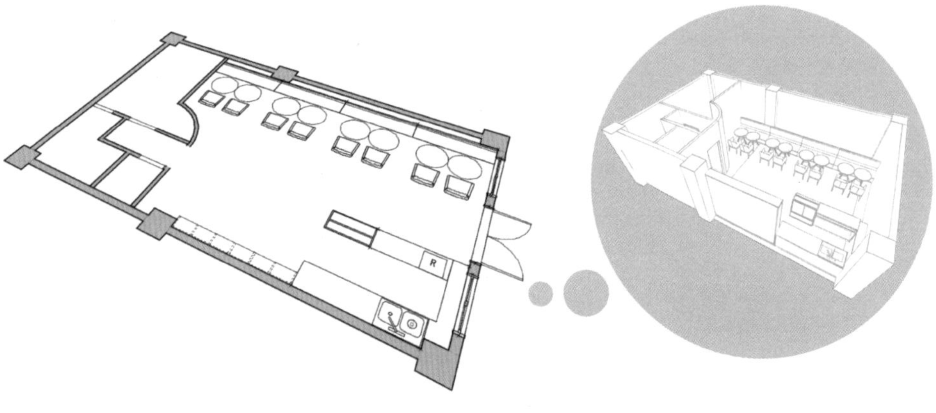

在进行平面布局时，应时刻思考立体空间的概念，这一点非常重要

平面布局图例

● 例 1　靠墙和中央设置陈列的平面布局图

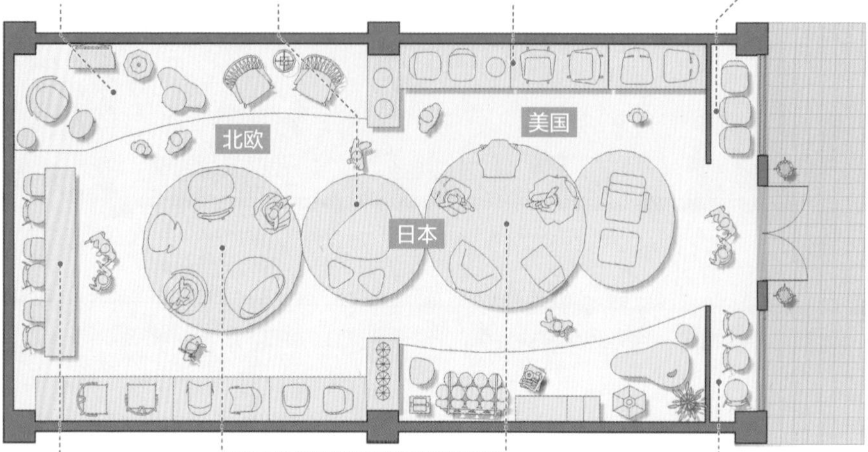

体现个性生活方式的家具和软装的搭配方案区
把在日本也很活跃的柳宗理和野口勇设计的家具设置在美国与北欧风格的中央
将美国和北欧设计师的家具分左右进行陈列。家具按照年代顺序陈列在正面和侧面，通过架子上下层来呈现颜色和素材的不同
陈列埃姆斯（美国）的玻璃纤维椅
北欧
美国
日本
此处陈列与入口相同的展品。与入口不同的是，通过美国和北欧的椅子交叉摆设来呈现交织感
可以触摸家具和坐在椅子上的体验区。通过朝内、朝外的圆周形摆设，使过道上的人与体验区的人形成交织
陈列阿尔内·雅各布森（北欧）的蚂蚁椅（素材：木材）

以美国的20世纪中叶设计与北欧、日本的设计“交织”为概念的空间布局。在入口处，美国和北欧的设计分左右陈列，但随着步入展厅内侧逐渐“交织”。只供欣赏的展品陈列在墙壁上，在垂直方向上呈现设计、颜色及素材的不同。体验区和搭配方案区定期更换主题

● 例 2　靠墙陈列的平面布局图

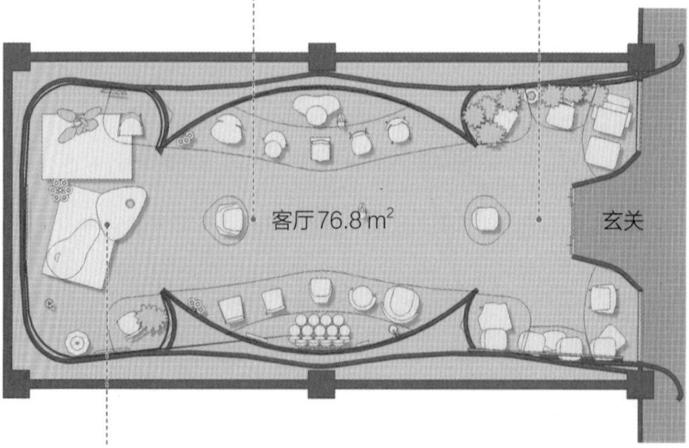

主题：新材料创造新设计
导入部：埃姆斯区
客厅76.8m²
玄关
主题：20世纪中叶设计风格的室内陈设

将整体划分为三个主题，用流动的墙壁进行衔接。导入部陈列埃姆斯的作品。在中央区展示利用新材料创造新设计的案例，最里面的区域是对使用20世纪中叶设计风格家具的室内陈设的展示

4.3.3 考虑照明方案

照明方案就是通过灯来展现空间的照明计划，分为确保明亮度的功能照明和提高光影效果的照明。展厅需要使用避免展品产生阴影并且能够看清楚每个细节的充分照明，使展品更加完美地呈现是非常必要的。

要根据空间使用目的来制定照明方案，例如选择更换展品时能自由调整的照明设备，选择符合展示主题的、能够调整的空间整体照明设备等。

选择照明设备时，分为具有装饰目的、使客人能够看到的，以及确保照明度不需要客人注意到的两个种类，应该分别制定方案。

照明方案示例

例 1　灵活照明方案

筒灯（DL）采用（能够改变照射角度的）通用类型

顶棚间接照明在中央设置穿孔金属板，呈现如同从树叶空隙照射进来的阳光般的光线

展示架上设置布线槽和聚光灯。展示架下面也设置照明

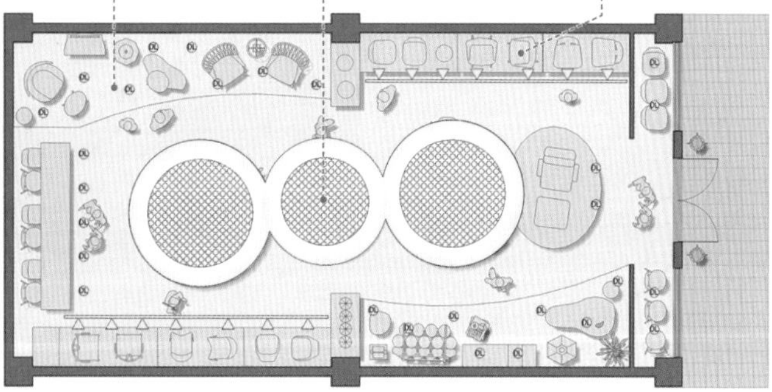

剖面图

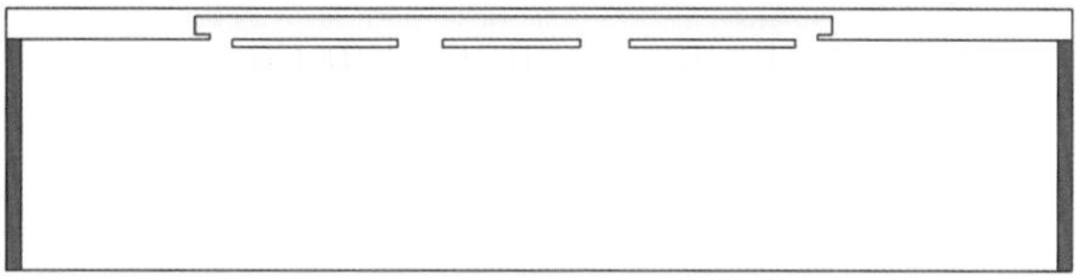

中央设置柔和的间接光照亮空间整体，通过穿孔金属板来表现如同从树叶空隙照进来的阳光般的光线。在展示架上设置聚光灯和在架子下方设置照明，使展品如同浮在空中一般。方案区的展台和展示屏幕要配置能够变换光的方向的通用型筒灯。间接光能够调节光线，呈现与展示内容相匹配的方案

例 2　说明照明设置方案的概念板

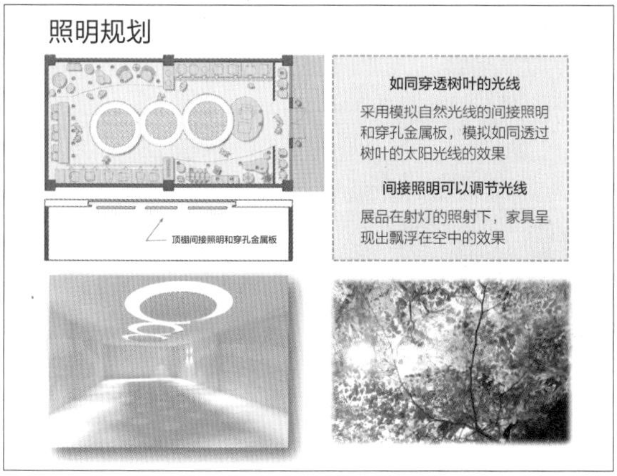
照明规划
如同穿透树叶的光线
采用模拟自然光线的间接照明和穿孔金属板，模拟如同透过树叶的太阳光线的效果
间接照明可以调节光线
展品在射灯的照射下，家具呈现出飘浮在空中的效果
顶棚间接照明和穿孔金属板

如上图的照明设置方案所示，仅仅通过标注照明设备难以完全传达照明方案的意图。因此，通过概念板（左图）详细地说明照明设备的选择方法、注意事项、颜色设定及其设定依据，以及每个区域的照明设计思路等，可使方案更加清晰易懂

4.3.4 制作效果图

以方案为基础制作立体效果图。效果图是后续展示阶段必不可少的要素，除了能够确认设计整体的协调感，还能够模拟空间。制作时不要忘记在第3章的效果图（第156页）中提示的解说要点。

效果图的制作按照功能分为说明整体空间的代表效果图和说明局部细节的局部效果图。

由于代表效果图需要表现设计理念，故制作时要慎重地选择能够传达整体空间感的视角。

利用局部效果图能够具体展示代表效果图无法表现的要素。

制作效果图示例

● 例 1　立面效果图

虽然立面效果图主要表现商铺正面的设计，但是由于立面设计与室内设计是一体的，因此最好自然地表现出内部的室内设计

● 例 2　展厅内部效果图

上图为代表效果图，下图为局部效果图。代表效果图要选择能够传达整体的构图视角。下图是为了对三个区域中的其中一个进行说明而制作的局部效果图

第4章

4.4 演示策划案

通过听取意见、确定主题、方案构思形成的设计，为了向客户陈述并得到认可，需要展示策划案。

在第3章的“演示用展板”（第162页）中介绍过，制作策划案资料时，如何更加简单明了地向客户传达室内设计意图是最重要的。因此，制作演示用展板和策划书时，在视觉方面要做到清晰简洁。另外，引人注意的、容易理解的表达方式也是非常重要的。

我们假定要制作概念板、平面布局、照明计划、立面设计和展厅内部效果图5个策划板，利用5分钟时间向客户展示策划案来进行实际说明。

策划案资料的制作示例

● 概念板示例

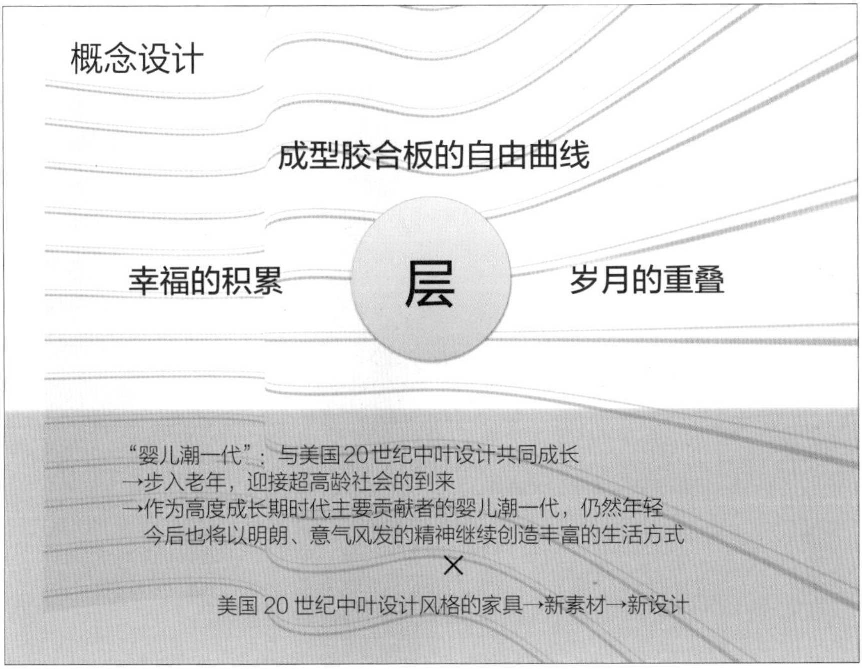

从作为主题的20世纪中叶时代背景来考察这种设计风格存在的意义。另外，通过代表20世纪中叶设计风格的成型胶合板引出设计主题

平面布局板示例

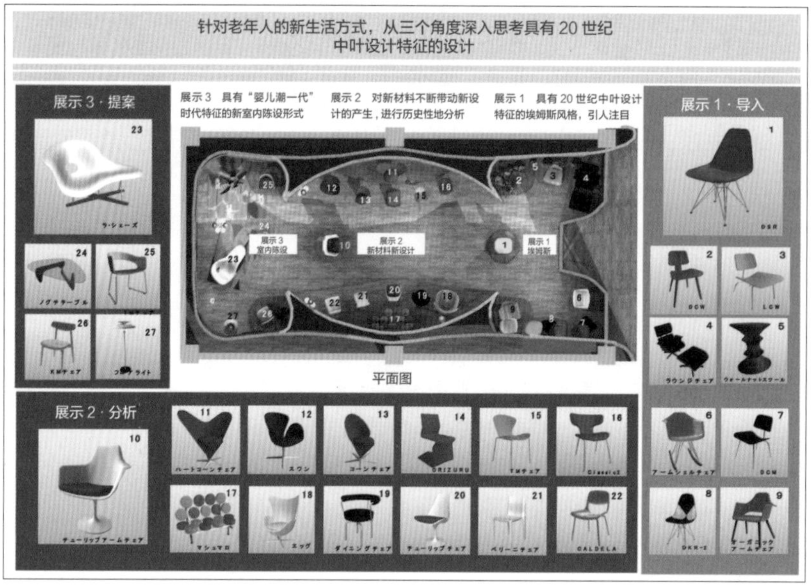

以具有美国20世纪中叶设计特征的自由曲面来体现“流动的空间”这一设计主题。整体划分为三个区域，导入部分的展台则以美国20世纪中叶设计代表性的设计师埃姆斯的作品为主题。中央区域将“新素材创造新设计”作为主题，明确如何利用新型材料创造新的设计。最里面的区域通过“对超高龄社会生活方式的提案”来展示使用该设计风格家具的室内陈设

展厅内部效果图板示例

与图中的家具风格一致，展板以“休闲”作为形象风格，室内设计也是以休闲风格为主。伴随这个主题风格，策划板也采用休闲色彩与其统一。平面布局方案中标注了是从哪个视角看到效果图的，使其更加简单易懂

参考文献

[1] インテリアコーディネーターハンドブック 統合版（上下巻）（インテリア産業協会著、インテリア産業協会刊）

[2] 商店建築・店づくり 法規マニュアル（商業建築法規研究会編、商店建築社刊）

[3] 商業建築企画設計資料集成　第２巻 設計基礎編（日本店舗設計家監修、商店建築社刊）

[4] 原色・石材大辞典（全国建築石材工業会監修、誠文堂新光社刊）

[5] 初めて学ぶ　福祉環境（第三版）（長澤泰監修、市ヶ谷出版社）